《职业技能鉴定培训教程（化学检验工系列）》编委会

职业技能鉴定培训教程
化学检验工系列

化学检验工
高级

化学工业职业技能鉴定指导中心　组织编写
徐　科　主　编
李亚秋　副主编

·北京·

内容提要

本书为《职业技能鉴定培训教程（化学检验工系列）》中的一本。本书的结构与国家职业标准的职业功能相对应，内容围绕技能要求和相关知识展开。本书主要内容包括气体采样与气体分析；实验室用二级水的制备、贮存与检验；标准滴定溶液与仪器分析用标准溶液；分析天平计量性能检定；常用电热设备的使用及维护；试样的分解、分离与富集。化学分析部分介绍了测定条件的选择及测定误差；仪器分析部分介绍了原子吸收光谱法、气相色谱法及液相色谱法；在检验结果误差分析部分介绍了误差的来源及种类、异常值的判断与处理、误差分析。

本书与系列教材的初级、中级分册衔接，选编了职业技能鉴定试题库的部分内容，适用于化学检验工（分析工）职业技能鉴定培训，也可供分析检验技术人员参考。

图书在版编目（CIP）数据

化学检验工　高级/徐科主编．—北京：化学工业出版社，2009.8（2025.1重印）

职业技能鉴定培训教程．化学检验工系列

ISBN 978-7-122-06026-6

Ⅰ．化…　Ⅱ．徐…　Ⅲ．化工产品-检验-职业技能鉴定-教材　Ⅳ．TQ075

中国版本图书馆CIP数据核字（2009）第101472号

责任编辑：李玉晖　　装帧设计：于　兵

责任校对：顾淑云

出版发行：化学工业出版社（北京市东城区青年湖南街13号　邮政编码100011）

印　　装：北京虎彩文化传播有限公司

720mm×1000mm　1/16　印张14½　字数280千字　2025年1月北京第1版第16次印刷

购书咨询：010-64518888　　售后服务：010-64518899

网　　址：http://www.cip.com.cn

凡购买本书，如有缺损质量问题，本社销售中心负责调换。

定　　价：46.00元

前言

分析工是化工行业技术工人的主要工种之一。分析工工作技术含量高，岗位责任重。分析检验结果的准确性和可靠性，直接影响到企业正常运行、产品质量、生产效益和环境安全。为推行国家职业资格证书制度，促进高技能人才快速成长，劳动和社会保障部颁布了《国家职业标准·化学检验工》。按照《中华人民共和国职业分类大典》对化学检验工的定义，分析工等 15 个工种归入化学检验工。

根据国家职业标准的要求，结合行业技术工人培训和技能鉴定的实际情况，化学工业职业技能鉴定指导中心组织编写了《职业技能鉴定培训教程（化学检验工系列）》。本套教程经劳动和社会保障部职业培训教材工作委员会备案，被劳动保障部培训就业司推荐为行业职业教育培训规划教材。教程与化学工业职业技能鉴定指导中心开发的技能鉴定试题库题库配套，可以满足石油化工、化肥、农药、医药、涂料、焦化、高分子等行业化学检验工学习、培训、考核的需求，促进相关工种职业技能鉴定工作的规范化开展。试题库包括理论知识试题库和技能操作试题库，已进入试运行阶段。

根据行业特点及基础知识的相关性，配合试题库的设计，本套培训教材分为基础知识和专业技能两大部分。

基础知识部分以分析方法为主线进行编写，基本知识、原理结合分析方法组织内容，包括《化学检验工　初级》《化学检验工　中级》《化学检验工　高级》《化学检验工　技师》和《化学检验工　高级技师》。各分册内容与化学检验工（分析工）理论知识鉴定题库的内容，为便于读者备考，这五个分册中收录了化学检验工职业技能鉴定题库鉴定细目表的部分内容，可供读者参考。

专业技能部分以化工行业的各专业和主要分析项目为主线，按照模块方式分等级编写，包括《无机化工分析》《有机化工分析》《石油化工分析》《溶剂试剂分析》《水质分析》《化肥分析》《农药分析》《催化剂分子筛分析》《微生物分析》《稀土分析》等 10 个分册。这些分册依据《国家职业标准·化学检验工》对各等级操作技能水平的要求，对职业标准中未能涉及的专业按照行业的实际情况进行了扩展。教材中的每个项目内容包括：项目名称、分析对象；采用的方法和参照的标准；药品、仪器；操作步骤；注意事项及技巧；数据处理和允差；适用范围等。对部分分析项目给出了评分标准，既可以用于技能鉴定实际操作考试，也可以在日常工作中参考。

本书为《化学检验工　高级》。本书的结构与国家职业标准的职业功能相对应，内容围绕技能要求和相关知识展开。本书主要内容包括气体采样与气体分析；实验室用二级水的制备、贮存与检验；标准滴定溶液与仪器分析用标准溶液；分析天平计量性能检定；常用电热设备的使用及维护；试样的分解、分离与富集。化学分析部分介绍了测定条件的选择及测定误差；仪器分析部分介绍了原子吸收光谱法、气相色谱法及液相色谱法；在检验结果误差分析部分介绍了误差的来源及种类、异常值的判断与处理、误差分析。

本书第1章由杨小林编写；2.1及2.2由李亚秋编写；2.3由贺琼编写；3.1、3.2.1及3.2.2由冯颖编写；3.2.3～3.2.4由李淑荣编写；3.3由徐科编写；第4章由李亚秋编写。全书由徐科统稿。试题库选自化学工业职业技能鉴定指导中心编制的化学检验工（分析工）技能鉴定题库。

在本书编写过程中，参考了国内外出版的一些教材和专著，在此向有关作者表示衷心感谢。

由于编者水平有限，加之时间仓促，书中的不妥之处在所难免。敬请专家、读者批评指正。

编　者

2009年5月

目录

1 气体分析

1.1 气体样品的采集和预处理

气体由于容易通过扩散和湍流而混合均匀，因而较易获得具有代表性的样品。但气体往往具有易于渗透、易被污染和难以贮存等特点，而且实际生产过程中有动态、静态，常压、正压、负压，高温、常温等的区别，所以采样方法和所采用的装置都各不相同。

1.1.1 采样工具和设备

接触气体样品的采样设备材料应符合下列要求，即对样品不渗透、不吸收（或不吸附），在采样温度下无化学活性，不起催化作用，机械性能良好，容易加工和连接。

气体采样设备包括采样器、导管、样品容器、预处理装置、调节压力和流量的装置、吸气器和抽气泵等。常用的主要包括采样器、导管和样品容器。

1.1.1.1 采样器

采样器按制造材料不同，可分为以下几种：

（1）硅硼玻璃采样器　价廉易制，适宜于＜450℃时使用。

（2）石英采样器　适宜于＜900℃时长时间使用。

（3）不锈钢和铬铁采样器　适宜于＜950℃时使用。

（4）镍合金采样器　适宜于＜1150℃在无硫气样中使用。

其他能耐高温的采样器有珐琅质、氧化铝瓷器、富铝红柱及重结晶的氧化铝等。

1.1.1.2 导管

导管分为不锈钢管、碳钢管、铜管、铝管、特制金属软管、玻璃管、聚四氟乙烯或聚乙烯等塑料管和橡胶管。采取高纯气体，应采用不锈钢管或铜管，管间用硬焊或活动连接，必须确保不漏气。要求不高时可采用橡胶或塑料管。

1.1.1.3 样品容器

种类较多，常见的有吸气瓶（图 1-1）、吸气管（图 1-2）、真空瓶（图 1-3）、金属钢瓶（图 1-4）、双链球（图 1-5）、吸附剂采样管（图 1-6）、球胆及气袋等。

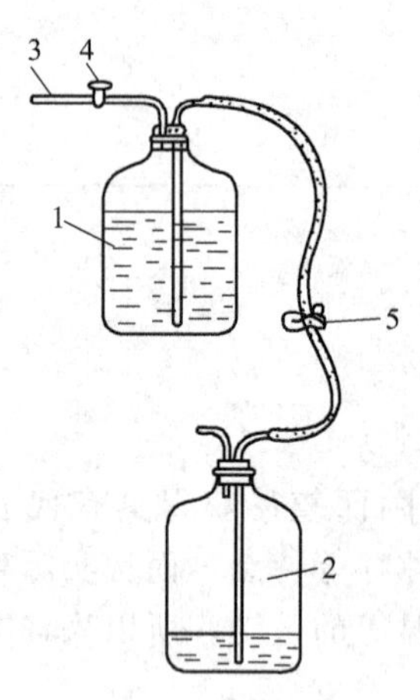

图 1-1　吸气瓶

1—气样瓶；2—封闭液瓶；3—橡皮管；
4—旋塞；5—弹簧夹

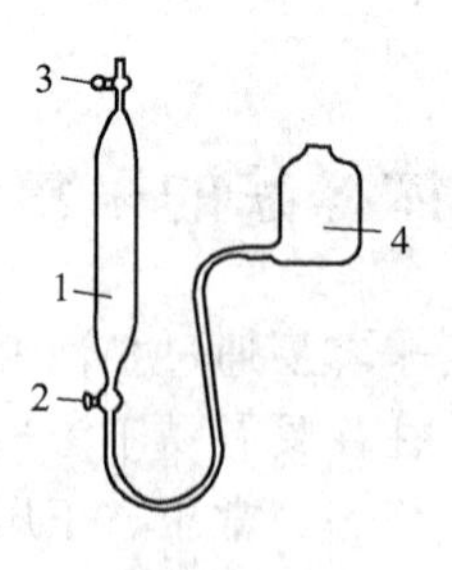

图 1-2　吸气管

1—气样管；2,3—旋塞；4—封闭液瓶

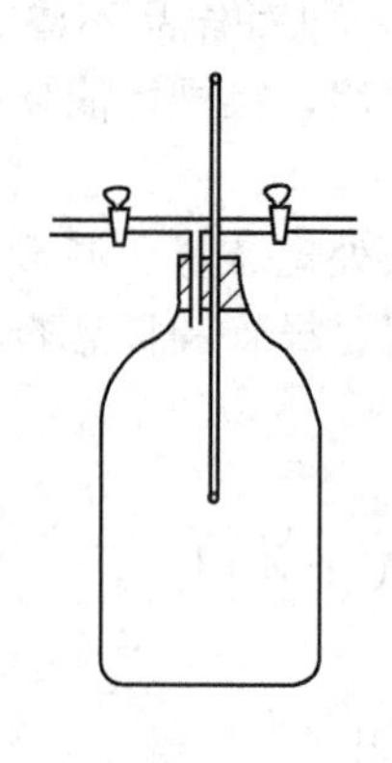

图 1-3　真空瓶

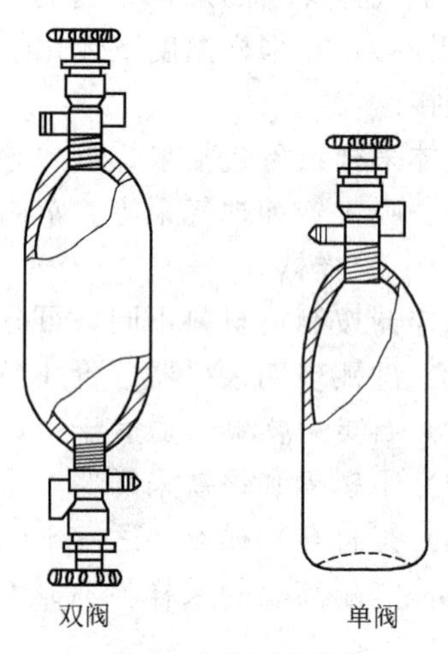

图 1-4　金属钢瓶

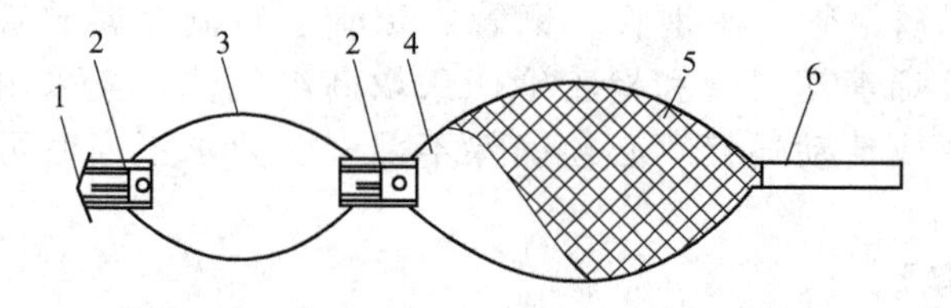

图 1-5　双链球

1—气体进口；2—止逆阀；3—吸气球；
4—贮气球；5—防爆网；6—胶皮管

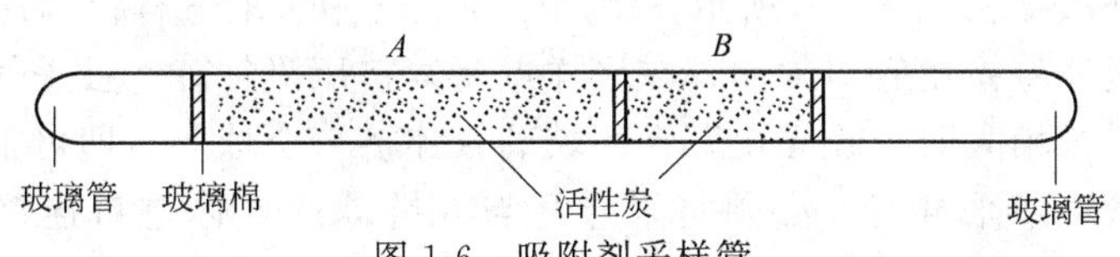

图 1-6 吸附剂采样管

长 150mm、外径 6mm，A 段装 100mg、B 段 50mg 活性炭

1.1.2 采样方法

1.1.2.1 常压气体采样

气体压力等于大气压力或处于低正压、低负压状态的气体均称为常压气体。通常使用封闭液取样法对常压气体进行取样，如果用此法仍感压力不足，则可用流水抽气泵减压法取样。

（1）封闭液取样法

① 用吸气瓶取样　采取大量的气体样品时，可选用吸气瓶来取样，如图 1-1 所示。取样操作方法如下。

a. 图中瓶 1 为气样瓶，放置在高位，瓶 2 为封闭瓶，放置在低位。向瓶 2 中注满与采样气体不发生反应的液体，称为封闭液。两瓶用橡胶管连接，橡胶管中间夹上一个弹簧夹。旋转旋塞 4，使瓶 1 与大气相通，打开弹簧夹 5，提高瓶 2，使封闭液进入并充满瓶 1，将瓶 1 中空气通过旋塞 4 排到大气中。

b. 旋转旋塞 4，使瓶 1 经旋塞 4 及橡皮管 3 和采样管相连。降低瓶 2，气样进入瓶 1，用弹簧夹 5 控制瓶 1 中封闭液的流出速度，使取样在一定的时间内进行至需要量，然后关闭旋塞 4，夹紧弹簧夹 5，从采样管上取下橡皮管 3 即可。

② 用吸气管取样　采取少量气体样品时，可选用吸气管来取样，如图 1-2 所示。用吸气管取样的操作方法和用吸气瓶取样的操作方法相似。

（2）流水抽气泵取样法

对于低负压状态气体，用封闭液取样法取样时，若仍感压力不足，可改用流水抽气泵减压法取样，如图 1-7 所示。取样操作方法如下。

a. 将气样管经橡皮管 6 和采样管相连，再将流水真空泵经橡皮管 5 和自来水龙头相连。

b. 开启自来水龙头和旋塞 2、3，使流水抽气泵产生的负压将气体抽入气样管。

c. 隔一定时间，关闭自来水龙头及旋塞 2、3，将气样管从采样管和流水抽气泵上取下即可。

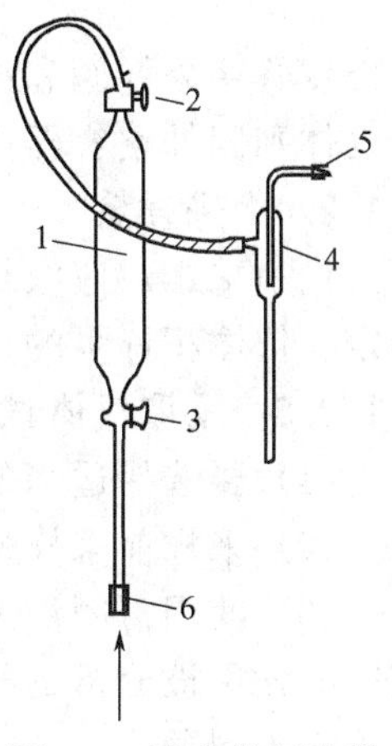

图 1-7 流水抽气法采样装置

1—气样管；2,3—旋塞；4—流水真空泵；5,6—橡皮管

（3）用双链球取样

双链球外形结构如图 1-5 所示，常用于在大气中采取气样。当所需气样量不大时，用弹簧夹将橡皮管口封闭，在采样点反复挤压吸气球，被采气体进入贮气球中；需气样量稍大时，在橡皮管上用玻璃管连接一个球胆，即可采样。在气体容器或气体管道中采样时，必须将采样管与双链球的气体进口连接起来，方可采样。

1.1.2.2 **正压气体的采样**

气体压力高于大气压力为正压状态气体。正压气体的采样比较简单，只需开启采样管旋塞（或采样阀），气体借助本身压力而进入取样容器。常用的取样容器有球胆、气袋等，也可以用吸气瓶、吸气管取样。如果气体压力过大，则应调整采样管上的旋塞或者在采样装置和取样容器之间加装缓冲瓶。生产中的正压气体常常经采样装置和气体分析仪器相连，直接进行分析。

1.1.2.3 **负压气体的采样**

气体压力低于大气压力为负压状态气体。如果气体的负压不太高，可以采用抽气泵减压法取样；若负压太高，则应用抽空容器取样法取样。抽空容器如图 1-8 所示，一般是 0.5～3L 容积的厚壁优质玻璃瓶或玻璃管，瓶和管口均有旋塞。取样前，用真空泵抽出玻璃瓶或玻璃管中的空气，直至瓶或管的内压降至8～13kPa 以下，关闭旋塞。取样时，用橡皮管将采样阀和抽空容器连接起来，再开启采样阀和抽空容器上的旋塞，被采气体则因抽空容器内有更高的负压而被吸入容器中。

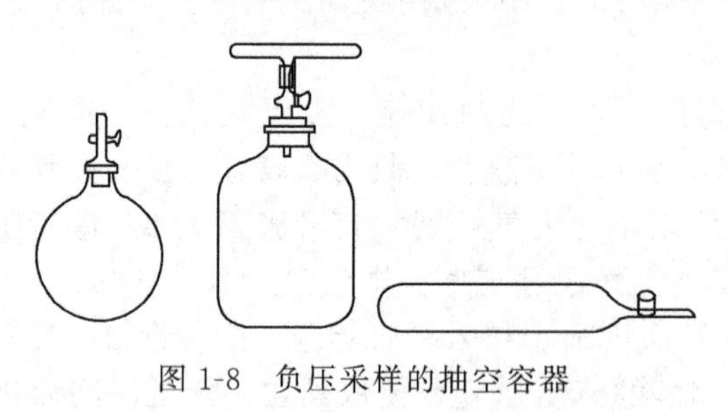

图 1-8 负压采样的抽空容器

1.1.2.4 **采样量**

最小采样量应根据分析方法、被测组分的含量大小和重复分析测定需要量来确定。依体积计量的样品，必须换算成标准状态下的体积。

1.1.2.5 **采取气体试样的注意事项**

（1）要选择适当的采样点，使所采取的气体样品能够代表气体的成分；

（2）采样前采样器必须用被分析的气体多次置换（洗涤）；

（3）使用封闭液采样法时，由于气体在封闭液中有一定的溶解度，所以封闭液应事先用被分析的气体进行饱和。对易溶解的气体要注意温度的影响和容器是否干燥等问题；

（4）取样装置密封性要好，具有腐蚀性的气体（如 H_2S 等）不能用橡皮球或金属气样管采样；

（5）对于有毒，高温及易燃、易爆气体的采样要特别注意安全，取样后应关严阀门以防漏气。

1.1.3 样品的预处理

为了使样品符合某些分析仪器或分析方法的要求，需将气体样品加以预处理。处理包括过滤、脱水和改变温度等步骤。

1.1.3.1 过滤

过滤可分离灰、湿气或其他有害物，但预先应确认所用干燥剂或吸附剂不会改变被测样品的组成。

分离颗粒的装置主要包括栅网、筛子或粗滤器、过滤器及各种专用的装置等。为防止过滤器堵塞，常采用滤面向下的过滤装置。

1.1.3.2 脱水

脱水方法的选择一般随给定样品而定。脱水方法有以下四种：

（1）化学干燥剂　常用的化学干燥剂有氯化钙、硫酸、过氯酸镁、无水碳酸钾和无水硫酸钙等。

（2）吸附剂　常用的有硅胶、活性氧化铝及分子筛。通常为物理吸附。

（3）冷阱　对难凝样品，可在0℃以上几度的冷凝器中缓慢通过脱去水分。

（4）渗透　用半透膜让水由一个高分压的表面移至分压非常低的表面。

1.1.3.3 改变温度

气体温度高的需加以冷却，以防止发生化学反应。为了防止有些成分凝聚，有时需要加热。

1.2 气体分析方法

在工业生产中，经常会有一些气体状态的原料、中间体或产品，还会遇到废气、气体燃料和厂房空气，因此需要对各种气体进行分析。例如，为了正确配料，需对化工原料气进行分析；为了掌握生产过程的正常与否，需进行中间产品的控制分析；经常定期分析厂房空气，检查设备漏气情况，可以保证安全生产的顺利进行，保障人体的健康；动火前和进入塔器设备检修前，要进行气体分析，以保证动火安全和检修安全等。由于气体的状态有许多特殊性，所以气体分析与其他分析方法相比有许多不同之处，在分析中具有自己的特点。主要表现在气体质轻而流动性大，不易称量，因此气体分析常用测量体积的方法代替称量，按体积计算被测组分的含量。由于气体的体积随温度和压力的改变而变化，所以测量体积的同时，必须记录当时的温度和压力，然后将被测气体的体积校正到同一温度压力下的体积。

常用的气体分析方法有吸收法、燃烧法及气相色谱法。

1.2.1 吸收法

利用气体混合物中各组分的化学性质不同，以适当的吸收剂来吸收某一被测组分，然后通过一定的定量方式测定被测组分含量的方法称为吸收分析法。根据定量方法的不同，吸收法可分为吸收体积法、吸收滴定法、吸收称量法和吸收比色法四种。

1.2.1.1　气体吸收剂的制备及注意事项

用来吸收气体的试剂称为气体吸收剂。吸收剂可以是液体，也可以是固体，常用的是液态吸收剂。吸收剂在常温下应无挥发性，且必须对被测组分有专一的吸收。不同的气体具有不同的化学性质，需使用不同的吸收剂，否则将因吸收干扰而影响测定结果的准确性。常见工业气体及其吸收剂见表 1-1。下面介绍几种常见的气体吸收剂的制备和注意事项。

表 1-1　常用气体及吸收剂

气　体	吸收剂	干扰气体
CO_2	氢氧化钾水溶液（$300g \cdot L^{-1}$）	H_2S，SO_2 等
O_2	焦性没食子酸的碱性溶液	O_2，H_2S，SO_2 等
CO	氯化亚铜的氨性溶液	O_2，H_2S，SO_2，C_2H_2，C_2H_4 等
H_2S	氢氧化钾或含碘的碘化钾溶液	CO_2，SO_2 等
Cl_2	硫代硫酸钠溶液或碘化钾溶液	O_2，H_2S，SO_2，CO_2，Br_2，I_2 蒸气等
不饱和烃（C_nH_m）	饱和溴水或发烟硫酸	CO_2 等
SO_2	I_2 溶液	H_2S
NH_3	H_2SO_4 溶液	
NO	$HNO_3+H_2SO_4$	NH_3
NO_2	硫酸或高锰酸钾溶液	NH_3，H_2S，SO_2 等
HCl	氢氧化钾溶液	H_2S，SO_2，CO_2，NO_2 等
C_6H_6	活性炭	

(1) 氢氧化钾溶液　KOH 是 CO_2 的吸收剂。

$$2KOH+CO_2 \longrightarrow K_2CO_3+H_2O$$

通常用 KOH 而不用 NaOH，因为浓的 NaOH 溶液易起泡沫，并且析出难溶于本溶液的 Na_2CO_3 而堵塞管路。一般常用质量分数为 33%的 KOH 溶液，此溶液 1mL 能吸收 40mL 的 CO_2，它适用于中等浓度及高浓度（体积分数 2%～3%）CO_2 的测定。

KOH 溶液也能吸收 H_2S、SO_2 和其他酸性气体，在测定时必须预先除去。

(2) 焦性没食子酸的碱性溶液　焦性没食子酸（1,2,3-三羟基苯）的碱溶液是 O_2 的吸收剂。

焦性没食子酸和 KOH 作用生成焦性没食子酸钾。

$$C_6H_3(OH)_3+3KOH \longrightarrow C_6H_3(OK)_3+3H_2O$$

焦性没食子酸钾被氧化生成六氧基联苯钾。

$$2C_6H_3(OK)_3+\frac{1}{2}O_2 \longrightarrow (KO)_3H_2C_6C_6H_2(OK)_3+H_2O$$

配制好的此种溶液 1mL 能吸收 8～12mL 氧，在温度不低于 15℃，含氧量不超过 25%时，吸收效率最好。焦性没食子酸的碱溶液吸收氧的速度随温度的降低而减慢，在 0℃时几乎不吸收。所以用它来测定氧时，温度最好不要低于 15℃。因为吸收剂是碱性溶液，酸性气体和氧化性气体对测定都有干扰，在测定前应除去。

（3）亚铜盐溶液　亚铜盐的盐酸溶液或亚铜盐的氨溶液是 CO 的吸收剂。

CO 和氯化亚铜作用生成不稳定配合物 $Cu_2Cl_2 \cdot 2CO$。

$$Cu_2Cl_2 + 2CO \longrightarrow Cu_2Cl_2 \cdot 2CO$$

在氨性溶液中，进一步发生反应。

$$Cu_2Cl_2 \cdot 2CO + 4NH_3 + 2H_2O \longrightarrow Cu_2(COONH_4)_2 + 2NH_4Cl$$

二者之中以亚铜盐氨溶液的吸收效率最好，1mL 亚铜盐氨溶液可以吸收 16mL CO。

因为氨水的挥发性较大，用亚铜盐氨溶液吸收 CO 后的剩余气体中常混有氨气，影响气体的体积，故在测量剩余气体体积之前，应将剩余气体通过硫酸溶液以除去氨气。亚铜盐氨溶液也能吸收氧、乙炔、乙烯、高级碳氢化合物及酸性气体。故在测定 CO 之前均应加以除去。

（4）饱和溴水或硫酸汞、硫酸银的硫酸溶液　它们是不饱和烃的吸收剂。在气体分析中不饱和烃通常是指乙烯、丙烯、丁烯、乙炔、苯、甲苯等。溴能和不饱和烃发生加成反应并生成液态的各种饱和溴化物。

$$CH_2{=}CH_2 + Br_2 \longrightarrow CH_2Br{-}CH_2Br$$

$$C_2H_2 + 2Br_2 \longrightarrow CHBr_2{-}CHBr_2$$

在实验条件下，苯不能与溴反应，但能缓慢地溶解于溴水中，所以苯也能一起被测定出来。

硫酸在有硫酸银（硫酸汞）作为催化剂时，能与不饱和烃作用生成烃基磺酸、亚烃基磺酸、芳烃磺酸等。

$$CH_2{=}CH_2 + H_2SO_4 \longrightarrow CH_3{-}CH_2OSO_2OH$$

$$C_2H_2 + H_2SO_4 \longrightarrow CH_3{-}CH(OSO_2OH)_2$$

$$C_6H_6 + H_2SO_4 \longrightarrow C_6H_5SO_3H + H_2O$$

在混合气体中，每一种成分并没有一种专一的吸收剂。因此，在吸收过程中，必须根据实际情况，合理安排吸收顺序，才能消除气体组分间的相互干扰，得到准确的结果。

【例 1-1】 有一化工厂废气中的主要成分是 CO_2、O_2、CO、C_2H_4、CH_4、H_2、N_2 等，根据所选用的吸收剂性质，在用吸收法进行该废气分析时，应如何选择合适的吸收剂，合理安排吸收顺序？

解： 应按如下吸收顺序进行：氢氧化钾溶液→饱和溴水→焦性没食子酸的碱性溶液→氯化亚铜的氨性溶液。

由于氢氧化钾溶液只吸收组分中的 CO_2，因此应排在第一个。饱和溴水能

吸收 C_2H_4 气体，饱和溴水只吸收不饱和烃，其他的都不干扰，但是要用碱溶液除去混入的溴蒸气，此时会吸收混合气体中的 CO_2，因此应排在氢氧化钠溶液之后。焦性没食子酸的碱性溶液只吸收 O_2，但因为是碱性溶液，也能吸收 CO_2 气体，因此应在吸收完 CO_2 后使用，排在氢氧化钠溶液之后。氯化亚铜的氨性溶液可以吸收 CO，但同时还能吸收 CO_2、O_2、C_2H_4 等气体，因此只能把这些干扰组分除去之后才能使用。CH_4、H_2 没有合适的吸收剂，因此用燃烧法进行分析。最后剩余气体为 N_2。

1.2.1.2 吸收体积法

利用气体的化学特性，使气体混合物与某特定试剂接触，此试剂对混合气体中被测组分能定量发生反应而吸收，吸收稳定后不再逸出，而且其他组分不与此试剂反应。如果吸收前后的温度及压力一致，则吸收前后的体积之差，即为被测组分的体积，据此可计算组分含量。此法适用于混合气体中常量组分的分析。

1.2.1.3 吸收滴定法

此法综合应用吸收法和滴定法来测定气体（或可以转化为气体的其他物质）含量。其方法是使混合气体通过特定的吸收剂，待测组分与吸收剂反应后被吸收，再在一定条件下，用标准滴定溶液滴定吸收后的溶液，根据消耗的标准滴定溶液的体积，计算出待测气体的含量。吸收滴定法广泛应用于气体分析中。此法中，吸收可作为富集样品的手段，主要用于微量气体组分的测定，也可以进行常量气体组分的测定。

焦炉煤气中少量 H_2S 的测定，就是使一定量的气体试样通过醋酸镉溶液。硫化氢被吸收生成黄色的硫化镉沉淀。

$$H_2S+Cd(Ac)_2 = CdS\downarrow +2HAc$$

然后将溶液酸化，加入过量的碘标准溶液，负二价的硫被氧化为零价的硫。

$$CdS+2HCl+I_2 = 2HI+CdCl_2+S$$

剩余的碘用硫代硫酸钠标准滴定溶液滴定，淀粉为指示剂。

$$I_2+2Na_2S_2O_3 = Na_2S_4O_6+2NaI$$

由碘的消耗量计算出硫化氢的含量。

1.2.1.4 吸收称量法

此法综合应用吸收法和称量法来测定气体（或可以转化为气体的其他物质）含量。其原理是使混合气体通过固体（或液体）吸收剂，待测气体与吸收剂发生反应（或吸附），根据吸收剂增加的质量，计算出待测气体的含量。

此法使用的吸收剂有液体的，也有固体的。吸收剂应无挥发性，或挥发性很小，以免影响称量。同样，吸收后的生成物也应无挥发性，以防止干扰。

例如，测定混合气体中的微量二氧化碳时，使混合气体通过固体碱石灰（一份氢氧化钠和两份氧化钙的混合物，常加一点酚酞故呈粉红色，亦称钠石灰）或碱石棉（50%氢氧化钠溶液中加入石棉，搅拌成糊状，在 150～160℃度烘干，冷却研成小块即为碱石棉），二氧化碳被吸收。精确称量吸收剂吸收气体前、后的质量，根据吸收剂前、后质量之差，即可计算出二氧化碳的含量。

1.2.1.5 吸收比色法

综合应用吸收法和比色法来测定气体物质含量的分析方法称为吸收比色法。其原理是使混合气体通过吸收剂，气体被吸收后产生不同的颜色（或吸收后再作显色反应），其颜色深浅与待测气体含量成正比，从而得出待测气体的含量。此法主要用于微量气体组分含量的测定。

例如，测定混合气体中的微量乙炔时，使混合气体通过吸收剂——亚铜盐的氨溶液。乙炔被吸收，生成乙炔铜的紫红色胶体溶液，其颜色深浅与乙炔的含量成正比。可进行比色测定，从而得出乙炔的含量。大气中的二氧化硫、氮氧化物均是采用吸收比色法进行测定。

1.2.2 燃烧法

有些可燃气体没有很好的吸收剂，如氢气和甲烷气体。因此，只能用燃烧法进行测定。燃烧法是将混合气体与过量的空气或氧气混合，使其中可燃组分燃烧，测定气体燃烧后体积的缩减量、消耗氧的体积及生成二氧化碳的体积来计算气体中各组分的含量。

1.2.2.1 燃烧法的分类

根据燃烧方式不同，燃烧法可分为三种。

（1）爆炸法

可燃气体与过量空气按一定比例混合，通电点燃引起爆炸性燃烧。引起爆炸性燃烧的浓度范围称为爆炸极限。爆炸上限是指引起可燃气体爆炸的最高浓度，爆炸下限是指引起可燃气体爆炸的最低浓度。常温常压下部分气体在空气中的爆炸极限见表 1-2。浓度低于或高于此范围都不会发生爆炸。此法分析速度快，但误差较大，适用于生产控制分析。

表 1-2 部分气体在空气中的爆炸极限（体积分数） /%

气体名称	分子式	与空气混合的爆炸极限		气体名称	分子式	与空气混合的爆炸极限	
		下 限	上 限			下 限	上 限
氢气	H_2	4.0	75	乙烷	C_2H_6	3	12.5
一氧化碳	CO	12.5	74.2	丙烷	C_3H_8	2.3	9.5
氨气	NH_3	15.5	27	丁烷	C_4H_{10}	1.9	8.5
甲烷	CH_4	5.3	15	乙烯	C_2H_4	2.7	36
硫化氢	H_2S	4.3	44.5	乙炔	C_2H_2	2.5	85

（2）缓慢燃烧法（铂丝燃烧法）

将可燃气体与空气混合，控制其混合比例在爆炸下限以下，并通过炽热的铂丝，引起缓慢燃烧。这种方法适用于试样中可燃气体组分含量较低的情况。

(3) 氧化铜燃烧法

如氢气、一氧化碳和甲烷混合气体的分析。氢气和一氧化碳在280℃以上开始氧化，甲烷必须在600℃以上氧化。

$$H_2 + CuO \xrightarrow{280℃} H_2O + Cu$$

$$CO + CuO \xrightarrow{280℃} CO_2 + Cu$$

$$4CuO + CH_4 \xrightarrow{>600℃} CO_2 + 2H_2O_{(液)} + 4Cu$$

当混合气体通过280℃高温的CuO时，使其缓慢燃烧，这时CO生成等体积的CO_2，缩减的体积等于H_2的体积。然后升高温度使CH_4燃烧，根据CH_4生成的CO_2体积，便可求出甲烷的含量。

氧化铜燃烧法的优点是不需要加入空气和氧气，可减少体积测量次数，误差小，计算相对简单。

1.2.2.2 燃烧法的计算

如果气体混合物中含有若干种可燃性气体，可先用吸收法除去干扰组分，再取一定量的剩余气体（或全部），加入过量的空气，使之进行燃烧。燃烧后，测量其体积的缩减，消耗氧的体积及生成二氧化碳的体积，由此求得可燃性气体的体积，并计算出混合气体中可燃性气体的含量。

如CO、CH_4、H_2的气体混合物，燃烧后，求原可燃性气体的体积。

它们的燃烧反应为：

$$2CO + O_2 = 2CO_2$$

$$CH_4 + 2O_2 = CO_2 + 2H_2O$$

$$2H_2 + O_2 = 2H_2O$$

若原来混合气体中一氧化碳的体积为V_{CO}，甲烷的体积为V_{CH_4}，氢的体积为V_{H_2}。燃烧后，由一氧化碳所引起的体积缩减$V_{缩(CO)} = \frac{1}{2}V_{CO}$；甲烷所引起的体积缩减$V_{缩(CH_4)} = 2V_{CH_4}$；氢气所引起的体积缩减$V_{缩(H_2)} = \frac{3}{2}V_{H_2}$。所以燃烧后所测得的应为其总体积的缩减，$V_{缩}$。

$$V_{缩} = \frac{1}{2}V_{CO} + 2V_{CH_4} + \frac{3}{2}V_{H_2} \tag{1-1}$$

由于一氧化碳和甲烷燃烧后生成与原一氧化碳和甲烷等体积的二氧化碳（即$V_{CO} + V_{CH_4}$），氢气生成水，则燃烧后测得总的二氧化碳体积应为$V_{CO_2}^{生}$应为

$$V_{CO_2}^{生} = V_{CO} + V_{CH_4} \tag{1-2}$$

一氧化碳燃烧时所消耗的氧$V_{O_2(CO)}^{用} = \frac{1}{2}V_{CO}$，甲烷燃烧时所消耗的氧$V_{O_2(CH_4)}^{用} = 2V_{CH_4}$，氢燃烧时所消耗的氧$V_{O_2(H_2)}^{用} = \frac{1}{2}V_{H_2}$。则燃烧后测得的总的

耗氧量，$V_{O_2}^{用}$应为

$$V_{O_2}^{用}=\frac{1}{2}V_{CO}+2V_{CH_4}+\frac{1}{2}V_{H_2} \tag{1-3}$$

设 $V_{O_2}^{用}=a$，$V_{CO_2}^{生}=b$，$V_{缩}=c$

由方程（1-1）、（1-2）、（1-3）组成联立方程组，解方程组得

$$V_{CH_4}=\frac{3a-b-c}{3}\ (mL)$$

$$V_{CO}=\frac{4b-3a+c}{3}\ (mL)$$

$$V_{H_2}=c-a\ (mL)$$

根据各组分气体的体积与燃烧前混合气体的体积，即可计算各组分的含量。

【例 1-2】 一氧化碳、甲烷及氮的混合气体 20.0mL，加入一定量过量的氧，燃烧后，体积缩减了 21.0mL，生成二氧化碳 18.0mL，计算混合气体中各组分的体积分数。

解： 在混合气体中，CO 和 CH_4 为可燃气体，其燃烧反应为

$$2CO+O_2 = 2CO_2$$

$$CH_4+2O_2 = CO_2+2H_2O$$

在 CO 燃烧反应中，缩减的体积为$\frac{1}{2}V_{CO}$，在 CH_4 燃烧反应中，缩减的体积为 $2V_{CH_4}$。则

$$V_{缩}=\frac{1}{2}V_{CO}+2V_{CH_4}$$

又由于 CO 及 CH_4 燃烧后都生成等体积的 CO_2，所以

$$V_{CO_2}=V_{CO}+V_{CH_4}$$

解联立方程组，则可计算出 CO 及 CH_4 的体积。

$$V_{缩}=\frac{1}{2}V_{CO}+2V_{CH_4}=21.0$$

$$V_{CO_2}=V_{CO}+V_{CH_4}=18.0$$

得

$$V_{CO}=10.0\ (mL)$$

$$V_{CH_4}=8.0\ (mL)$$

$$V_{N_2}=20.0-10.0-8.0=2.0\ (mL)$$

所以 $\varphi(CO)=\frac{10.0}{20.0}=0.50$　$\varphi(CH_4)=\frac{8.0}{20.0}=0.40$　$\varphi(N_2)=\frac{2.0}{20.0}=0.10$

1.2.3 气相色谱法

随着分析仪器的不断普及，用气相色谱仪测定混合气体中组分含量的方法已广泛应用于工业生产中。此方法具有操作简便、快速的优点。现以煤气含量测定

为例，说明其应用。气相色谱法的原理见3.3.2。

1.2.3.1 测定原理

煤气或水煤气主要成分为：H_2、O_2、N_2、CH_4、CO、CO_2 的混合气体，在气相色谱法中，使用分子筛（5A或13X分子筛）分离。其原理如下。

（1）O_2、N_2、CH_4、CO的测定

以氢气作为载气携带气样流经分子筛色谱柱，由于分子筛对 O_2、N_2、CH_4、CO等气体的吸附力不同，按吸附力由小到大的顺序分别流出色谱柱，进入检测器，则在记录仪上出现 O_2、N_2、CH_4、CO四个色谱峰，由四个色谱峰的峰高或峰面积计算这四种组分的含量。

分子筛对 CO_2 的吸附力很强，在低温下不能解吸，CO_2 滞留于分子筛柱内，所以得不到 CO_2 的色谱图，而且随着 CO_2 在分子筛上的积累，使分子筛的活力降低，影响 O_2、N_2、CH_4、CO的测定。因此，常使用一支碱石灰管吸收阻留 CO_2，使它与其他组分先分离，然后其余气体再经分子筛柱分离后进入检测器。

（2）CO_2 的测定

CO_2 的色谱测定是利用硅胶在常温下对 CO_2 有足够的吸附力，而对其他组分则基本没有吸附作用。所以，当气样流经硅胶色谱柱、进入检测器时，首先产生一个 O_2、N_2、CH_4、CO混合气体的色谱峰，此峰无定量意义。然后，出现 CO_2 色谱峰，从而计算 CO_2 的含量。

（3）H_2 的测定

当以 H_2 作为载气时，气样中的 H_2 组分在热导池内不能引起载气导热系数的改变，不能产生讯号。因此，得不到 H_2 组分的色谱图。但是气样组分是已知的，所以，当测定了其他五种组分后，H_2 的含量可以由差减法计算。

1.2.3.2 测定条件

色谱分析的工作条件，主要决定于分离效果和检测器的性能。分离效果是否良好，又主要决定于固定相的性能、色谱柱的长短、柱的温度及载气流速等因素。热导检测器的性能，主要表现为测定的灵敏度和稳定性。灵敏度可以借改变桥电流加以适当调节。在煤气分析中，一般选用下述色谱条件。

① 13X分子筛柱：柱长3m、内径3mm、内装60目13X分子筛，在500℃活化3h。

② 硅胶柱：柱长0.95m、内径2mm、内装60目色谱硅胶，在200℃活化3h。

③ 桥电流：200mA。

④ 柱温：58℃。

⑤ 载气：氢气，流速60mL·min^{-1}。

⑥ 进样量：1mL。

1.2.3.3 测定过程

首先开启载气瓶阀门，缓缓通入载气，检查仪器的气密性。若有漏气，应采取适当措施处理。然后，调节载气流速为 $60mL \cdot min^{-1}$。开启升温电源，调整至58℃恒温。开启热导检测器电源，调节电流为200mA。待基线稳定后，用注射器吸取标准气样1.00mL注入仪器中，获得各组分的色谱峰，测量色谱峰峰高，并计算出各对应组分的校正因子。然后，用注射器吸入气样1.00mL，注入仪器中，获得各组分的色谱峰，即可计算出各组分的含量。气相色谱定量分析的相关计算详见3.3.2.4。

1.2.3.4 注意事项

(1) 各种型号仪器的实际电路和调节旋钮名称不完全相同，具体操作步骤应根据仪器说明书进行。

(2) 气相色谱可以先进行气体的定性，然后进行定量，定性方法可参照3.3.2.3。

1.2.4 其他分析方法简介

1.2.4.1 电导法

通过测定电解质溶液导电能力从而确定物质含量的方法，称为电导法。当溶液的组成发生变化时，溶液的电导率也发生相应的变化，利用电导率与物质含量之间的关系，可测定物质的含量。如合成氨生产中微量一氧化碳和二氧化碳的测定，环境分析中二氧化碳、一氧化碳、二氧化硫、硫化氢、氧气、盐酸蒸气等，都可以用电导法来进行测定。

1.2.4.2 库仑法

以测量通过电解池的电量为基础而建立起来的分析方法，称为库仑法。库仑滴定是通过测量电量的方法来确定反应终点。它被用于痕量组分的分析中，如金属中碳、硫等的气体分析；环境分析中的二氧化硫、臭氧、二氧化氮等都可以用库仑法来进行测定。

1.2.4.3 热导气体分析

各种气体的导热性是不同的。如果把两根相同的金属丝（如铂金丝）用电流加热到同样的温度，将其中一根金属丝插在某一气体中，另一金属丝插在另一种气体中，由于两种气体的导热性不同，这两根金属丝的温度改变就不一样。随着温度的变化，电阻也相应地发生变化，所有，只要测出金属丝的电阻变化值，就能确定待测气体的含量。如在氧气厂（空气分馏）中就广泛采用此种方法。

1.2.4.4 红外光谱法

红外光谱是利用物质的分子对红外辐射的吸收而建立的分析方法。通过对特征吸收谱带强度的测量可以求出组分的含量。常用来测定烷烃、烯烃和炔烃等有机气态化合物以及一氧化碳、二氧化碳、二氧化硫、一氧化氮、二氧化氮等无机气态化合物。

1.2.4.5 激光雷达技术

激光雷达是激光用于远距离大气探测的新成就之一。激光雷达利用激光光束的背向散射光谱检测大气中某些组分的浓度。这种方法在环境分析中得到广泛的应用。经常检测的组分有 SO_2、NO、NO_2、H_2S、CO_2、C_2H_4、CH_4、H_2、H_2O 等。其灵敏度在 1km 内为 2～3μL/L，个别工作利用共振拉曼效应曾在 2～3km 的高空中测得 O_2 和 SO_2 的浓度，灵敏度分别为 0.005μL/L 和 0.05μL/L。

除以上这些方法之外，还有红外线气体分析仪和化学发光分析等。它们在工业生产和环境分析中已得到广泛的应用，而且也有定型的仪器。

练习题

1. 气体的采样设备主要由________、________和________组成。

2. 气体化学吸收法包括________、________，________和________等。

3. 煤气中的主要成分是 CO_2，O_2，CO，CH_4，H_2。煤气分析的顺序为：KOH 溶液吸收______，________吸收 O_2，氯化亚铜的氨溶液吸收________，用________测定 CH_4 及 H_2，剩余气体为 N_2。

4. 含有 CO_2、O_2、CO、N_2、C_2H_4 等的混合气体，用吸收法进行含量测定，需选择哪些吸收溶液？各吸收液的吸收次序如何？

5. 含有 CO_2、O_2 及 CO 的混合气体 75mL，依次用 KOH 溶液、焦性没食子酸碱溶液和氨性亚铜盐溶液吸收后，气体体积依次减少至 70mL、63mL 和 60mL，求各成分在气体中的百分数（以体积计）。

6. 氢在过量氧中燃烧的结果，气体体积由 90mL 缩减至 76.5mL，求氢的体积。

7. 6.24mL 的 CH_4 在过量氧中燃烧，体积的缩减是多少？生成的 CO_2 是多少？如另一含 CH_4 的气体，在过量氧中燃烧后体积缩减了 80mL，求原含 CH_4 的体积。

8. 有 H_2、CH_4、C_2H_4、N_2 等的混合气体 100mL，加入 100mL 氧气，用爆炸法将各气体充分燃烧，体积缩小了 70mL，用吸收法测定反应后剩余气体体积，CO_2 和 O_2 的体积分别为 30mL、40mL。试计算各组分的含量。

2 检验准备

2.1 实验室用水

2.1.1 实验室用二级水的制备和贮存方法

分析实验室用水是检验工作使用最多的试剂，国家标准对其质量做出了明确规定，不同的实验、不同的方法要求使用的水的级别也有所不同。制备化验用水的方法很多，蒸馏法（见《化学检验工 初级》）、离子交换法（见《化学检验工 中级》）、电渗析法是比较传统的方法。反渗透技术是当今最先进、最节能、效率最高的分离技术。其原理是在高于溶液渗透压的压力下，借助于只允许水分子透过的反渗透膜的选择截留作用，将溶液中的溶质与溶剂分离，从而达到使水纯净的目的。反渗透膜是由具有高度有序矩阵结构的聚合纤维素组成的。它的孔径为0.1～1nm，$1nm=10^{-9}m$，相当于大肠杆菌大小的千分之一，病毒的百分之一。

反渗透设施生产纯水的关键有两个，一是一个有选择性的膜，我们称之为半透膜，二是一定的压力。简单地说，反渗透半透膜上有众多的孔，这些孔的大小与水分子的大小相当，由于细菌、病毒、大部分有机污染物和水合离子均比水分子大得多，因此不能透过反渗透半透膜而与透过反渗透膜的水相分离。在水中众多种杂质中，溶解性盐类是最难清除的。因此，经常根据除盐率的高低来确定反渗透的净水效果。反渗透除盐率的高低主要决定于反渗透半透膜的选择性。目前，较高选择性的反渗透膜元件除盐率可以高达99.7%。

反渗透处理工艺流程，按处理的先后顺序可分为三部分：预处理、膜分离及后处理。预处理将原水的水质、水量等加以调整，以满足膜分离处理的要求，从而保证最终的处理效果。后处理主要针对反渗透处理水的某些指标还不能满足最终的要求而采取的处理措施，一般采用脱气、紫外线照射、超滤等单独或组合工艺。

经过各种纯化方法制得的各级别的分析实验室用水，纯度越高要求贮存的条件越严格，成本也越高，应根据不同分析方法按照国家标准的规定合理选用。如果贮存状态的纯水是不循环的，则应使存水量最少并尽快使用完以避免水质下降和细菌滋长。各级用水在运输过程中应避免沾污。

2.1.2 实验室用二级水的检验方法

在试验方法中，各项试验必须在洁净的环境中进行，并采取适当措施，以避免对试样的沾污。试验中均使用分析纯试剂和相应级别的水。

2.1.2.1 实验室用二级水的检验项目

根据 GB/T 6682—2008 规定，分析实验用水应符合表 2-1 的规格。

表 2-1 分析实验室用水规格

名称	一级	二级	三级
pH 范围(25℃)	—	—	5.0～7.5
电导率(25℃)/(mS/m)	≤0.01	≤0.10	≤0.50
可氧化物质(以 O 计)/(mg/L)	—	≤0.08	≤0.4
吸光度(254nm,1cm 光程)	≤0.001	≤0.01	—
蒸发残渣(105℃±2℃)含量/(mg/L)	—	≤1.0	≤2.0
可溶性硅(以 SiO_2 计)含量/(mg/L)	≤0.01	0.02	—

2.1.2.2 实验室用二级水的检验方法

根据表 2-1，实验室二级用水的检验项目包括电导率、可氧化物质、吸光度、蒸发残渣和可溶性硅。进行水样检验，至少应取 3L 有代表性的水样；取样前用待测水反复清洗容器，并且取样时要避免沾污。注意水样要注满容器。

(1) 电导率的测定

检验二级水使用的电导仪，应配备电极常数为 0.01～0.1cm^{-1}的"在线"电导池，并有温度自动补偿功能。若电导仪没有温度补偿功能，可装"在线"热交换器，使测定时水温控制在 25℃±1℃。如果实测的水不是 25℃，应记录下水的温度，其电导率按式(2-1) 进行换算。

$$K_{25}=k_t(K_t-K_{P \cdot t})+0.00548 \tag{2-1}$$

式中 K_{25}——25℃时二级水的电导率，mS/m；

K_t——t℃时二级水的电导率，mS/m；

$K_{P \cdot t}$——t℃时理论纯水的电导率，mS/m；

k_t——换算系数；

0.00548——25℃理论纯水的电导率，mS/m。

表 2-2 是部分理论纯水的 $K_{P \cdot t}$和 k_t。

测定电导率时，按照电导仪说明书安装调试仪器，将电导池装在水处理装置流动出水口处，调节水流速，赶净管道及电导池内的气泡，即可进行测量。测量用的电导仪和电导池应定期进行检定。

表 2-2　理论纯水的部分电导率和换算系数

t/℃	k_t	$K_{P,t}$/(mS/m)	t/℃	k_t	$K_{P,t}$/(mS/m)
16	1.2237	0.00330	26	0.9795	0.00578
17	1.1954	0.00349	27	0.9600	0.00607
18	1.1679	0.00370	28	0.9413	0.00640
19	1.1412	0.00391	29	0.9234	0.00674
20	1.1155	0.00418	30	0.9065	0.00712
21	1.0906	0.00441	31	0.8904	0.00749
22	1.0337	0.00466	32	0.8753	0.00784
23	1.0436	0.00490	33	0.8610	0.00822
24	1.0213	0.00519	34	0.8475	0.00861
25	1.0000	0.00548	35	0.8350	0.00907

(2) 可氧化物质的限量试验

量取 1000mL 二级水，注入烧杯中，加入 5.0mL 质量分数为 20%的硫酸溶液，混匀，加入 1.00mL $c\left(\frac{1}{5}KMnO_4\right)=0.01$mol/L 高锰酸钾标准滴定溶液，混匀。盖上表面皿，加热至沸并保持 5min，溶液的粉红色未完全消失即为合格。

(3) 吸光度的测定

将水样分别注入 1cm 和 2cm 的吸收池中，在紫外可见分光光度计上，于 254nm 处，以 1cm 吸收池水样为参比，测定 2cm 吸收池中水样的吸光度。

(4) 蒸发残渣的测定

量取 1000mL 二级水样，将水样分几次加入旋转蒸发器的蒸馏瓶中，于水浴上减压蒸发（避免蒸干）。待水样最后蒸至约 50mL 时，停止加热。将水样转移至一个已于 105℃±2℃恒重的玻璃蒸发皿中，并用 5～10mL 水样分 2～3 次冲洗蒸馏瓶，将洗液与预浓集水样合并，于水浴上蒸干，并在 105℃±2℃的电烘箱中干燥至恒重。残渣质量不得大于 1.0mg。

(5) 可溶性硅的测定

量取 270mL 二级水，注入铂皿中，在防尘条件下，亚沸蒸发至约 20mL 时，停止加热。冷至室温，加 1.0mL 钼酸铵溶液（50g/L），摇匀。放置 5min 后，加 1.0mL 草酸溶液（50g/L），摇匀。放置 1min 后，加 1.0mL 对甲氨基酚硫酸盐（米吐尔）溶液（2g/L），摇匀，转移至 25mL 比色管中，稀释至刻度，摇匀，于 60℃水浴中保温 10min。目视观察，试液的蓝色不得深于标准。

标准是取 0.50mL 二氧化硅标准溶液（1mL 溶液含有 0.01mg SiO_2），加入 20mL 水样后，从加 1.0mL 钼酸铵溶液起与样品试液同时同样处理。

2.2 溶液

2.2.1 标准滴定溶液

2.2.1.1 标准滴定溶液的一般规定

GB/T 601—2002 对标准滴定溶液进行了详细的规定，执行时可参考使用或参考《化学检验工 中级》3.2.2.1 的相关内容。

2.2.1.2 标准滴定溶液的配制与标定

（1）硫酸标准滴定溶液

① 配制 按表 2-3 的规定量取硫酸，缓缓注入 1000mL 水中，冷却，摇匀。

表 2-3 硫酸标准滴定溶液的配制

硫酸标准滴定溶液的浓度 $\left[c\left(\frac{1}{2}H_2SO_4\right)\right]$/(mol/L)	硫酸的体积 V/mL
1	30
0.5	15
0.1	3

② 标定 按表 2-4 的规定称取于 270～300℃高温炉中灼烧至恒重的工作基准试剂无水碳酸钠，溶于 50mL 水中，加 10 滴溴甲酚绿-甲基红指示液，用配制好的硫酸溶液滴定至溶液由绿色变为暗红色，煮沸 2min，冷却后继续滴定至溶液再呈暗红色。同时做空白试验。

表 2-4 标定硫酸标准滴定溶液时无水碳酸钠的称样量

硫酸标准滴定溶液的浓度 $\left[c\left(\frac{1}{2}H_2SO_4\right)\right]$/(mol/L)	工作基准试剂无水碳酸钠的质量 m/g
1	1.9
0.5	0.95
0.1	0.2

硫酸标准滴定溶液的浓度 $\left[c\left(\frac{1}{2}H_2SO_4\right)\right]$，数值以摩尔每升（mol/L）表示，按式(2-2) 计算

$$c\left(\frac{1}{2}H_2SO_4\right)=\frac{m\times 1000}{(V_1-V_2)M} \tag{2-2}$$

式中 m——无水碳酸钠的质量，g；

V_1——硫酸溶液的体积，mL；

V_2——空白试验硫酸溶液的体积，mL；

M——无水碳酸钠的摩尔质量，g/mol $\left[M\left(\frac{1}{2}Na_2CO_3\right)=52.994\text{g/mol}\right]$。

（2）高锰酸钾标准滴定溶液 $c\left(\frac{1}{5}KMnO_4\right)=0.1mol/L$

① 配制　称取3.3g高锰酸钾，溶于1050mL水中，缓缓煮沸15min，冷却，于暗处放置两周，用已处理过的4号玻璃滤埚过滤。贮存于棕色瓶中。

玻璃滤埚的处理是指玻璃滤埚在同样浓度的高锰酸钾溶液中缓缓煮沸5min。

② 标定　称取0.25g于105～110℃电烘箱中干燥至恒重的工作基准试剂草酸钠，溶于100mL硫酸溶液（8＋92）中，用配制好的高锰酸钾溶液滴定，近终点时加热至约65℃，继续滴定至溶液呈粉红色，并保持30s。同时做空白试验。

高锰酸钾标准滴定溶液的浓度 $\left[c\left(\frac{1}{5}KMnO_4\right)\right]$，数值以摩尔每升（mol/L）表示，按式(2-3)计算

$$c\left(\frac{1}{5}KMnO_4\right)=\frac{m\times1000}{(V_1-V_2)M} \tag{2-3}$$

式中　m——草酸钠的质量，g；

V_1——高锰酸钾溶液的体积，mL；

V_2——空白试验高锰酸钾溶液的体积，mL；

M——草酸钠的摩尔质量，g/mol $\left[M\left(\frac{1}{2}Na_2C_2O_4\right)=66.999g/mol\right]$。

（3）硝酸银标准滴定溶液 $c(AgNO_3)=0.1mol/L$

① 配制　称取17.5g硝酸银，溶于1000mL水中，摇匀，溶液贮存于棕色瓶中。

② 标定　按GB/T 9725—2007的规定标定。称取0.22g于500～600℃的高温炉中灼烧至恒重的工作基准试剂氯化钠，溶于70mL水中，加10mL淀粉溶液（10g/L），以216型银电极作指示电极，217型双盐桥饱和甘汞电极作参比电极，用配制好的硝酸银溶液滴定。按GB/T 9725—2007中6.2.2条的规定计算 V_0。

硝酸银标准滴定溶液的浓度 $[c(AgNO_3)]$，数值以摩尔每升（mol/L）表示，按式(2-4)计算

$$c(AgNO_3)=\frac{m\times1000}{V_0M} \tag{2-4}$$

式中　m——氯化钠的质量，g；

V_0——硝酸银溶液的体积，mL；

M——氯化钠的摩尔质量，g/mol $[M(NaCl)=58.442g/mol]$。

（4）其他标准滴定溶液

其他常用标准滴定溶液如重铬酸钾标准滴定溶液、碘标准滴定溶液、硫酸铈标准滴定溶液等的制备参见GB/T 601—2002。

2.2.2　仪器分析用标准溶液

仪器分析种类很多，各有特点，不同的仪器分析实验对试剂的要求往往也不

同。配制仪器分析用标准溶液可能要用到专用试剂、高纯试剂、纯金属及其他标准物质、优级纯及分析纯试剂等。同种仪器分析方法，当分析对象不同时所用试剂的级别也可能不同。

配制这类标准溶液时一般应注意以下几点：

（1）对实验用水的要求比较高，水质规格一般要在 2～3 级之间，电化学分析、原子吸收光谱分析和高效液相色谱分析等对水质要求最高，通常要将 2 级水再经石英蒸馏器或其他设备进一步提纯。

（2）溶解或分解标准物质时所用的试剂一般为优级纯或高纯试剂。当市售的试剂纯度不能满足实验要求时，还要自行提纯。

（3）仪器分析用标准溶液的浓度都比较低，常以 μg/mL 或 mg/mL 表示。稀溶液的保质期较短，通常配成比使用浓度高 1～3 个数量级的浓溶液作为储备液，使用前进行稀释，有时还需要对储备液进行标定。为了保证一定的准确度，稀释倍数高时应采用逐次稀释的方法。

（4）必须注意选用合适的容器保存溶液，以防止存放过程中由容器材料溶解可能对标准溶液造成的污染，有些金属离子标准溶液宜在塑料瓶中保存。

（5）仪器分析所用标准溶液种类很多、要求各异，应参考有关资料并根据具体情况选择配制方法。

2.2.3 常用标准物质及使用注意事项

2.2.3.1 滴定分析常用标准物质

分析化验工作中使用较多的标准滴定溶液，都是已知准确浓度的溶液。其浓度的确定可以通过直接法和标定法得到。

用直接法制备标准滴定溶液可不必标定其浓度，但溶质必须经正确处理符合标准物质的要求。例如 $c\left(\frac{1}{6}KBrO_3\right)=0.1mol/L$ 标准滴定溶液的配制方法是称取于 105℃干燥至质量恒定的溴酸钾 2.7850g，置于 1L 容量瓶中，加水溶解，用 20℃蒸馏水稀释至刻度，摇匀即为 0.1000mol/L 溴酸钾标准滴定溶液。

标准物必须符合下列要求：

（1）纯度在 99.95%～100.05%之间。

（2）组成与化学式完全相符（包括结晶水）。

（3）物质稳定，在处理过程中（如烘干、放置和称量）不发生变化，如吸潮、吸收二氧化碳、风化、失水和被氧化等。定值后应在一段时间内数值不变。

（4）具有尽可能大（或较大）的摩尔质量。

很多用来配制标准滴定溶液的物质不符合直接配制法的条件要求，不能用直接法配制。如氢氧化钠易吸收空气中的水分和二氧化碳，高锰酸钾分解等均会造成试剂不纯或质量无法称准等问题。标定法是将试剂按要求先配制成所需的大致浓度，然后再用标准物质测定其准确浓度。表 2-5 列出了化验工作中常用的标准物质及其贮备条件。

表 2-5 滴定分析中常用的标准物质

基准物质名称	化学式	相对分子质量	干燥条件
对氨基苯磺酸	$H_2N \cdot C_6H_4SO_3H$	173.19	120℃烘至恒重
亚砷酸酐	As_2O_3	197.84	在硫酸干燥器中干燥至恒重
亚铁氰化钾	$K_4Fe(CN)_6 \cdot 3H_2O$	422.39	在潮湿的氧化钙上干燥至恒重
邻苯二甲酸氢钾	$KHC_8H_4O_4$	204.22	105℃烘至恒重
苯甲酸	C_6H_5COOH	122.12	125℃烘至恒重
草酸钠	$Na_2C_2O_4$	134.00	105℃烘至恒重
草酸氢钾	KHC_2O_4	128.13	空气中干燥
重铬酸钾	$K_2Cr_2O_7$	294.18	在 120℃烘至恒重
氧化汞	HgO	216.59	在硫酸真空干燥器中
铁氰化钾	$K_3Fe(CN)_6$	329.25	100℃烘至恒重
氯化钠	$NaCl$	58.44	500～600℃灼烧至恒重
氯化钾	KCl	74.55	500～600℃灼烧至恒重
硫代硫酸钠	$Na_2S_2O_3$	158.10	120℃烘至恒重
硫氰酸钾	$KCNS$	97.18	150℃加热 1～2h，然后在 200℃加热 150min
硝酸银	$AgNO_3$	169.87	220～250℃加热 15min
硫酸肼	$N_2H_2 \cdot H_2SO_4$	130.12	140℃烘至恒重
溴化钾	KBr	119.00	500～600℃灼烧至恒重
溴酸钾	$KBrO_3$	167.00	180℃烘至恒重
硼砂	$Na_2B_4O_7 \cdot 10H_2O$	381.37	70%相对湿度中干燥至恒重(在盛氧化钠和蔗糖的饱和溶液及二者的固体的恒湿器中其相对湿度为 70%)
碘	I_2	126.90	在氧化钙干燥器中
碘化钾	KI	166.00	250℃烘至恒重
碘酸钾	KIO_3	214.00	105～110℃烘至恒重
碳酸钠	Na_2CO_3	105.99	270～300℃烘至恒重
碳酸氢钾	$KHCO_3$	100.16	在干燥空气中放置至恒重

2.2.3.2 标准物质使用注意事项

随着生产、贸易的发展，科技的进步以及人民生活质量的不断提高，化学测量的数量日益增加，对标准物质的使用也提出了更高的要求。然而，由于标准物质的研制投入非常巨大，研发周期长，而且大多数标准物质的使用都是消耗性的，不可能生产出满足化学测量所需要的全部类型的标准物质。因此，必须正确使用标准物质，以使有限的标准物质资源充分发挥其作用。正确使用包括选择、保存、制备和上机测试四个关键步骤。

(1) 选择

正确选择标准物质是至关重要的第一步，正确的选择不仅可以减少实验室的运行成本，也可提高检测结果的有效性和可靠性。

第一，要明确目的，弄清楚标准物质的用途，是评价方法、校准仪器还是做质量控制。评价方法最好选择性质相似的基体有证标准物质，校准仪器通常使用溶液有证标准物质，质量质控则可以选用质控标准物质，包括实验室自己研究的特性已知的控制样品。同时要充分了解待测物的特性及浓度范围，例如同时测试多个易挥发有机化合物，最好选择浓度与待测物接近的混合标准物质，以减少使用过程中稀释、混合次数，这样既可以降低检测结果的不确定度，又可以提高结果的可靠性（挥发强，稀释、混合次数越多，标准物质的可靠性越低）。由于不同的检测目的通常对不确定度的要求也不同，应根据结果要求的不确定度选择合适不确定度的标准物质，可以预先根据经验估算除标准物质不确定度外，其他主要来源对不确定度的贡献已达到多少，留给标准物质不确定度的空间有多大。

第二，根据实验室条件选择，最重要的一点是天平的称量范围和最小分度。有时用户购买纯品标准物质后，发现单个包装量太小，使用实验室现有天平无法进行准确的称量，例如多氯联苯，通常一个包装只有（5～10）mg，大部分实验室可能都不具备准确称量的条件。另外，对于像多环芳烃（PAHs）等毒性特别大的样品，没有安全防护措施最好不要自行配制溶液，而是直接购买浓度合适的溶液标准物质使用。

第三，了解标准物质的特性量值、不确定度及保存要求等。例如，本实验室是否具备证书要求的保存条件；包装和最小取样量，本实验室现有仪器设备条件是否满足称量、稀释等要求。总之，要结合目的和实验室条件，有针对性、全面了解欲购标准物质的信息。

（2）保存

在标准物质保存中，部分使用者存在一个错误的认识，认为温度越低越好，所有标准物质都放到冰箱冷藏甚至冷冻，然而事实并非如此。这样做确实能够保证组分不分解，但低温使得化合物的溶解度降低，因而导致常温下就难溶解的化合物在低温下长时间放置时析出晶体，而且一旦析出晶体很难再溶解，例如十氯联苯、乙体六六六和十溴二苯醚，如以异辛烷做溶剂，标准物质的浓度在 10μg/mL 时，如放在冰箱冷藏，就会析出晶体。因此，标准物质应严格按照证书要求保存，只有这样才能保证量值的变化不会超出不确定度范围。

（3）制备

相当多情况下购置到的标准物质不能直接使用，需要将固体标准物质制备成溶液或浓的溶液稀释到合适的水平。制备和稀释过程中，需要注意以下几点：

第一，仔细阅读证书，详细了解使用方法、注意事项、安全要求、不确定度等。如果不确定度已经与目标不确定度比较接近，那么称量和稀释时必须选择更准确的方法，尽量减少称量和稀释过程引入的不确定度。

第二，设计方案。如果是用固体纯品制备溶液，合理选择溶剂、天平和存储容器非常重要。选什么样的溶剂要根据样品溶解性和目的而定，首先要保证样品能够完全溶解，其次要考虑配制溶液的用途。如果制备储备液或作为校准溶液用，最好选择挥发性小的溶剂，比如异辛烷，便于保存和使用；如果向基体中添加，一般使用甲醇、丙酮等比较好，优点是渗透力及与水的互溶性都比较强。天平的选择要根据测量要求的不确定度和样品量而定，如果结果不确定度要求很小，样品量也比较少，应选择精密度高、感量低的天平。反之，可选择等级次一点的天平。对于有机化合物来说，通常使用玻璃瓶作为储存溶液的容器，但有些化合物用玻璃瓶存储时，容易发生降解，这时必须使用其他材料的瓶子；对于某些浓度低的化合物，由于其容易吸附在普通玻璃壁上，这时要使用特殊的瓶子，例如内壁经过去活处理的玻璃瓶。

浓的储备液制备后，接下来的工作就是稀释，稀释过程中要考虑的因素是由此引入的不确定度。通常重量法稀释准确可靠，引入的不确定度小，缺点是费时；容量法稀释准确度稍差，引入的不确定度大，优点是操作简单、省时。因此，要根据测量结果不确定度的要求决定用什么方式稀释。

(4) 上机测试

上机测试看似简单，但也有一些需要注意的问题。测量中通常每个实际样品可能只重复测量 3 次，而标准物质可能要使用多次，特别是使用自动进样器、连续进行测量时，如果只使用一个样品瓶盛放标准物质，当该瓶连续被进样多次后可能导致易挥发的组分或溶剂挥发掉，而且连续进样多次也会通过进样针带来污染，影响测量结果。对于这种情况，最好将标准物质分到多个样品瓶，例如，一个序列要进 9 次标准物质，可以将标准物质分到 3 个样品瓶中，这样每个样品瓶只进样 3 次，降低了溶剂挥发和进样针污染对测量结果影响的风险。对于那些见光易分解和需要低温保存的样品，必须避光并通冷却水，以保证测量过程中，样品和标准物质的量值不致发生显著的变化。

2.2.4 常用标准溶液的贮存和贮存注意事项

国家标准 GB/T 601—2002 中对标准溶液的贮存时间进行了明确规定：除另有规定外，标准滴定溶液在常温（15～25℃）下保存时间一般不超过两个月。当溶液出现混浊、沉淀、颜色变化等现象时，应重新制备。实际工作中，常用标准溶液的保存时间见表 2-6。

有条件的工厂或实验室，标准溶液应由中心实验室或标准溶液室专人负责配制、标定，然后分发至各部门使用，以确保标准溶液浓度的准确性。

表 2-6 标准溶液的有效时间

溶液名称	浓度 c_B /(mol/L)	有效期 /月	溶液名称	浓度 c_B /(mol/L)	有效期 /月
各种酸溶液	各种浓度	3	硫酸亚铁溶液	1;0.64	20天
氢氧化钠溶液	各种浓度	2	硫酸亚铁溶液	0.1	用前标定
氢氧化钾-乙醇溶液	0.1;0.5	1	亚硝酸钠溶液	0.1;0.25	2
硫代硫酸钠溶液	0.05;0.1	2	硝酸银溶液	0.1	3
高锰酸钾溶液	0.05;0.1	3	硫氰酸钾溶液	0.1	3
碘溶液	0.02;0.1	1	亚铁氰化钾溶液	各种浓度	1
重铬酸钾溶液	0.1	3	EDTA 溶液	各种浓度	3
溴酸钾-溴化钾溶液	0.1	3	锌盐溶液	0.025	2
氢氧化钡溶液	0.05	1	硝酸铅溶液	0.025	2

2.3 常用设备的维护

2.3.1 分析天平计量性能检定方法

在分析实验室中常用于定量分析、称量范围一般为0.01mg～200g的天平，统称为分析天平。分析天平的准确度级别由其检定标尺分度值（e）和标尺分度数（n）来决定。所谓标尺分度数，指最大秤量与检定标尺分度值 e 之比，$n=\frac{\max}{e}$。

分析天平分电子天平和机械杠杆式天平两大类。

2.3.1.1 电子天平计量检定

电子天平按其检定标尺分度值（e）和标尺分度数（n），分为四个准确度级别：

特种准确度级（高精密天平），符号为Ⅰ；

高准确度级（精密天平），符号为Ⅱ；

中准确度级（商用天平），符号为Ⅲ；

普通准确度级（普通天平），符号为Ⅳ。

（1）检定项目

电子天平的计量性能检定项目见表2-7。

表 2-7 检定项目一览表

检定项目	首次检定	后续检定	使用中检验
外观检查	+	+	—
偏载误差	+	+	+
重复性	+	+	+
示值误差	+	+	+

注："+"为需检项目；"—"为可不检项目。

（2）检定条件

① 砝码　应配备一组标准砝码，其扩展不确定度（$k=2$）不得大于被检天平在该载荷下最大允许误差绝对值的1/3。该砝码的磁性不得超过相应要求；

② 分度值不大于0.2℃的温度计，相对准确度不低于5%的干湿度计；

③ 检定应在稳定的环境温度下进行，除特殊情况外，一般为室内温度。稳定的环境条件是指：在检定期间所记录的最大温差，不超过天平温度范围的1/5，并且对于Ⅰ级天平不大于1℃，对于Ⅱ级天平不大于5℃；

④ 对于Ⅰ级天平相对湿度不大于80%，对于Ⅱ级天平相对湿度不大于85%；

⑤ 对使用交流电供电的天平，当电压范围在制造厂标明的－15%～＋10%，频率范围在制造厂标明的－2%～＋2%时，天平应能保持计量性能。使用电池供电的天平，当电压低于制造厂规定的数值时，应出现电压过低的提示信息；

⑥ 天平和砝码应尽量避免阳光直接照射。

（3）检定前的准备

① 将天平放置在一平整、稳固的平台或平板上；

② 将天平调整到水平位置；

③ 接通电源，天平预热，达到平衡、稳定；

④ 校准天平；

⑤ 进行一次预加载。

（4）检定方法

① 外观检查

应检查天平的计量特征：准确度等级、最小秤量min、最大秤量max、检定分度值e、实际分度值d；检查天平的法制计量管理标志；检查天平的使用条件和地点是否合适。

② 偏载误差

载荷在不同位置的示值误差须满足相应载荷最大允许误差（MPE）的要求。电子天平最大允许误差见表2-8。

表2-8　电子天平最大允许误差（MPE）

最大允许误差	载荷m（以检定分度值e表示）	
	Ⅰ级	Ⅱ级
$\pm 0.5e$	$0 \leqslant m < 5 \times 10^4$	$0 \leqslant m < 5 \times 10^3$
$\pm 1.0e$	$5 \times 10^4 \leqslant m < 2 \times 10^5$	$5 \times 10^3 \leqslant m < 2 \times 10^4$
$\pm 1.5e$	$2 \times 10^5 < m$	$2 \times 10^4 \leqslant m < 1 \times 10^5$

试验载荷选择 1/3(最大秤量＋最大加法除皮效果）的砝码。优选个数较少的砝码，如果不是单个砝码，允许砝码叠放使用。单个砝码应放置在测量区域的中心位置，若使用多个砝码，应均匀分布在测量区域内。

按秤盘的表面积，将秤盘划分为四个区域，图 2-1 为天平偏载误差检定位置示意图。

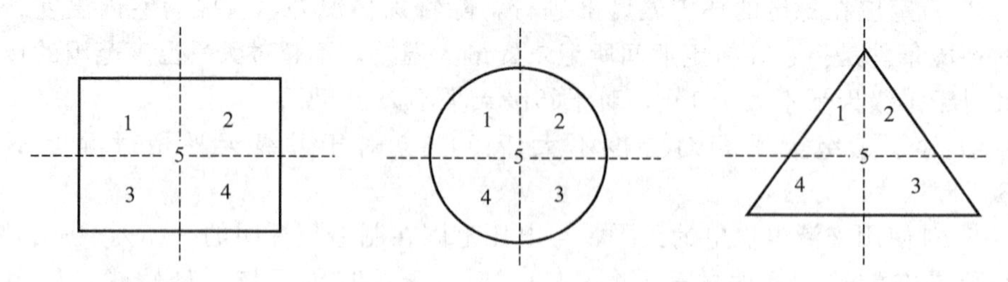

图 2-1　天平偏载误差检定位置示意图

E_c≤MPE，示值误差应是对零点修正后的修正误差。

③ 天平的重复性

相同载荷多次测量结果的差值不得大于该载荷点下最大允许误差的绝对值。

a. 如果天平具有自动置零或零点跟踪装置，应处于工作状态；

b. 试验载荷应选择 80%～100%最大秤量的单个砝码，测试次数不少于 6 次；

c. 测量中每次加载前可置零；

d. 天平的重复性等于 $E_{max}-E_{min}$，式中，E_{max}为加载时天平示值误差的最大值；E_{min}为加载时天平示值误差的最小值；$E_{max}-E_{min}\leq|MPE|$。

④ 示值误差

各载荷点的示值误差不得超过该天平在该载荷时的最大允许误差。

a. 试验载荷必须包括下述载荷点：空载、最小秤量、最大允许转换点所对应的载荷（或接近最大允许误差转变点）、最大秤量；

b. 无论加载或卸载，应保证有足够的测量点数，对于首次检定的天平，测量点数不得少于 10 点；对于后续检定或使用中检验的天平，测量点数可以适当减少，但不得少于 6 点。

E_c≤MPE，示值误差应是对零点修正后的修正误差。

2.3.1.2　机械杠杆式天平计量检定

根据国际法制计量组织（OIML)R76《非自动衡量仪器》国际建议，机械杠杆式天平按其检定标尺分度值（e）和标尺分度数（n)，分为两个准确度级别：

特种准确度级，符号为①；

高准确度级，符号为⑪；

我国国家计量检定规程 JJG 98—2006《机械天平检定规程》对天平的分级与

国际法相同。根据天平的最大称量值（M_{max}）与检定标尺分度值（e）之比又可细分为 10 小级，即①$_1$ 级、①$_2$ 级、①$_3$ 级、①$_4$ 级、①$_5$ 级、①$_6$ 级、①$_7$ 级、⑪$_8$ 级、⑪$_9$ 级、⑪$_{10}$级。相应级别的划分见 JJG 98—2006。天平的示值重复性、检定标尺分度值误差、横梁不等臂性误差、游码标尺和链码标尺衡量误差应符合表 2-9 的规定。

表 2-9　机械天平的计量性能最大允许误差

<table>
<tr><th rowspan="4">准确度级别</th><th rowspan="4">示值重复性(分度)</th><th colspan="5">检定标尺分度值误差</th><th colspan="4">横梁不等臂性误差(分度)</th><th rowspan="4">游码标尺、链码标尺称量误差(分度)</th></tr>
<tr><th colspan="3">具有阻尼器的微分标尺或数字标尺天平(分度)</th><th colspan="2">普通标尺天平/mg</th><th colspan="2">具有阻尼器的微分标尺或数字标尺天平</th><th colspan="2">普通标尺天平</th></tr>
<tr><th colspan="2">空秤误差与全秤量误差</th><th rowspan="2">左盘与右盘之差</th><th rowspan="2">空秤与全秤量之差</th><th rowspan="2">左盘与右盘之差</th><th rowspan="2">首次检定</th><th rowspan="2">后续检定和使用中检验</th><th rowspan="2">首次检定</th><th rowspan="2">后续检定和使用中检验</th></tr>
<tr><th>首次检定</th><th>后续检定和使用中检验</th></tr>
<tr><td>①$_1$～①$_3$</td><td rowspan="3">1</td><td rowspan="3">空秤 ±1 全秤量 +2/−1</td><td rowspan="3">空秤 +1/−2 全秤量 ±2</td><td rowspan="3">2</td><td colspan="2">1/8</td><td rowspan="3">±3</td><td rowspan="3">±9</td><td rowspan="3">±3</td><td rowspan="3">±6</td><td rowspan="3">1</td></tr>
<tr><td>①$_4$～①$_7$</td><td colspan="2">1/5</td></tr>
<tr><td>⑪$_8$～⑪$_{10}$</td><td colspan="2">1/3</td></tr>
</table>

（1）检定项目

机械天平的计量性能检定项目见表 2-10。

表 2-10　检定项目一览表

序号	检 定 项 目	首次检定	后续检定	使用中检验
1	外观检查	+	+	+
2	天平的检定标尺分度值及其误差	+	+	+
3	天平横梁不等臂性误差	+	+	+
4	天平的示值重复性	+	+	+
5	游码标尺、链码标尺称量误差	+	+	+
6	机械挂砝码的组合误差	+	+	+

注：“+”表示需做；对于单盘天平不做“3”项检定；对于不具游码标尺或链码标尺装置的天平，不做“5”项检定；对于无机械加码或减码装置的天平不做“6”项检定。

（2）检定条件

① 砝码　应配备一组相应等级的标准砝码，该砝码的扩展不确定度不得大于被检天平在该载荷下最大允许误差的 1/3。对等臂天平的检定，还应准备相当

天平最大秤量的一对等量砝码；

② 测量天平水平的水准仪，分度值不大于0.2℃的温度计，相对准确度不低于5%的干湿度计；

③ 检定室的温度和湿度应符合表2-11的要求。

表 2-11　工作环境条件

<table>
<tr><th colspan="2">准确度级别</th><th>温度</th><th>温度波动不大于/(℃/h)</th><th>湿度不大于/(%RH)</th></tr>
<tr><td colspan="2">①$_1$～①$_2$</td><td>18～23</td><td>0.2</td><td>70</td></tr>
<tr><td rowspan="3">①$_3$～①$_4$</td><td>e≤0.001mg</td><td>18～23</td><td>0.2</td><td>70</td></tr>
<tr><td>e>0.001mg</td><td>18～26</td><td>0.5</td><td>75</td></tr>
<tr><td>最大秤量>1kg</td><td>18～24</td><td>0.5</td><td>75</td></tr>
<tr><td colspan="2">①$_5$～①$_6$</td><td>15～30</td><td>1.0</td><td>85</td></tr>
<tr><td colspan="2">①$_7$～⑪$_8$</td><td>10～32</td><td>2.0</td><td>90</td></tr>
<tr><td colspan="2">⑪$_9$～⑪$_{10}$</td><td>室温</td><td colspan="2">—</td></tr>
</table>

④ 对使用220V交流电供电的天平，电压范围在－15%～＋10%，频率范围在－2%～＋2%；

⑤ 天平和砝码应尽量避免阳光直接照射。

(3) 检定方法

由于机械天平的检定较为复杂，具体可参见JJG 98—2006，在此不再赘述。

2.3.2　电炉、马弗炉、烘箱、恒温槽等的调试和维护

在分析测试过程中，经常要用到一些电热设备，如样品的分解、熔解、溶解等。常用的电热设备有电炉、马弗炉、电热干燥箱、红外线干燥箱、电热恒温水浴锅、恒温槽、电热套与管式电炉、高频感应加热炉及微波加热炉等。下面对各种电热设备的调试和维护作简要介绍。

2.3.2.1　马弗炉

马弗炉又称高温电炉，在实验室里通常用于灼烧沉淀、试样和碱熔分解样品等工作。

马弗炉是由作为热源的电热体、耐火材料制造的炉膛及温度控制装置构成。按功率分有2.5kW、4kW、5kW、8kW、10kW、12kW等。在4kW以下用220V单相电源，4kW以上采用380V三相电源。

马弗炉使用注意事项

① 高温电炉必须放置在稳固的水泥台上，炉底座最好垫上石棉板，防止台面受热过高；

② 电炉外壳必须采取保护接地措施；

③ 高温电炉初次使用或长期停用再次使用时，必须先进行烘炉干燥。方法是先于200℃下工作4h，再于600℃下工作4h，将炉门稍微打开，以排走炉内潮气，经过上述处理后，即可使用；

④ 为保护电热元件和炉膛的使用寿命，严禁在超过高温电炉的额定温度下工作，长期工作的温度应至少比额定温度低50℃；

⑤ 炉门应轻开轻关，取放被加热物品时应先切断电源后轻拿轻放，避免损坏炉口和炉膛；

⑥ 禁止向炉膛内直接灌注液体，经常清洁炉膛内的铁屑、氧化皮，以保持炉膛内清洁。含碳气氛、含卤族元素气氛、含氢和氮气氛、含水蒸气气氛和盐类等均会对加热元件表面的氧化膜产生影响，长期在上述气氛下工作将会降低加热元件的使用寿命；

⑦ 高温电炉所用的硅碳棒在使用过程中会自然老化，可逐级调档至最高，若功率达不到额定值时，应更换新的硅碳棒；

⑧ 当加热元件其中一个损坏时，必须同时更换所有加热元件。

2.3.2.2 红外线干燥箱

红外线是一种电磁波，波长在0.75～1000μm范围内。红外线投射到物体上，此物体就吸收了大量的红外能，从而改变和加剧其分子运动，达到加热升温作用。由于红外线能进入被加热物体表面一定深度，因此使加热速度加快、电能消耗少、加热质量高。

分析实验室常用的红外线加热干燥箱主要是用灯型电热元件即红外灯作为热源。其中一种是由一组红外灯（每只250W）并联加热，不带自动温度控制系统，最多一组可将12只红外灯泡并联使用；另一种是带自动恒温控制的红外线干燥箱，根据所用功率大小，最高使用温度可分10～300℃和10～450℃两种规格。

红外线干燥箱使用注意事项：

① 外壳应接地良好，以确保安全；

② 严禁烘烤易燃品及有挥发性物品，以防爆炸；

③ 取放物时，切勿碰击灯泡以防破碎影响使用。

2.3.2.3 电热恒温水浴锅和恒温槽

电热恒温水浴锅主要用于加热和蒸发易挥发、易燃的有机溶剂，及进行温度低于100℃的恒温实验和化学反应。温度超过100℃的恒温加热设备以油类或高沸点液体物质作为传热介质，通常叫做恒温油浴槽，用于在高于100℃的温度下进行实验和化学反应。

（1）电热恒温水浴锅

电热恒温水浴锅是以水作为传热介质，一般在不超过95℃的温度下使用。电热恒温水浴锅使用时应注意：

① 使用前必须先注入水，最低水位不得低于电热管以上 1cm，水位过低会导致电热管表面温度过高而烧毁；

② 未加水至适当位置前，切勿接通电源；

③ 温度控制器不要随意拆卸；

④ 外壳必须接地；

⑤ 控制箱内部应保持干燥，以防因受潮而导致漏电；

⑥ 应随时注意水箱是否有渗漏现象。

（2）恒温油槽

恒温油槽是用变压器油或高沸点的液体物质如石蜡油或甘油等作为加热和传热介质，对物质进行高于 100℃恒温加热的装置。恒温油槽外形一般为圆筒形。除槽内所加传热介质与电热恒温水浴锅不同外，其余结构二者大致相同。

（3）恒温槽

恒温槽通过温控系统来自动控制恒温。它由水浴槽、温度控制器（接触温度计）、继电器、电加热器、调压变压器、搅拌器和温度计等组成，如图 2-2 所示。

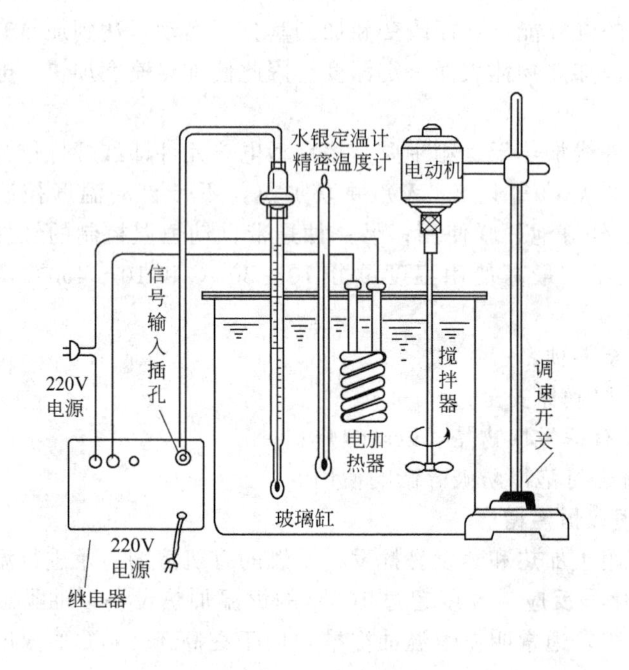

图 2-2　恒温槽

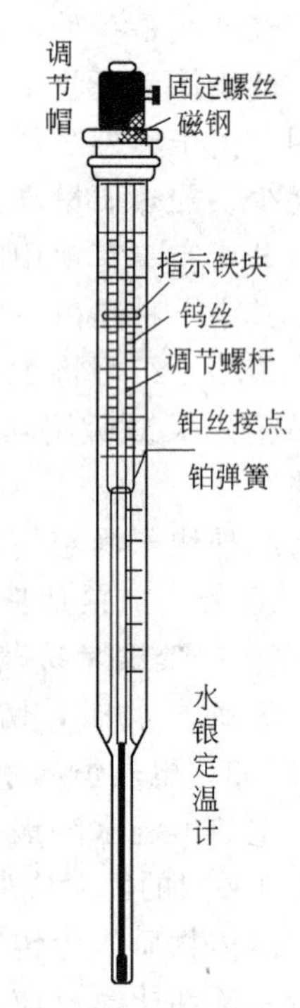

图 2-3　水银定温计

当采用不同的液体时，恒温槽可以用于不同的温度区间，常用的液体介质见表 2-12。

表 2-12　不同液体介质所适用的控温范围

液体介质	控温范围	液体介质	控温范围
乙醇或乙醇水溶液	−30～60℃	甘油或甘油水溶液	80～160℃
水	0～90℃	石蜡油、硅油	70～200℃

控温装置是恒温槽控温的关键部件。当恒温槽内介质的温度低于设定温度时，加热器开始工作向恒温介质提供热量；而当恒温槽到达指定温度时，则停止加热。目前使用最普遍的控温装置是水银定温计和电子继电器。水银定温计如图 2-3 所示。

2.3.2.4　电热套与管式电炉

（1）电热套

电热套是用于加热烧瓶特别是圆底烧瓶的专用设备，其热能利用效率高、省电、安全。常用的电热套有两种：一种是直接加热不可调节温度的普通型，最高使用温度为 450℃；另一种是可以调节使用温度的调温型，最高使用温度为 350℃。

电热套使用时应注意：

① 第一次使用时，电热套内芯会出现烟雾，这是由于外表油脂挥发造成，通电数次后就不会出现这种现象，即可正常使用；

② 加热工作时，人体不要接触电热套，以免烫伤；

③ 操作使用时，注意不要将溶液溅到机器上；

④ 使用完毕后，应关闭电源开关，冷却后放到通风干燥处存放；

⑤ 遇潮后要缓慢升温，使其干燥后即可恢复良好的绝缘性能。

（2）管式电阻炉

管式电阻炉有时也叫做管式燃烧炉，一般用作燃烧法测定矿物、金属或合金中某些成分如硫、碳等元素，有时也可用作某些金属如铑、铱等的氢还原用。

管式电炉在使用时应注意：

① 在升温和降温时，必须缓慢进行；

② 经过洗涤的气体在进入炉膛内之前，必须经过干燥装置干燥处理；

③ 炉体必须接上地线，以保证安全操作。

2.3.2.5　微波炉

（1）微波加热原理

微波是一种频率为 300MHz～300GHz 的电磁波，具有可见光的性质，沿直线传播。微波在遇到金属材料时能被反射，遇到玻璃、塑料、陶瓷等绝缘材料可以穿透，在遇到含有水等极性分子的物质可被吸收，并将微波的电磁能量变为热能。

微波加热炉由电源、磁控管、炉腔、炉门等几部分构成。电源系统将 220V

交流电通过高压变压器和高压整流器，转换成 4000V 左右的直流电压，送到微波发生器（磁控管）产生微波，微波能量通过波导管传入炉腔里。由于炉内腔是金属制成的，微波不能穿过，只能在炉腔里反射，并反复穿透待热物质，从而完成加热过程。

(2) 微波加热炉使用注意事项

① 微波炉要放置在通风的地方，附近不要有磁性物质，以免干扰炉腔内磁场的均匀状态，使工作效率下降；

② 不可使微波炉空载运行，否则会损坏磁控管。如需要测试微波炉，可在炉腔内置一盛水的玻璃杯；

③ 不可使用金属容器，否则由于磁控管发射出的微波没有损耗地全部反射回来，造成磁控管产生高温以致损坏；

④ 应经常对炉腔内进行清洁。在断开电源后，使用湿布与中性洗涤剂擦拭，不要冲洗，勿让水流入炉内。若有难以擦除的污垢，可将一个装有水的容器放入微波炉内加热数分钟，让微波炉内充满蒸汽，这样可使顽垢因饱含水分而变得松软，容易去除；

⑤ 定期检查炉门四周和门锁，如有损坏、闭合不良，应停止使用，以防微波泄漏；

⑥ 如万一不慎引起炉内起火时，切忌开门，而应先关闭电源，待火熄灭后再开门降温。

(3) 微波消解

微波消解通常是指在密闭容器里利用微波快速加热进行各种样品的酸溶解。与常规的消解方法相比，微波消解具有以下优点：消解过程用时少，提高了工作效率；所需试剂量少，节约了试剂；消解完全、待测元素无损失、并具有较低的空白值；操作方便，易于实现自动化控制；对环境及操作人员的污染和危害小。

微波消解通常在消解罐中进行。目前的商品微波消解系统，一般都有测温/测压甚至控温/控压技术，当压力达到一定值时会自动泄压，因此在安全性上已经有了较大保证。但为了更安全地使用并得到准确的结果，使用时应注意以下几个方面：

① 不要在消解罐内直接使用炸药类的硝化纤维、TNT；肼、高氯酸盐；可自燃类混合物如硝酸与茶酚混合物，硝酸与三乙胺混合物，硝酸与丙酮的混合物等；乙炔化合物；丙烯醛；乙二醇、丙二醇；烷烃类、酮类化合物等；

② 未知样品和高有机物含量的样品称样量应从 0.1g 开始，最高不超过 0.2g，消解程序应采用较慢的升温速率，使用较低的温度开始多步升温，以防止产生过高的压力，损坏仪器；

③ 对于未知样品，最好加入硝酸后放置 15～30min 以后再消解；

④ 样品最好都冲入容器底部，不要粘附在器壁上；

⑤ 如果在使用过程中出现酸雾泄漏，要立刻停机，待压力下降后将消解罐的所有部件拆下，用水彻底清洗（禁用丙酮、乙醇等有机溶剂）。然后在50℃的干燥箱中干燥后再使用。

⑥ 消解过程中实验人员须在距离微波消解系统1.5m外的距离观察实验进程。

⑦ 不要用水冷方式来加速罐体的冷却，以免加速罐体老化。

⑧ 溶样完毕要及时清洗溶样杯，由于溶样杯的材料多用聚四氟乙烯，因此可用各种无机酸浸泡清洗，用软刷子洗刷样品残留物，也可用超声波清洗器清洗。用酸洗涤后，先后用自来水冲洗、纯水洗涤、晾干待用。

复习思考题

1. 实验室二级水的制备方法有哪些，各有什么优点？
2. 实验室二级水的贮存方法是什么？
3. 国家标准规定对实验室二级水需要进行哪些项目的检验？各项目的检验方法是什么？
4. 国家标准规定，标准溶液标示的浓度是什么温度条件下的值？什么情况下需要进行体积补正？你会进行补正计算吗？
5. 如何根据仪器分析用标准溶液的特点制备和贮存标准溶液？
6. 标准物质使用的基本注意事项有哪些？贮存标准物质有什么要求？
7. 机械分析天平及电子分析天平各有哪些计量性能检定项目，如何检定？
8. 分析实验室中常用的电加热设备有哪些？每种电加热设备能控制什么温度？有哪些使用注意事项？

练习题

一、选择题

1. 实验室二级水的制备一般采用（　　）和（　　）。

(A) 一次蒸馏法、离子交换法　　(B) 二次蒸馏法、过滤法

(C) 一次蒸馏法、渗透法　　(D) 反渗透法、三级水再经过石英设备蒸馏

2. 实验室可以制备二级分析用水，这种水（　　）。

(A) 适用于无机痕量分析　　(B) 适用于气相色谱分析

(C) 适用于一般化学分析　　(D) 适用于闪点测定用

3. 下列检验指标中（　　）不是二级水的检验项目。

(A) pH值　　(B) 电导率　　(C) 可氧化物　　(D) 蒸发残渣

4. 二级水的贮存使用条件是（　　）。

(A) 放在铅罐内长期贮存

(B) 放在瓷罐内长期贮存

(C) 放在聚乙烯瓶中密闭室温下保存一周

(D) 放在玻璃瓶中密闭室温下保存一周

5. 仪器分析中所使用的浓度低于0.1mg/mL的标准溶液，应（　　）。

(A) 纯度在化学纯以上的试剂配制

(B) 纯度在化学纯以下的试剂配制

(C) 使用基准物或纯度在分析纯以上的高纯试剂配制

(D) 纯度在分析纯以下的试剂配制

6. 制备标准滴定溶液的浓度系指（　　）的浓度，在标定和使用时，如温度有差异，应进行校正。

(A) 0℃　　(B) 15℃　　(C) 25℃　　(D) 20℃

7. 各种酸的各种浓度的标准滴定溶液的有效期为（　　）。

(A) 1个月　　(B) 6个月　　(C) 2个月　　(D) 3个月

8. 碳酸钠基准物使用前应储存在（　　）。

(A) 试剂柜中　　(B) 不放干燥剂的干燥器中

(C) 浓硫酸的干燥器中　　(D) 放有硅胶的干燥器中

二、判断题

（　　）1. 化学试剂的包装单位是根据化学试剂的性质、纯度、用途和它们的价值而确定的。

（　　）2. 基准物质的组成与其化学式应相符。

（　　）3. 配制好的NaOH溶液，不可长期贮存在玻璃塞的试剂瓶中。

（　　）4. 采用蒸馏法和离子交换法制备得到的分析用水，适用于一般化学检验工作，属于二级水。

（　　）5. 可氧化物为二级水的检验项目。

（　　）6. 在仪器分析中所使用的浓度低于0.1mg/mL的标准滴定溶液，应临使用前用较浓的标准滴定溶液在容量瓶中稀释而成。

（　　）7. 标定用的基准物的摩尔质量越大，称量误差越小。

（　　）8. 用氧化锌基准物标定EDTA标准滴定溶液时，用氨水调节PH=7～8时的标志是白色浑浊出现。

3 检测与测定

3.1 试样的分解、分离与富集

3.1.1 试样的分解

在分析工作中，除干法分析外，大多试样需先进行分解，制成溶液后再进行分析。试样分解的情况对分析方案的设计、分析速度及分析结果的准确度有较大的影响，因此合理选择分解方法及正确处理试样是分析工作的重要步骤之一。试样分解的要求一般如下：

（1）试样应分解完全，处理后的试样不应残留原试样的细屑或粉末；

（2）试样分解过程中待测组分不应有挥发损失；

（3）试样分解过程中不应引入被测组分与干扰物质。

试样性质不同，其分解处理方法也不同。常用的分解方法有：溶解、熔融法和灰化法。溶解是指将试样溶解于水、酸、碱或其他溶剂中；熔融是指将试样与固体熔剂混合，在高温下加热，使被测组分转变为可溶于水或酸的化合物。有机试样的分解主要是灰化处理或用有机溶剂溶解，或采用蒸馏的方法，分解与分离同步进行。

3.1.1.1 试样的溶解

根据使用的溶剂性质不同，溶解的方法主要有水溶法、酸溶法、碱溶法和有机溶剂溶解法。

（1）水溶法

即以水作溶剂，适用于可溶性盐类和其他可溶性物料的溶解。用水溶解试样最简单、快速，如待测物可溶于水，应尽量用水溶解。

（2）酸溶法

酸溶法是利用酸的酸性、氧化还原性以及能生成配位化合物的性质，使试样中待测组分转入溶液。酸溶法中常用的酸有：盐酸、硝酸、硫酸、磷酸、高氯酸、氢氟酸等以及它们的混合酸。

① 盐酸　盐酸是分解试样的主要强酸之一，能分解许多比氢活泼的金属及其合金、碳酸盐及一些氧化物矿石。盐酸与氧化性物质（如 H_2O_2、Br_2）混合，可增强其分解能力，常用于分解铜合金、硫化矿物等。

② 硝酸　浓硝酸（69%）既是强酸又是强的氧化剂。以硝酸分解试样，兼

有酸的作用和氧化作用（氧化能力随硝酸浓度的降低而减弱）。除铂、金和某些稀有金属外，浓硝酸能分解大多数金属试样，生成易溶于水的硝酸盐。但是，有些金属如铁、铝、铬等虽然能溶于稀硝酸，但却不易溶于浓硝酸。这是因为浓硝酸的强氧化性将它们表面氧化生成一层致密的氧化物薄膜，产生钝化现象，阻止溶解反应的进一步进行。

③ 硫酸　硫酸可溶解铁、钴、镍、锌等金属及其合金，生成相应的硫酸盐。除钙、锶、钡、铅、一价汞的硫酸盐难溶于水外，其他金属的硫酸盐一般都易溶于水。硫酸常用来分解独居石、萤石和锑、铀、钛等矿物。

硫酸具有较高的沸点（338℃），利用此性质溶样时加热蒸发到冒出 SO_3 白烟，可除去试液中挥发性的 HCl、HNO_3、HF 及水等，以消除对测定可能造成的干扰。

浓硫酸（98%）也常用于破坏试样中的有机物。由于浓硫酸具有强烈的吸水性，可吸收有机物中的水使碳析出，在高温时，利用其强氧化性（稀 H_2SO_4 无氧化能力）将碳氧化为二氧化碳。

④ 磷酸　磷酸是中强酸，也是一种较强的配位剂，能与许多金属离子生成可溶性配合物，如钨、钼、铁等在酸性溶液中都能与磷酸形成无色配合物，因此，磷酸常用作一些合金钢的溶剂。浓热的磷酸具有很强的试样分解能力，可用于铬铁矿、钛铁矿、铌铁矿、金红石等难溶于酸的矿物分解。

⑤ 高氯酸　又称过氯酸，浓热的高氯酸是一种强氧化剂，能把铬氧化为 $Cr_2O_7^{2-}$，钒氧化为 VO_3^-，硫氧化为 SO_4^{2-}，常用来溶解铬矿石、不锈钢、钨铁及氟矿石等。高氯酸的沸点为 203℃，可用它蒸发驱赶低沸点的酸，残渣较硫酸蒸发残渣易溶于水。

使用时应注意，热、浓 $HClO_4$ 遇有机物常会发生爆炸，当试样含有机物时，应先用浓硝酸蒸发破坏有机物，然后加入 $HClO_4$。蒸发 $HClO_4$ 的浓烟容易在通风道中凝聚，故经常使用 $HClO_4$ 的通风橱和烟道，应定期用水冲洗，以免在热蒸汽通过时，凝聚的 $HClO_4$ 与尘埃、有机物作用，引起燃烧或爆炸。70%的 $HClO_4$ 沸腾时（不遇有机物）没有任何爆炸危险。

⑥ 氢氟酸　氢氟酸是一种弱酸，但对一些高价元素有很强的配位作用，常与 HNO_3、H_2SO_4 或 $HClO_4$ 混合作为溶剂，用来分解硅铁、硅酸盐以及含钨、铌的合金钢等。

⑦ 混合溶剂　混合溶剂是指由两种或两种以上的酸组成的分解试样的溶剂。混合溶剂具有更强的溶解能力，在实际工作中应用广泛。常用的混合溶剂有王水（3 份 HCl＋1 份 HNO_3）、逆王水（1 份 HCl＋3 份 HNO_3）、硫酸和磷酸、硫酸和氢氟酸、盐酸和高氯酸、盐酸和过氧化氢等等。

⑧ 加压溶解法　酸溶法一般是在常压下进行，有时为提高酸的分解效率而采用加压溶解法。即在密闭容器中，用酸或混合酸加热分解试样。由于蒸气压增

高，酸的沸点提高，使常温常压下难溶于酸的物质得以溶解。例如，在加压条件下，$HF-HClO_4$ 混合酸可分解刚玉（Al_2O_3）、钛铁矿（$FeTiO_3$）、铬铁矿（$FeCr_2O_4$）、钽铌铁矿［$FeMn(Nb、Ta)_2O_6$］等难溶试样。

另外，对于一些生物试样，在加压下消煮，可大大缩短消化时间。

（3）碱溶法

碱溶法一般用于能与碱作用的物质，如两性金属铝、锌及其合金等，常用的碱溶溶剂为 20%～30%的 NaOH 或 KOH 溶液。

（4）有机溶剂溶解法

大多数有机物不易溶于水，测定时需用有机溶剂进行溶解，如进行软脂酸、硬脂酸等高碳脂肪酸类的分析时需将试样溶解于有机溶剂中。对于有些无机物的螯合物有时也需溶解在有机溶剂中进行测定。常用的有机溶剂有三氯甲烷（氯仿）、四氯化碳、丙酮、甲醇、乙醇、异丙醇、乙醚、甲酸、甲苯、二甲苯等。

3.1.1.2 试样的熔融

熔融分解是将酸性或碱性熔剂与试样混合，在高温下利用复分解反应，将试样中的各组分转化为易溶于水或酸的化合物（如钠盐、钾盐、硫酸盐等）。由于熔融时反应物的浓度和温度都比用溶剂溶解时高得多，所以分解试样的能力比溶解法强得多。但熔融时要加入大量熔剂（约为试样质量的 4～12 倍），因而熔剂本身的离子和其中的杂质就带入试液中，另外熔融时坩埚材料的腐蚀，也会使试液受到玷污，所以尽管熔融法分解能力很强，也只有在用溶剂溶解不了时才应用。熔融法分为酸性熔剂熔融法和碱性熔剂熔融法两种。

（1）酸性熔剂熔融法（酸熔法）

① 焦硫酸钾和硫酸氢钾　焦硫酸钾在 420℃以上分解产生 SO_3，对矿石试样有分解作用。

$$K_2S_2O_7 = K_2SO_4 + SO_3$$

焦硫酸钾与碱性或中性氧化物混合熔融时，在 300℃以上即可发生复分解反应，生成可溶性硫酸盐。因而常被用来分解铁、铝、钛、锆、铌、钽的氧化物类矿，以及中性和碱性耐火材料。

硫酸氢钾灼烧后失去水分，能生成焦硫酸钾，所以与焦硫酸钾的作用是相同的。

$$2KHSO_4 = K_2S_2O_7 + H_2O$$

② 铵盐及其混合熔剂　这类熔剂主要是指 NH_4Cl、NH_4NO_3、$NH_4S_2O_8$、NH_4SO_4、NH_4F 及其混合物，其分解试样的原理是铵盐在加热时分解出相应的无水酸，无水酸与试样中的金属或金属氧化物生成可溶性盐类。铵盐及其混合熔剂在高温下具有很强的熔解能力，在 2～3min 内即可将试样分解完全。对于不同试样可以选用不同种类的铵盐及其组成比例，以增强熔样效果。

铵盐法熔样一般采用瓷坩埚（NH_4F 除外），硅酸盐试样则采用镍坩埚。

(2) 碱性熔剂熔融法（碱熔法）

碱性熔剂熔融法主要用于分解酸性试样，如酸性氧化物（硅酸盐、黏土）、酸性炉渣、酸不溶残渣等。常用的碱性熔剂有 Na_2O_2、Na_2CO_3、K_2CO_3、NaOH、KOH 以及它们的混合物。

① Na_2O_2（熔点 460℃） Na_2O_2 是强氧化性、强腐蚀性的碱性熔剂，能分解许多难溶性物质，如铬铁、硅铁、锡石、铬铁矿、黑钨矿、辉钼矿等，能把其中大部分元素氧化成高价状态。用 Na_2O_2 熔融试样时反应比较剧烈，有时为了减缓作用的剧烈程度，可将它与 Na_2CO_3 混合使用。

注意事项：用 Na_2O_2 作熔剂时，不应存在有机物，否则极易发生爆炸。Na_2O_2 对坩埚腐蚀严重，常采用廉价的铁坩埚，或刚玉、镍坩埚。

② Na_2CO_3（熔点 853℃）、K_2CO_3（熔点 903℃）及其混合熔剂 碳酸盐熔剂可用来分解硅酸盐、硫酸盐等。如分解钠长石（$NaAlSi_3O_8$）和重晶石（$BaSO_4$）。为了降低熔融温度，常采用碳酸钠和碳酸钾的混合溶剂（两者等比例混合熔点可降至 700℃左右）。

常用的混合熔剂还有 Na_2CO_3+S，用来分解含 As、Sb、Sn 的矿石，把它们转化为可溶的硫代酸盐；$Na_2CO_3+KNO_3$ 混合熔剂（KNO_3 增强熔剂的氧化能力），可分解含硫、砷、铬的矿物，将它们氧化为 SO_4^{2-}、AsO_4^{3-}、CrO_4^{2-}。

③ NaOH 或 KOH NaOH（熔点 318℃）与 KOH（熔点 404℃）都是低熔点强碱性熔剂，常用于铝土矿、硅酸盐等的分解。在分解难溶矿物时，可用 NaOH 与少量 Na_2O_2 混合，或将 NaOH 与少量 KNO_3 混合，以增强碱性熔剂的氧化能力。

注意事项：NaOH 与 KOH 作熔剂熔融时，不能使用铂坩埚，一般选择银坩埚，使用温度应低于 700℃。

④ 混合熔剂半熔法 半熔法是在低于熔点的温度下，让试样与固体试剂发生反应。和熔融法比较，半熔法的温度较低，加热时间较长，但不易损坏坩埚，常在瓷坩埚中进行。

常用的半熔融试剂有：Na_2CO_3+MgO 或 Na_2CO_3+ZnO 混合溶剂，可用于矿石或煤中全硫量的测定，其中 Na_2CO_3 起熔剂的作用，氧化物起疏松通气作用；$Na_2CO_3+NH_4Cl$ 混合熔剂，于 780℃左右分解试样，常用于测定硅酸盐中的 K^+、Na^+，分解反应后，形成氯化物而溶于水。

3.1.1.3 有机物的分解

有些元素以结合的形式存在于有机样品中，测定这些元素时，应先将有机物破坏，使无机元素释放出来。常用的破坏有机化合物的方法有干法灰化法、湿法消化法及燃烧分解法。

(1) 干法灰化

将有机样品置于坩埚中，先在电炉上炭化，然后移入马弗炉中高温（450～

550℃）灰化 2～4h。冷却后，用酸（盐酸或硝酸）将残渣溶解再进行测定。干法灰化可处理样品量较大，可用于测定有机样品中的铜、铁、锌、铅、钙和镁等，但挥发损失及坩埚滞留损失严重，不适于汞、镉、砷、硒等元素的分析。

（2）湿法消化

湿法消化是在较低温度下用酸破坏有机物，酸均采用优级纯以减小试剂空白。常用的酸是硝酸、硫酸和高氯酸，可单独使用也可混和使用。

① HNO_3-H_2SO_4 消化　适用于有机化合物中铅、砷、铜、锌等的测定。为防止炭化先加 HNO_3，后加 H_2SO_4。

② H_2SO_4-$HClO_4$ 消化或 HNO_3-$HClO_4$ 消化　适用于含锡、铁的有机物的消化。

（3）燃烧分解法（氧瓶燃烧法）

对于有机化合物中非金属元素（如卤素等）的测定常采用燃烧法分解有机物，即在充满氧气的密闭瓶内，用电火花引燃有机样品，瓶内盛放适当的吸收剂以吸收其燃烧产物，然后再测定。

3.1.1.4　微波处理

微波是一种高频电磁波，样品在微波作用下，与溶（熔）剂混和物分子间相互碰撞、挤压，产生高热，促使固体样品表层快速破裂，产生新的表面与溶（熔）剂作用，使样品在数分钟内分解完全。微波处理所用试样量小、试剂空白低，环境沾污机会少，无挥发损失（如挥发性元素砷、汞、硒等），并且操作简单、快速，因而用微波加热分解试样在分析中得到越来越广泛的应用。

微波分解处理试样时，一般将样品放在聚四氟乙烯或磁质器皿中，加入溶（熔）剂，盖上盖，并用聚四氟乙烯生料带进行密封，在微波中加热几分钟，待试样溶（熔）解完全后，冷却，然后将样品全部转移至烧杯或锥形瓶中，包括生料带上所附试液，再进行测定。注意微波处理时样品不能放在金属容器中，否则会引起放电打火。

3.1.2　试样的分离与富集

在分析工作中，遇到的样品大多是由多种组分构成的复杂混合物，共存组分的存在常常会影响待测组分的准确测定，干扰严重时甚至无法进行测定。消除干扰的简便方法是控制反应条件（如溶液的酸度等）以提高方法的选择性，或加入配位剂、还原剂或氧化剂等改变干扰组分的存在形式。如果样品中的干扰物质不能通过这些方法消除影响时，则应采取将待测组分与干扰组分分离的方法，即先分离，再测定，以提高测定结果的准确度。

定量分析对分离的一般要求：①干扰组分应减少至不再干扰测定；②待测组分的损失应小至可忽略不计；③在分离操作过程中，不应引入新的干扰；④操作应简便、快速。

(1) 评价方法

实际工作中常用回收率、富集倍数或分离系数来评价和选择分离方法。

① 回收率是指样品中待测组分在分离过程中回收的程度，用下式表示：

$$回收率=\left(\frac{分离后待测组分测得的量}{分离前待测组分的量}\right)\times 100\%$$

在实际分析中，对于含量在1%以上的组分，回收率应在99%以上，对于微量组分，回收率一般要求达到95%或更低。

② 富集倍数　富集倍数又称预浓缩系数，是指待测组分的浓缩程度。

富集倍数=待测痕量组分的回收率/基体的回收率，如果待测组分能定量回收而基体的回收很少，则富集倍数较高。

③ 分离系数　分离系数是指试样在分离处理过程中，待测组分与干扰组分的分离程度，可以用待测组分回收率与干扰组分回收率的比值表示，分离系数越高，则待测组分与干扰组分的分离效果越好。

(2) 分离方法

分离方法一般是利用待测组分与干扰组分的物理或化学性质的差异使其分别存在于不同的两相中，然后将两相进行分离，从而将待测组分从样品中分离出来，或将干扰组分从样品中分离除去。对于微量组分，通过分离操作还可达到富集的目的，提高检测的灵敏度。分析化学中常用的分离方法有：沉淀分离法、萃取分离法、色谱分离法和蒸馏分离法。

3.1.2.1　沉淀和共沉淀分离法

沉淀分离法是利用沉淀反应将待测组分与干扰组分进行分离的方法，即向样品溶液中加入沉淀剂，依据生成物溶解度的差别，把待测组分沉淀分离出来，或将共存的干扰组分沉淀除去，达到分离的目的。沉淀分离法一般需经过沉淀、过滤、洗涤等步骤，操作易于掌握，在常量分析中应用较广。

共沉淀分离法是利用共沉淀现象进行分离、富集的方法。共沉淀现象是指当沉淀从溶液中析出时，溶液中其他可溶性组分也同时被沉淀下来的现象。尽管在重量分析中应尽量避免共沉淀现象，但在沉淀分离法中却可利用共沉淀作用使微量或痕量组分定量地转入沉淀中，实现分离和富集微痕量组分。因此共沉淀分离法主要用于对微痕量组分进行分离或富集。

(1) 常量组分的沉淀分离

沉淀分离可分为无机沉淀剂的分离法和有机沉淀剂的分离法。

① 无机沉淀剂分离法　无机沉淀剂很多，形成的沉淀类型也很多，除少数如 $BaSO_4$ 易获得较大颗粒的沉淀外，大多数形成的沉淀颗粒小，总表面积大，结构疏松，共沉淀严重，因此分离效果不理想。应用时应注意沉淀条件控制，以改善沉淀性能，减少共沉淀。最常用的是氢氧化物沉淀分离法和硫化物沉淀分离法。

a. 氢氧化物沉淀分离法　除碱金属和碱土金属氢氧化物外，其他金属氢氧化物的溶度积都比较小。氢氧化物能否沉淀完全，取决于溶液的酸度，因此只要控制好溶液的 pH，就可以达到分离的目的。

常用的控制溶液 pH 的方法有下列几种。

a) NaOH 法　用于两性金属离子与非两性金属离子的分离。通常用 NaOH 控制 pH⩾12，此时非两性离子生成氢氧化物沉淀，而两性离子生成含氧酸阴离子留在溶液中。

b) 氨-氯化铵法　利用氨及铵盐缓冲溶液控制溶液的 pH 为 8～9，适用于高价金属离子（如 Fe^{3+}、Al^{3+}、形成氢氧化物沉淀）与能形成氨配合物的一、二价金属离子的分离。

c) 金属氧化物和碳酸盐悬浊液法　以 ZnO 为例，将 ZnO 悬浊液加入微酸性溶液中，达到平衡后，溶液的 pH 在 6 左右。此时 Fe^{3+}、Al^{3+}、Cr^{3+}、Ti^{4+}、Zr^{4+}、Th^{4+}等析出氢氧化物沉淀，而 Mn^{2+}、Co^{2+}、Ni^{2+}、碱金属、碱土金属等仍留在溶液中，实现高价态离子与一、二价阳离子的分离。除 ZnO 外，其他微溶性碳酸盐或氧化物的悬浊液也具有类似的作用，但所控制的 pH 范围不同。

d) 有机碱法　吡啶、六亚甲基四胺等有机碱与其共轭酸组成的缓冲溶液，可用于控制溶液的 pH，使某些金属离子析出氢氧化物沉淀。例如吡啶与吡啶盐构成的缓冲溶液 pH＝5～6，可使 Fe^{3+}、Al^{3+}、Cr^{3+}、Ti^{4+}、Zr^{4+}、Th^{4+}等析出氢氧化物沉淀，与 Mn^{2+}、Co^{2+}、Ni^{2+}、Cu^{2+}、Zn^{2+}、Cd^{2+}等离子分离。

b. 硫化物沉淀分离法　许多金属离子硫化物的溶度积有显著的差异，因而通过控制硫离子的浓度可达到分离金属离子的目的。硫化物沉淀分离法所用的沉淀剂主要是 H_2S，通过调节酸度，控制［S^{2-}］，使一些金属离子（特别是重金属离子）形成硫化物沉淀而与另一些离子分离。

由于 H_2S 气体恶臭有毒，且硫化物共沉淀现象严重，目前常用硫代乙酰胺代替 H_2S 气体。硫代乙酰胺在酸性溶液中水解生成硫化氢，在碱性溶液中，则生成硫化铵，即沉淀剂 S^{2-} 是在溶液中均匀生成的，因而形成均相沉淀，可改善沉淀性能和提高分离效果。

c. 其他无机沉淀剂

除上述沉淀为氢氧化物和硫化物的沉淀剂外，还有可以形成硫酸盐沉淀、氟化物沉淀和磷酸盐沉淀等沉淀剂，分离情况见表 3-1 所示。

表 3-1　部分无机沉淀剂分离金属离子的情况

沉淀物存在形式	沉淀剂	定量沉淀离子
硫酸盐沉淀	H_2SO_4	Ca^{2+}（加入适量乙醇）、Sr^{2+}、Ba^{2+}、Pb 等
氟化物沉淀	HF 或 NH_4F	Ca^{2+}、Sr^{2+}、Mg、Th、稀土元素等
磷酸盐沉淀	H_3PO_4	Bi^{3+}、Zr^{4+}、Hf^{4+} 等

② 有机试剂沉淀分离法　有机沉淀剂分离法具有选择性高、沉淀颗粒大、溶解度小、吸附杂质少等特点，因而得到广泛应用。有机沉淀剂与金属离子形成的沉淀主要有螯合物沉淀、离子缔合物沉淀和三元配合物沉淀。

a. 形成螯合物沉淀　能形成螯合物沉淀的有机沉淀剂一般具有两种基团，一种是酸性基团，如—COOH、—OH、$—SO_3H$、═NOH、—SH 等，这些官能团中的 H^+ 可被金属离子置换；另一种是碱性基团，如$—NH_2$、═N—、$>C═O$、$>C═S$ 等，这些基团中的 N、S、O 具有孤对电子，能与金属离子形成配位键。螯合沉淀剂可与金属离子形成具有稳定的五员环或六员环螯合物。由于螯合物沉淀不带电荷，所以不易吸附其他离子，沉淀比较纯净，并且沉淀溶解度小，易沉淀完全。

b. 形成缔合物沉淀　形成缔合物沉淀的有机沉淀剂在水溶液中能离解成带电荷的大体积离子，与带相反电荷的金属离子或金属配位离子缔合成不带电荷的中性分子而沉淀。例如，氯化四苯砷、四苯硼酸钠等。四苯硼酸钠是测定 K^+ 的良好沉淀剂，沉淀的反应如下：

$$B(C_6H_5)_4^- + K^+ = KB(C_6H_5)_4 \downarrow$$

三元离子缔合物是由两种不同的配位体与待沉淀组分配合形成缔合物，具有沉淀反应选择性好，灵敏度高的特点，近来在沉淀分离中得到了重视及应用。例如，BF_4^- 在酸性溶液中，可与二安替比林甲烷及其衍生物形成的阳离子生成三元离子缔合物。

(2) 微量组分的分离和富集　微量组分的分离和富集主要采用共沉淀分离法。常用的共沉淀剂分为无机共沉淀剂和有机共沉淀剂两类。

① 无机共沉淀剂

无机共沉淀剂法是以无机沉淀为载体，利用表面吸附或生成混晶进行分离富集的方法。

a. 表面吸附共沉淀分离（胶体共沉淀剂）

常用的共沉淀剂为 $Fe(OH)_3$、$Al(OH)_3$ 等胶体沉淀，它们具有比表面大、吸附能力强的特点，但吸附共沉淀方法选择性不高。例如用 $Fe(OH)_3$ 为载体吸附富集含铀工业废水中痕量的 UO_2^{2+}。

b. 混晶共沉淀分离（混晶共沉淀剂）

常用的混晶体有 $BaSO_4$-$RaSO_4$、$BaSO_4$-$PbSO_4$、$MgNH_4PO_4$-$MgNH_4AsO_4$ 等。常以混晶中一种物质作为共沉淀剂，分离富集另一种物质。例如用 $BaSO_4$ 分离富集 Ra^{2+} 或 Pb^{2+}。混晶共沉淀分离法比吸附共沉淀法的选择性高。

② 有机共沉淀剂

根据作用力的不同，有机共沉淀剂主要有以下三种：

a. 利用胶体的凝聚作用进行共沉淀

常用的胶体共沉淀剂有辛可宁、丹宁、动物胶等，被共沉淀的组分有钨、铌、钽、硅等的含氧酸。例如，用辛可宁共沉淀分离富集样品溶液中微量的 H_2WO_4，在酸性介质中，辛可宁分子中的氨基质子化形成带正电荷的胶体粒子，当加入惰性电解质后，辛可宁胶体发生凝聚和沉淀，使酸性条件下带负电荷的 H_2WO_4 胶体共沉淀分离完全。

b. 利用形成离子缔合物进行共沉淀

常用的离子缔合物共沉淀剂有甲基紫、孔雀绿、品红及亚甲基蓝等有机化合物。在酸性溶液中，它们以正离子的形式存在，遇到 Cl^-、Br^-、I^- 和 SCN^- 等金属离子的阴配离子时，形成缔合物沉淀。该沉淀可作为金属离子的共沉淀剂共沉淀 Zn^{2+}、Cd^{2+}、Hg^{2+}、Bi^{3+}、Au(Ⅲ)、Sb(Ⅲ) 等金属离子。

c. 利用“固体萃取剂”进行共沉淀

固体萃取剂又称为有机惰性共沉淀剂，一般为溶解度小的有机物质，作用类似于萃取剂，在水中析出的同时将微量的待分离组分共沉淀析出。常用作固体萃取剂的有酚酞、α-萘酚、丁二酮肟二烷酯等。例如微量 U(Ⅵ) 的分离富集，试液中微量的 U(Ⅵ) 能与加入的 1-亚硝基-2-萘酚生成微溶性螯合物，但由于 U(Ⅵ) 含量很低，并不能析出沉淀。若加入 α-萘酚或酚酞的乙醇溶液，由于该试剂在水中溶解度很小，析出沉淀，遂将铀-1-亚硝基-2-萘酚螯合物共沉淀析出，达到铀的分离富集的目的。

有机共沉淀剂选择性好，形成沉淀的体积大，有利于痕量组分的共沉淀。另外，有机共沉淀剂可借灼烧除去，不影响以后的测定，因此有机共沉淀剂的应用较广泛。

3.1.2.2 溶剂萃取分离法

溶剂萃取分离法是根据物质在两种互不相溶的溶剂中溶解性能的不同，将待分离组分从原混合溶液相萃取分离到另一互不相溶的溶剂相中的分离操作方法。

常用的两种互不相溶的溶剂一般为水和有机溶剂，对于具有生物活性物质的分离也可采用双水相萃取体系或超临界萃取体系。此处主要讨论物质在水相与有机相之间的萃取分离。把物质从水相萃取到有机相的过程称为正相萃取，反之，把物质从有机相萃取到水相的过程称为反相萃取。

溶剂萃取分离法具有设备简单、操作快速、分离效果好等特点，既适用于常量组分的分离也适用于微量及痕量组分的分离富集，是分析化学中常用的一种分离方法。但萃取溶剂通常是易挥发、易燃和有毒性的物质，因而使用萃取分离法时应注意操作人员及实验室的安全。

(1) 萃取分离法的基本原理

① 分配系数

如用有机溶剂从水相中萃取溶质 A，加入有机溶剂并充分振摇后，由于溶质 A 在水相与有机相溶解度的不同，将重新在两种溶剂中进行分配。当达到平衡时，溶质A在两相中的平衡浓度（活度）的比值，在一定的温度下为一常数，这就是分配定律。该比值称为分配系数，用K_D表示。

$$K_D=\frac{[A]_{有}}{[A]_{水}}$$

分配系数与溶质和溶剂的特性、温度等因素有关，分配系数越大，则该溶质在有机相中的浓度越大，萃取效率越高。

② 分配比

分配定律仅适用于被萃取的溶质在两相中存在形式相同的情况。在实际萃取体系中，溶质在水相和有机相中因发生离解、缔合等反应，会存在多种形式，由于不同存在形式在两相中的分配系数不同，所以总的浓度比值就不是一个常数，萃取过程中分配定律就不适用了。因此，在实际体系中，常采用溶质A在两相中各种存在形式的总浓度之比，即分配比来说明溶质在两相中的实际分配情况，分配比用D表示。

$$D=\frac{c_{有}}{c_{水}}=\frac{[A_1]_{有}+[A_2]_{有}+[A_3]_{有}+\cdots+[A_n]_{有}}{[A_1]_{水}+[A_2]_{水}+[A_3]_{水}+\cdots+[A_n]_{水}}$$

当两相的体积相等时，分配比大于1说明被萃取到有机相中的溶质的总量多，在水相中的总量少。分配比的大小与溶质的性质、萃取体系及萃取条件（如溶液酸度等）有关。

在简单体系中，即溶质A在两相中只有一种相同的存在形式时，$D=K_D$；当A在两相中有多种存在形式时，$D\neq K_D$。例如对于有机酸或有机碱，常常可以通过控制酸度，使它们以分子或离子的形态存在，改变在有机溶剂和水中的溶解性能，再进行萃取分离。例如：羧酸和酚，控制pH为7时，羧酸电离成阴离子，酚仍以分子状态存在，用乙醚萃取，羧酸成钠盐留在水相，酚被萃取进入乙醚层，从而实现分离。

在实际工作中，由于常有副反应存在，因此D值和K_D值常常是不一样的。

③ 萃取率

萃取率是指萃取的完全程度，即物质在有机相中的总物质的量占两相中的总物质的量的百分率，萃取率用E来表示。

$$E_A=\frac{被萃取物质在有机相中的总量}{被萃取物质的总量}\times 100\%$$

在实际工作中，萃取率是衡量萃取效果的重要指标。萃取率的高低与分配比D和两相体积比有关。如果用有机溶剂萃取水相中的A物质，萃取率为$E_A=\frac{D}{D+\frac{V_{水}}{V_{有}}}$，即分配比越大，水相与有机相的体积比越小，则萃取率越高。用等体积的溶剂进行萃取时，若分配比$D\geqslant 1000$，则萃取一次的萃取率为99.9%，一次萃取完全。若分配比较小，如$D=1$，则萃取一次的萃取率为50%。

假设在体积为$V_水$的水溶液中含有待萃取物质的质量为m_0，用体积为$V_有$的有机溶剂进行萃取。若仅萃取一次，水相中剩余待萃取物的质量为m_1，进入有机相中的该物质的质量即为m_0-m_1，此时分配比D为

$$D=\frac{c_有}{c_水}=\frac{\dfrac{(m_0-m_1)}{V_有}}{m_1/V_水}$$

可得

$$m_1=m_0\times\frac{V_水}{DV_有+V_水}$$

同理，若用体积为$V_有$的有机溶剂萃取n次，则残留于水相中的待萃取物质量m_n为

$$m_n=m_0\times\left(\frac{V_水}{DV_有+V_水}\right)^n$$

即

$$E=\frac{m_0-m_0\left(\dfrac{V_水}{DV_有+V_水}\right)^n}{m_0}=1-\left(\frac{V_水}{DV_有+V_水}\right)^n$$

由上式可见，若一次萃取不能满足分离或测定的要求时，常采取分次加入有机溶剂，多次连续萃取的方法来提高萃取率。

④ 分离系数　在实际萃取分离中，如溶液中存在分析干扰组分，待分离物质与干扰组分在萃取中的分离程度也是衡量萃取效果的一个重要指标，用分离系数β表示，它是指两种组分A、B在萃取中分配比的比值：$\beta_{A/B}=D_A/D_B$

若$\beta_{A/B}$远远大于1或远远小于1时，则A、B可以通过萃取分离，且D_A和D_B相差越大，两者被萃取分离的效果越好。

(2) 主要的萃取体系和萃取条件的选择

大多数无机物在水溶液中离解成离子，并与水分子结合成水合离子，具有很强的亲水性，难于用非极性或弱极性的有机溶剂萃取。因此为了进行萃取分离，应在水中加入一种试剂，它能与被萃取物质结合成不带电荷的、难溶于水而易溶于有机溶剂的可萃取物质，即通过降低被萃取物质的亲水性，增大其疏水性，提高萃取率，这种试剂称为萃取剂。

根据萃取剂与待萃取组分的反应类型及所形成的可萃取物质的不同，可把萃取体系分为螯合物萃取体系和离子缔合物萃取体系两类。

① 螯合物萃取体系　螯合物萃取体系广泛应用于金属离子的萃取中。螯合物萃取体系所用的萃取剂就是螯合剂，它能与待萃取金属离子生成难溶于水、易溶于有机溶剂的螯合物。常用的螯合剂有8-羟基喹啉、双硫腙、丁二酮肟、乙酰丙酮等。在实际操作中，螯合物萃取体系萃取条件的选择应注意考虑如下几点：

a. 螯合剂的选择　螯合剂所含疏水基团越多，亲水基团越少，与金属离子形成的螯合物的稳定性越高，萃取效率越高；螯合剂与金属离子的反应选择性越

强，分离系数越高。

b. 溶液酸度的选择　螯合剂一般为有机弱酸，溶液的酸度越小，螯合反应越完全，被萃取物质的分配比就越大，越有利于萃取，因此螯合萃取体系一般选用较高的 pH 条件。但酸度过低时，金属离子可能水解，或引起其他干扰反应，则对萃取不利。

c. 萃取溶剂的选择　通常按照“相似相溶”原则，根据螯合物的组成和结构，选择合适的有机溶剂作为萃取溶剂。萃取溶剂与水的密度差别要大，黏度要小，便于分层分离。另外，最好选用毒性小，挥发性小，不宜燃烧的萃取溶剂。

d. 干扰离子的消除　可通过控制酸度或加入掩蔽剂的方法消除干扰。

② 离子缔合物萃取体系　离子缔合物萃取体系是利用萃取剂在水溶液中离解生成的大体积离子通过静电引力与待分离离子结合形成疏水性的离子缔合物，这种缔合物可被有机溶剂所萃取。常用的萃取剂有乙酸乙酯、甲基异丁基酮、氯化四苯砷、甲基紫等。选择萃取条件时应注意考虑如下几点：

a. 萃取剂和萃取溶剂的选择　对于能形成阳盐型缔合物的离子，选用含氧的有机溶剂作萃取剂和萃取溶剂。对于其他类型缔合物的离子，用大分子胺和碱性染料作萃取剂，萃取溶剂则可选用苯、甲苯、三氯甲烷等。

b. 溶液的酸度　离子缔合物萃取体系一般选择较高的酸度条件，在较高的酸度条件下，容易形成阳离子，对于含氨基的萃取剂则易形成有机铵离子，有利于缔合物的形成。

c. 加入盐析剂　在离子缔合物萃取体系中，加入与缔合物具有相同阴离子的盐类或酸类，可提高萃取效率，这种作用称为盐析作用，加入的试剂称盐析剂。盐析剂的作用是产生同离子效应，有利于离子缔合物的形成。常用的盐析剂有铵盐、镁盐、钙盐、铝盐等，离子价态越高，盐析作用越强。

d. 干扰离子的消除　通过控制溶液酸度或使用掩蔽剂的方法可消除干扰离子的影响。

在以上两种萃取体系中，螯合物萃取反应灵敏度高，适用于分离少量和微量组分；缔合物体系萃取容量大，可用于常量组分的分离。

(3) 溶剂萃取体系的操作技术与应用

常用的萃取方法可分为间歇萃取法（单级萃取法）、连续萃取法（多级错流萃取法）和多级逆流萃取法，后者需要专门的仪器装置。下面主要介绍间歇萃取法和连续萃取操作技术。

① 间歇萃取　间歇萃取一般在梨形分液漏斗中进行，过程一般包括：萃取振荡、放气、静置分层、分离、重复萃取、合并萃取液等。

② 连续萃取　对于分配系数较小的物质，多次重复萃取，费时费事，一般采用连续萃取。实验室中常用的连续萃取装置如图 3-1、图 3-2 所示，将萃取液的蒸馏操作与萃取剂的萃取操作结合在一起实现连续操作。

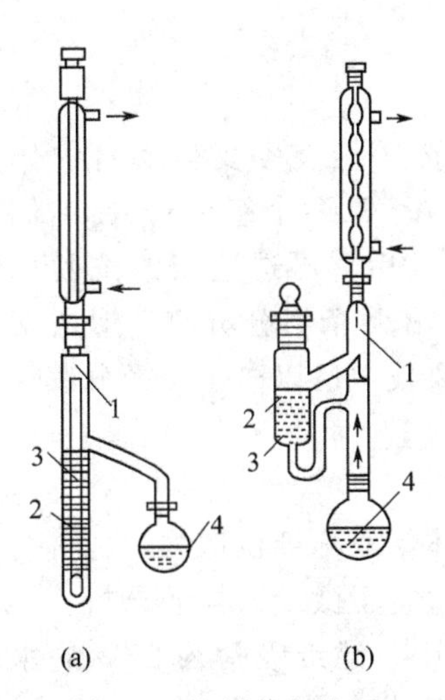

图 3-1 溶剂萃取装置

(a) 轻溶剂萃取装置；(b) 重溶剂萃取装置

1—冷凝液；2—待萃取混合液；3,4—萃取用溶剂

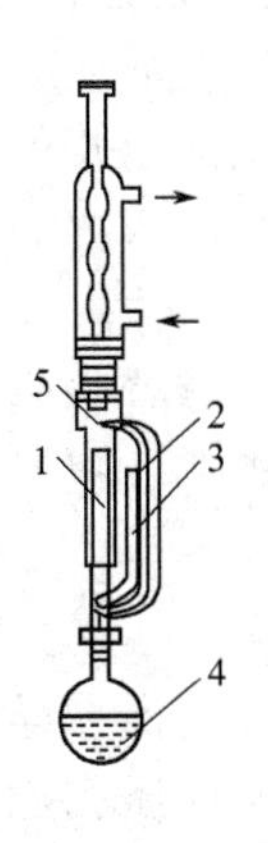

图 3-2 索氏提取器

1—素瓷或滤纸套筒；2—蒸汽上升管；3—虹吸管；4—萃取用溶剂；5—冷凝液

在选择连续萃取装置时，应根据萃取溶剂的密度与待萃取溶液的密度的关系进行选择，当萃取溶剂密度小于待萃取液密度时应选择轻溶剂萃取装置，如图 3-1(a)。对于萃取溶剂密度大于待萃取液密度时应选择重溶剂萃取装置，如图 3-1(b)。如果直接从固态样品中连续提取某种组分，则应选用索氏提取器，如图 3-2。

溶剂萃取分离法不仅可将待测组分与干扰组分分离，消除干扰影响，提高方法的准确度，同时对微量待测组分具有富集作用，常与仪器分析方法相结合，作为样品前处理方法，在分子吸收、原子吸收、发射光谱、电化学分析及色谱分析等方法中应用广泛。

3.1.2.3 挥发和蒸馏分离法

挥发和蒸馏分离法是利用物质挥发性的差异进行分离的一种方法。可以将干扰组分生成挥发性化合物除去，也可以将待测组分挥发分离出后再测定。

蒸馏法是有机物分离、提纯的重要方法。根据分离的对象不同，可采用简单蒸馏、减压蒸馏、水蒸气蒸馏和分馏等方法。

简单蒸馏一般适用于沸点低于 150℃，沸点差较大（一般大于 50℃）的混合物体系；沸点高于 150℃的物质或常压蒸馏时易分解、氧化和变质的物质通常采用减压蒸馏；当混合物中各组分沸点相差较小时，可采用分馏，提高分离效率；对于沸点高，但能随水蒸气挥发的组分，可利用水蒸气蒸馏法进行分离。

在无机分析中，挥发和蒸馏分离法主要用于非金属元素和少数金属元素的分离，由于挥发性的无机物不多，因此方法的选择性较高。

3.1.2.4　色谱分离法简介

（1）柱色谱

柱色谱即把固定相的吸附剂如氧化铝或硅胶等装在一支玻璃管中作为层析柱，然后由上端滴入要分离的样品溶液（设含 A、B 两个组分），使它们首先吸附在柱的上端，形成一个环带。当样品完全加入后，再选适当的洗脱剂（流动相）进行洗脱。随着洗脱剂逐步向下流动，A、B 两个组分分离，形成两个分开的环带分别流出，收集后进行分析。柱色谱分离技术已以离子交换分离法应用较广泛。

（2）纸色谱

纸色谱与柱色谱一样，只是用滤纸作为载体，简称纸色谱法，也称为纸层析法。该法可用于性质相近的元素的分离，特别适宜于微量试样的分析。

纸色谱的分离原理即在水蒸气饱和的空气中，滤纸吸附约 22％的水分，这种作为固定相的水，并非机械地被固定在纸上，而是在纸纤维素的表面形成一层水膜，以水膜为固定相。将欲分离的试样用毛细管点在滤纸条的原点处，如图 3-3(a) 所示。然后将纸条放入盛有以有机溶剂作展开剂（流动相）的层析筒中，见图 3-3(b)。展开剂由于纸条的毛细管作用，自下而上地上升，被分离的物质在展开剂和固定相之间连续不断地分配，实质上就是一个连续多次萃取的过程。由于试样中不同组分的分配比不同，分配比大的组分向上移动的速度快，分配比小的组分向上移动的速度慢，当展开剂沿纸条上升一定的距离后，将不同的组分携带到纸条的不同部位，从而将各组分分离。分开的各组分用显色剂显色后，即出现该组分的斑点。

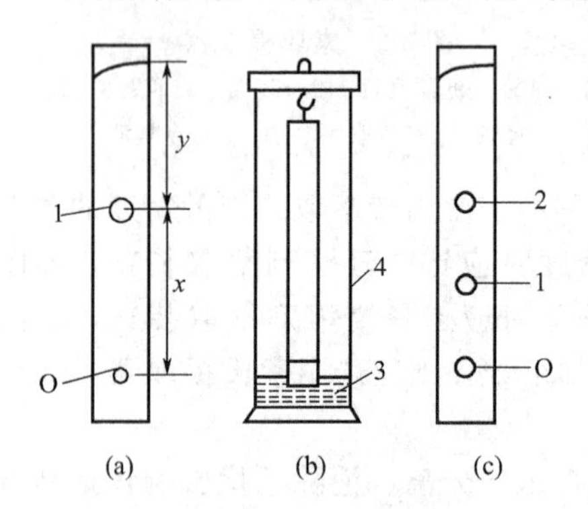

图 3-3　纸上层析

O—原点；1,2—斑点；3—展开剂；4—层析筒

将斑点剪下，用一定方法提取被测组分。如将斑点灰化、灼烧后，再溶解待测成分，然后进行测定。因为纸层析操作的试样量很少，测定一般用光度法或其他灵敏度较高的仪器分析。

（3）薄层色谱法

将固定相均匀地涂在具有光洁表面的载板（如玻璃、金属板或塑料薄片）上形成薄层，利用展开剂将样品中各组分在薄层上进行分离的方法称为薄层色谱法。薄层色谱的分离原理与柱色谱相同，根据分离原理也可分为吸附、分配、离子交换和分子排阻色谱分离。

定性可以采用标准品对照的方法，也可以刮下斑点，洗脱后再结合其他方法如紫外、红外光谱、质谱、核磁共振等进行定性。

定量可以采用原位定量，即直接用薄层扫描仪对分离后的斑点扫描定量或测面积定量。也可将斑点取出，洗脱后再用其他方法测定，如紫外分光光度法、荧光法、色谱法等进行测定。

3.2 化学分析

3.2.1 酸碱滴定

酸碱滴定法是以酸碱反应为基础的滴定分析方法。利用该方法可以测定一些具有酸碱性的物质，也可以用来测定某些能与酸碱作用的物质。有许多不具有酸碱性的物质，也可通过化学反应产生酸碱，并用酸碱滴定法测定它们的含量。

3.2.1.1 多元酸、混合酸和多元碱的滴定

多元酸（碱）或混合酸的滴定比一元酸碱的滴定复杂，这是因为如果考虑能否直接准确滴定的问题，就意味着必须考虑两种情况：一是能否滴定酸或碱的总量，二是能否分级滴定（对多元酸碱而言）、分别滴定（对混合酸碱而言）。下面结合实例对上述问题作简要的讨论。

（1）强碱滴定多元酸

① 滴定可行性判断和滴定突跃　大量的实验证明，多元酸的滴定可按下述原则判断：

a. 当 $c_a K_{a_1} \geqslant 10^{-8}$ 时，这一级离解的 H^+ 可以被直接滴定；

b. 当相邻的两个 K_a 的比值，等于或大于 10^5 时，较强的那一级离解的 H^+ 先被滴定，出现第一个滴定突跃，较弱的那一级离解的 H^+ 后被滴定。但能否出现第二个滴定突跃，则取决于酸的第二级离解常数值是否满足 $c_a K_{a_2} \geqslant 10^{-8}$；

c. 如果相邻的两个 K_a 的比值小于 10^5 时，滴定时两个滴定突跃将混在一起，这时只出现一个滴定突跃。

② H_3PO_4 的滴定　H_3PO_4 是弱酸，在水溶液中分步离解

$$H_3PO_4 \rightleftharpoons H^+ + H_2PO_4^- \qquad pK_{a_1}=2.16$$

$$H_2PO_4^- \rightleftharpoons H^+ + HPO_4^{2-} \qquad pK_{a_2}=7.21$$

$$HPO_4^{2-} \rightleftharpoons H^+ + PO_4^{3-} \qquad pK_{a_3}=12.32$$

如果用 NaOH 滴定 H_3PO_4，那么 H_3PO_4 首先被滴定成 $H_2PO_4^-$，即

$$H_3PO_4 + NaOH = NaH_2PO_4 + H_2O$$

但当反应进行到大约 99.4% 的 H_3PO_4 被中和之时（pH=4.7），已经有大约 0.3% 的 $H_2PO_4^-$ 被进一步中和成 HPO_4^{2-} 了，即 $NaH_2PO_4 + NaOH = Na_2HPO_4 + H_2O$

这表明前面两步中和反应并不是分步进行的，而是稍有交叉地进行的，所

以，严格说来，对 H_3PO_4 而言，实际上并不真正存在两个化学计量点。由于对多元酸的滴定准确度要求不太高（通常分步滴定允许误差为±0.5%），因此，在满足一般分析的要求下，我们认为 H_3PO_4 还是能够进行分步滴定的，其第一化学计量点时溶液的 pH＝4.68；第二化学计量点时溶液的 pH＝9.76。其第三化学计量点因 $pK_{a_3}=12.32$，说明 HPO_4^{2-} 已太弱，故无法用 NaOH 直接滴定，如果此时在溶液中加入 $CaCl_2$ 溶液，则会发生如下反应：

$$2HPO_4^{2-}+3Ca^{2+} = Ca_3(PO_4)_2\downarrow + 2H^+$$

则弱酸转化成强酸，就可以用 NaOH 直接滴定了。

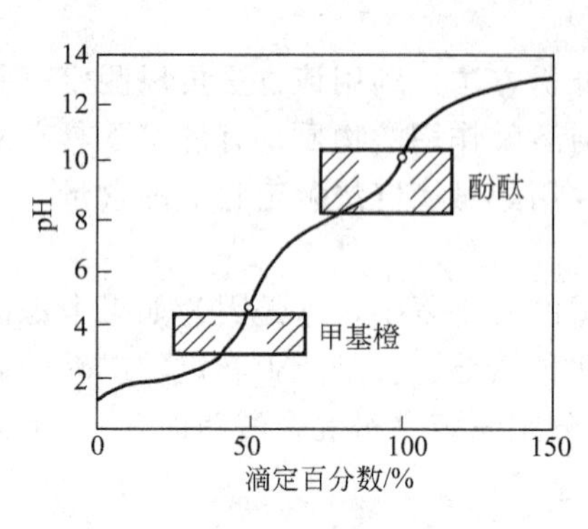

图 3-4　0.1000mol/L NaOH 滴定 0.1000mol/L H_3PO_4 的滴定曲线

NaOH 滴定 H_3PO_4 的滴定曲线一般采用仪器法（电位滴定法）来绘制。图 3-4 所示的是 0.1000mol/L NaOH 标准溶液滴定 20.00mL 0.1000mol/L H_3PO_4 溶液的滴定曲线。

从图 3-4 可以看出，由于中和反应交叉进行，使化学计量点附近曲线倾斜，滴定突跃较短，且第二化学计量点附近突跃较第一化学计量点附近的突跃还短。正因为突跃短小，使得终点变色不够明显，因而导致终点准确度也欠佳。

如图 3-4 所示，第一化学计量点时，NaH_2PO_4 的浓度为 0.050mol/L，根据 H^+ 浓度计算的最简式 $[H^+]_1=\sqrt{K_{a_1}K_{a_2}}=\sqrt{10^{-2.16}\times10^{-7.21}}=10^{-4.68}$ mol/L，$pH_1=4.68$。此时若选用甲基橙（pH＝4.0）为指示剂，采用同浓度 Na_2HPO_4 溶液为参比时，其终点误差不大于 0.5%。

第二化学计量点时，Na_2HPO_4 的浓度为 3.33×10^{-2} mol/L（此时溶液的体积已增加了两倍），同样根据 H^+ 浓度计算的最简式 $[H^+]_2=\sqrt{K_{a_2}K_{a_3}}=\sqrt{10^{-7.21}\times10^{-12.32}}=10^{-9.76}$ mol/L，$pH_2=9.76$，此时若选择酚酞（pH＝9.0）为指示剂，则终点将出现过早；若选用百里酚酞（pH＝10.0）作指示剂，当溶液由无色变为浅蓝色时，其终点误差为＋0.5%。

（2）强酸滴定多元碱

多元碱的滴定与多元酸的滴定类似，因此，有关多元酸滴定的结论也适合多元碱的情况。

① 滴定可行性判断和滴定突跃　与多元酸类似，多元碱的滴定可按下述原则判断：

a. 当 $c_bK_{b_1}\geqslant10^{-8}$ 时，这一级离解的 OH^- 可以被直接滴定；

b. 当相邻的两个 K_b 比值，等于或大于 10^5 时，较强的那一级离解的 OH^- 先被滴定，出现第一个滴定突跃，较弱的那一级离解的 OH^- 后被滴定。但能否出现第二个滴定突跃，则取决于碱的第二级离解常数值是否满足 $c_b K_{b_2} \geqslant 10^{-8}$。

c. 如果相邻的 K_b 比值小于 10^5 时，滴定时两个滴定突跃将混在一起，这时只出现一个滴定突跃。

② Na_2CO_3 的滴定　Na_2CO_3 是二元碱，在水溶液中存在如下离解平衡

$$CO_3^{2-} + H_2O \rightleftharpoons HCO_3^- + OH^- \qquad pK_{b_1} = 3.75$$

$$HCO_3^- + H_2O \rightleftharpoons H_2CO_3 + OH^- \qquad pK_{b_2} = 7.62$$

在满足一般分析的要求下，Na_2CO_3 还是能够进行分步滴定的，只是滴定突跃较小。如果用 HCl 滴定，则第一步生成 $NaHCO_3$，反应式为

$$HCl + Na_2CO_3 = NaHCO_3 + NaCl$$

继续用 HCl 滴定，则生成的 $NaHCO_3$ 被进一步反应生成碱性更弱的 H_2CO_3。H_2CO_3 本身不稳定，很容易分解生成 CO_2 与 H_2O，反应式为

$$HCl + NaHCO_3 = H_2CO_3 + NaCl$$

$$\hookrightarrow CO_2 + H_2O$$

HCl 滴定 Na_2CO_3 的滴定曲线一般也采用仪器法（电位滴定法）来绘制。图 3-5 所示的是 0.1000mol/L HCl 标准溶液滴定 20.00mL 0.1000mol/L Na_2CO_3 溶液的滴定曲线。

第一化学计量点时，HCl 与 Na_2CO_3 反应生成 $NaHCO_3$。$NaHCO_3$ 为两性物质，其浓度为 0.050mol/L，H^+ 浓度计算的最简式

$$[H^+]_1 = \sqrt{K_{a_1} K_{a_2}} = \sqrt{10^{-6.38} \times 10^{-10.25}} \text{mol/L} = 10^{-8.32} \text{mol/L}$$

$pH_1 = 8.32$（H_2CO_3 的 $pK_{a_1} = 6.38$，$pK_{a_2} = 10.25$），此时选用酚酞（pH = 9.0）为指示剂，终点误差较大，滴定准确度不高。若采用酚红与百里酚蓝混合指示剂，并用同浓度 $NaHCO_3$ 溶液作参比时，终点误差约为 0.5%。

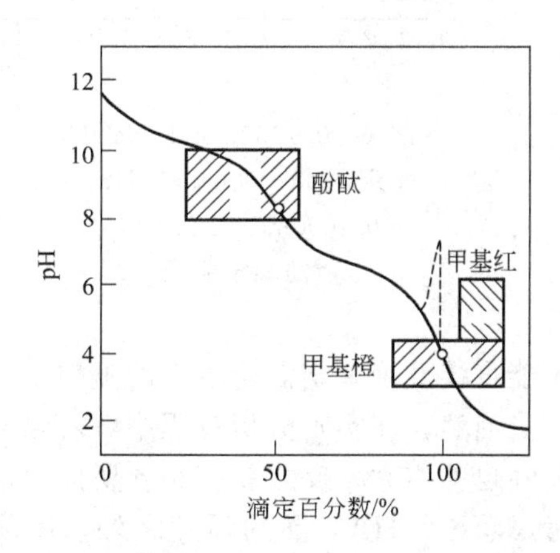

图 3-5　0.1000mol/L HCl 滴定 0.1000mol/L Na_2CO_3 的滴定曲线

第二化学计量点时，HCl 进一步与 $NaHCO_3$ 反应，生成 H_2CO_3（$H_2O + CO_2$），其在水溶液中的饱和浓度约为 0.040mol/L，因此，按二元弱酸 pH 的最简公式计算，则

$$[H^+]_2 = \sqrt{cK_{a_1}} = \sqrt{0.040 \times 10^{-6.38}}$$

$$= 1.3 \times 10^{-4} \text{mol/L}, pH_2 = 3.89$$

3 检测与测定

若选择甲基橙（pH＝4.0）为指示剂，在室温下滴定时，终点变化不敏锐。为提高滴定准确度，可采用为CO_2所饱和并含有相同浓度NaCl和指示剂的溶液作对比。也有选择甲基红（pH＝5.0）为指示剂的，不过滴定时需加热除去CO_2。实际操作是：当滴到溶液变红（pH＜4.4），暂时中断滴定，加热除去CO_2，则溶液又变回黄色（pH＞6.2），继续滴定到红色（溶液pH变化如图3-5虚线所示）。重复此操作2～3次，至加热驱赶CO_2并将溶液冷至室温后，溶液颜色不发生变化为止。此种方式滴定终点敏锐，准确度高。

（3）混合酸（碱）的滴定

混合酸（碱）的滴定主要包括两种情况，一是强酸（碱）-弱酸（碱）混合液的滴定，二是两种弱酸（碱）混合液的滴定。下面主要讨论混合酸的滴定。

① 强酸-弱酸（HCl＋HA）混合液的滴定　这种情况比较典型的实例是HCl与另一弱酸HA混合液的测定。当HCl与HA的浓度均为0.1mol/L时，不同离解常数下的弱酸HA用0.1000mol/L NaOH滴定的滴定曲线如图3-6所示。由图3-6可以得出如下结论：

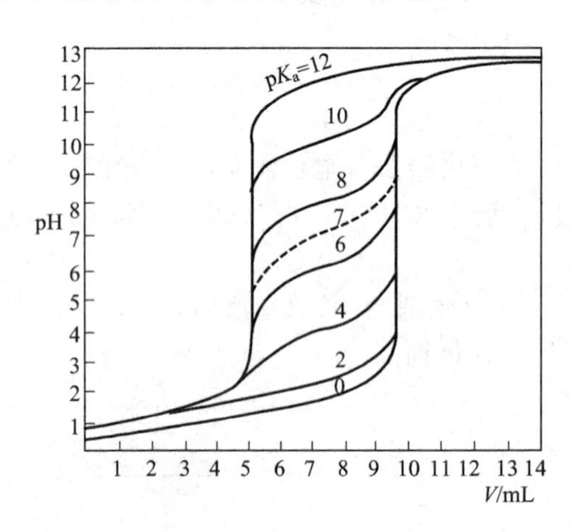

图3-6　0.1000mol/L NaOH滴定含0.1000mol/L HCl与0.1000mol/L HA混合液的滴定曲线

a. 若$K_{a(HA)}<10^{-7}$，HA不影响HCl的滴定，能准确滴定HCl的分量，但无法准确滴定混合酸的总量。

b. 若$K_{a(HA)}>10^{-5}$，滴定HCl时，HA同时被滴定，能准确滴定混合酸的总量，但无法准确滴定HCl的分量。

c. 若$10^{-7}<K_{a(HA)}<10^{-5}$，则既能滴定HCl，也能滴定HA，即可分别滴定HCl和HA的分量。

总之，弱酸的pK_a值越大则越有利于强酸的滴定，但却越不利于混合酸总量的测定。一般当弱酸的$c_aK_a\leqslant10^{-8}$时，就无法测得混合酸的总量；而弱酸（HA）的$pK_a\leqslant5$时，也就不能直接准确滴定混合液中的强酸了。

当然，在实际分析过程中，若强酸的浓度增大，则分别滴定强酸与弱酸的可能性也就增大，反之就变小。所以对混合酸的直接准确滴定进行判断时，除了要考虑弱酸（HA）酸的强度之外，还须比较强酸（HCl）与弱酸（HA）浓度比值的大小。

② 两种弱酸混合液（HA＋HB）的滴定　两种弱酸的混合液，类似于一种

二元酸的测定，但也并不完全一致，能直接滴定的条件为

$$\begin{cases} K_{a(HB)} \leqslant K_{a(HA)}；c_{HB} < c_{HA} \\ c_{HB}K_{a(HB)} \geqslant 10^{-8} 且 c_{HB} \geqslant 10^{-3}\,mol/L \end{cases}$$

两种弱酸能够分别滴定的条件为

$$\begin{cases} \dfrac{c_{HA}K_{a(HA)}}{c_{HB}K_{a(HB)}} \geqslant 10^5 \\ c_{HB}K_{a(HB)} \geqslant 10^{-8} 且 c_{HB} \geqslant 10^{-3}\,mol/L \end{cases}$$

3.2.1.2　终点误差

在滴定分析中，一般采用指示剂来确定滴定反应的终点。理想的指示剂是变色点 pH 与化学计量点的 pH 一致，即达到化学计量点时发生颜色突变，此时待滴定物与滴定剂刚好完全反应。但在实际工作中指示剂变色所确定的滴定终点与化学计量点往往不一致，由此而产生的误差称为“终点误差”或“滴定误差”。滴定终点与化学计量点越接近，终点误差就越小。在指示剂的选择中我们介绍过指示剂的变色范围应全部或部分落在滴定突跃范围内，指示剂变色点尽量靠近化学计量点，其目的就是减少滴定误差（$<0.1\%$），确保结果的准确度。以下主要讨论几种常见滴定分析的滴定误差的计算。

（1）测定强碱或强酸的滴定误差

例如，用浓度为 c(NaOH) mol/L 的 NaOH 标准滴定溶液滴定体积为 V(HCl) mL，浓度为 c(HCl) mol/L 的盐酸溶液，滴定终点消耗 NaOH 标准滴定溶液的体积为 V_{ep}mL，而化学计量点所需 NaOH 标准滴定溶液的体积为 V_{sp}mL，终点与化学计量点不一致，试计算终点误差。

① 通过分析化学计量点时溶液的质子条件，来分析终点误差。

NaOH 与 HCl 的滴定反应为 $NaOH + HCl = H_2O + NaCl$

化学计量点时，滴定产物为 H_2O，故以 H_2O 作为质子参考水准，溶液的质子条件为

$$[H^+] = [OH^-] \tag{3-1}$$

如果终点在化学计量点之后，即 NaOH 滴定过量，此时溶液中的 $[OH^-] > [H^+]$，溶液中 OH^- 由两部分组成，一部分是真正滴定过量的部分，另一部分是水离解产生的部分，其浓度等于 $[H^+]$。

$$[OH^-]_{过量} = [OH^-]_{ep} - [OH^-]_{水离解} = [OH^-]_{ep} - [H^+]_{ep} \tag{3-2}$$

比较式 3-1 和式 3-2 可见，终点时 NaOH 滴定过量部分的浓度等于质子条件式中右边组分在终点时浓度与左边各组分在终点时浓度的差值。因此终点误差为

$$TE\% = \frac{NaOH\ 过量的基本单元数}{HCl\ 的基本单元数} \times 100$$

$$= \frac{([OH^-]_{ep} - [H^+]_{ep})[V(HCl) + V_{ep}]}{c(HCl)V(HCl)} \times 100 \tag{3-3}$$

3 检测与测定

将 $c(HCl)V(HCl)=c(HCl)_{ep}[V(HCl)+V_{ep}]$代入式 3-3，得

$$TE\%=\frac{([OH^-]_{ep}-[H^+]_{ep})[V(HCl)+V_{ep}]}{c(HCl)_{ep}[V(HCl)+V_{ep}]}\times 100$$

$$TE\%=\frac{[OH^-]_{ep}-[H^+]_{ep}}{c(HCl)_{ep}}\times 100 \qquad (3\text{-}4)$$

由于滴定终点与化学计量点较接近（$V_{ep}\approx V_{sp}$），在计算过程中可近似认为 $c(HCl)_{ep}\approx c(HCl)_{sp}$。

② 用林邦（Ringbom）误差公式计算。

在知道滴定常数及滴定终点与化学计量点的 pH 差值的情况下，也可用林邦误差公式进行计算。其思路是将误差公式中的组分终点平衡浓度用化学计量点时的平衡浓度表示，设滴定终点与化学计量点的 pH 之差为 ΔpH，即 $\Delta pH=pH_{ep}-pH_{sp}$

则
$$[H^+]_{ep}=[H^+]_{sp}10^{-\Delta pH} \qquad (3\text{-}5)$$

$$[OH^-]_{ep}=[OH^-]_{sp}10^{\Delta pH} \qquad (3\text{-}6)$$

由滴定反应可知$[H^+]_{sp}\cdot[OH^-]_{sp}=K_T=\frac{1}{K_w}$

式中 K_T为滴定平衡常数，K_w为水的离子积。

滴定至化学计量点时有 $[H^+]_{sp}=[OH^-]_{sp}=\sqrt{K_T}$ (3-7)

将式 3-5、式 3-6 和式 3-7 代入式 3-4 中得

$$TE\%=\frac{[OH^-]_{sp}\times 10^{\Delta pH}-[H^+]_{sp}\times 10^{-\Delta pH}}{c(HCl)_{ep}}\times 100$$

$$=\frac{\sqrt{K_T}(10^{\Delta pH}-10^{-\Delta pH})}{c(HCl)_{ep}}\times 100 \qquad (3\text{-}8)$$

Ringbom 误差公式 3-8 将指示剂的选择（ΔpH），被滴定物的浓度（c_{sp}）和滴定反应的完全程度（K_T）联系起来，揭示出影响强碱强酸滴定终点误差的最本质因素。

【例 3-1】 用 0.1000mol/L 的 NaOH 溶液滴定 0.1000mol/L 的 HCl 溶液，若滴定到 pH=4.0 为终点（甲基橙作指示剂），计算终点误差。

解：方法一 已知滴定终点时，pH=4.0，所以 $[H^+]_{ep}=1.0\times 10^{-4}$，$[OH^-]=1.0\times 10^{-4}$

$c(HCl)_{ep}\approx c(HCl)_{sp}=0.1000/2=0.05000$mol/L，代入误差公式计算得

$$TE\%=\frac{[OH^-]_{ep}-[H^+]_{ep}}{c(HCl)_{ep}}\times 100=\frac{1.0\times 10^{-10}-1.0\times 10^{-4}}{0.05000}\times 100=-0.20\%$$

方法二（Ringbom） 本例为强酸强碱滴定，化学计量点时，pH=7.0，现滴定至 pH = 4.0，所以 ΔpH = − 3.0，$c(HCl)_{ep}\approx c(HCl)_{sp}$ = 0.1000/2 = 0.05000mol/L，代入林邦公式得

$$TE\% = \frac{\sqrt{10^{-14}}(10^{-3.0} - 10^{3.0})}{0.05000} \times 100 = -0.20\%$$

误差为负值，说明有一部分 HCl 未被中和。

(2) 测定弱酸或弱碱的滴定误差

用浓度为 $c(\mathrm{NaOH})$ (mol/L) 的 NaOH 标准滴定溶液滴定体积为 $V(\mathrm{HA})$ (mL) 浓度为 $c(\mathrm{HA})$ (mol/L) 的某弱酸 HA 溶液，滴定终点消耗 NaOH 标准滴定溶液的体积为 V_{ep}(mL)，而化学计量点所需 NaOH 标准滴定溶液的体积为 V_{sp}(mL)，试分析滴定误差的大小。

① 质子条件分析误差　滴定反应为 $\mathrm{HA + NaOH \longrightarrow NaA + H_2O}$

在化学计量点时，溶液的组成为 NaA 和 H_2O，以 A^- 和 H_2O 为参考水准，溶液的质子条件为：

$$[\mathrm{HA}]_{sp} + [\mathrm{H^+}]_{sp} = [\mathrm{OH^-}]_{sp} \tag{3-9}$$

假设 NaOH 滴定过量，此时溶液中 OH^- 的浓度由三部分组成：一是滴定过量的 NaOH，二是滴定产物水解产生的 OH^-，三是水自身离解产生的 OH^-（浓度等于 $[\mathrm{H^+}]_{ep}$），因而真正过量的浓度为

$$[\mathrm{OH^-}]_{过量} = [\mathrm{OH^-}]_{ep} - ([\mathrm{HA}]_{ep} + [\mathrm{H^+}]_{ep}) \tag{3-10}$$

比较式 3-9 和式 3-10 可见，终点时 NaOH 滴定过量部分的浓度等于质子条件式中右边组分在终点时的浓度与左边各组分在终点时的浓度的差值。过量的 NaOH 基本单元数为 $n(\mathrm{NaOH})_{过量} = [\mathrm{OH^-}]_{过量}[V(\mathrm{HA}) + V_{ep}] = \{[\mathrm{OH^-}]_{ep} - ([\mathrm{HA}]_{ep} + [\mathrm{H^+}]_{ep})\}[V(\mathrm{HA}) + V_{ep}]$

因此终点误差公式为

$$TE\% = \frac{n(\mathrm{NaOH})_{过量}}{c(\mathrm{HA})V(\mathrm{HA})} \times 100$$

$$= \frac{\{[\mathrm{OH^-}]_{ep} - ([\mathrm{HA}]_{ep} + [\mathrm{H^+}]_{ep})\} \times [V(\mathrm{HA}) + V_{ep}]}{C(\mathrm{HA})V(\mathrm{HA})} \times 100$$

又因为 $c(\mathrm{HA})_{sp}V_{sp} = c(\mathrm{HA})_{ep}\ [V(\mathrm{HA}) + V_{ep}]$，

终点时溶液显碱性，$[\mathrm{H^+}]$ 可忽略，则终点误差公式为

$$TE\% = \frac{[\mathrm{OH^-}]_{ep} - [\mathrm{HA}]_{ep}}{c(\mathrm{HA})_{ep}} \times 100 \tag{3-11}$$

在误差计算中 $[\mathrm{HA}]_{ep}$ 通常由水解平衡关系近似求得

$$[\mathrm{HA}]_{ep} = \frac{[\mathrm{H^+}]_{ep}[\mathrm{A^-}]_{ep}}{K_a} \approx \frac{[\mathrm{H^+}]_{ep}c(\mathrm{HA})_{ep}}{K_a}$$

② 林邦误差公式形式　将滴定终点时平衡浓度用化学计量点时的平衡浓度及滴定终点与化学计量点溶液的 pH 差值来表示。对于滴定反应 $\mathrm{HA + NaOH \longrightarrow NaA + H_2O}$，平衡常数为

$$K_T = \frac{[\mathrm{A^-}]}{[\mathrm{OH^-}][\mathrm{HA}]} = \frac{1}{[\mathrm{OH^-}][\mathrm{H^+}]} \times \frac{[\mathrm{H^+}][\mathrm{A^-}]}{[\mathrm{HA}]} = \frac{K_a}{K_w}$$

$$K_T=\frac{[A^-]_{sp}}{[OH^-]_{sp}[HA]_{sp}}=\frac{[A^-]_{ep}}{[OH^-]_{ep}[HA]_{ep}}$$

由于终点与化学计量点比较接近，$[A^-]_{sp}\approx[A^-]_{ep}$，所以

$$[HA]_{sp}[OH^-]_{sp}=[HA]_{ep}[OH^-]_{ep}$$

令 $\Delta pH=pH_{ep}-pH_{sp}$，$\frac{[OH^-]_{ep}}{[OH^-]_{sp}}=\frac{[H^+]_{sp}}{[H^+]_{ep}}=10^{\Delta pH}$ (3-12)

$$\frac{[HA]_{ep}}{[HA]_{sp}}=\frac{[OH^-]_{sp}}{[OH^-]_{ep}}=10^{-\Delta pH} \quad (3\text{-}13)$$

又因为在化学计量点时，$[HA]_{sp}=[OH^-]_{sp}$，$[A^-]_{sp}=c(HA)_{sp}-[HA]_{sp}\approx c(HA)_{sp}$

由滴定平衡常数可得 $[HA]_{sp}=[OH^-]_{sp}=\sqrt{\frac{c(HA)_{sp}}{K_T}}$ (3-14)

将式 3-12、式 3-13、式 3-14 代入误差公式 3-11 中，得

$$TE\%=\frac{[OH^-]_{ep}-[HA]_{ep}}{c(HA)_{ep}}\times 100=\frac{[OH^-]_{sp}\times 10^{\Delta pH}-[HA]_{sp}\times 10^{-\Delta pH}}{c(HA)_{ep}}\times 100$$

$$=\sqrt{\frac{c(HA)_{sp}}{K_T}}\times\frac{10^{\Delta pH}-10^{-\Delta pH}}{c(HA)_{ep}}\times 100 \quad (3\text{-}15)$$

因终点与化学计量点接近时，$c(HA)_{ep}\approx c(HA)_{sp}$，故

$$TE\%=\frac{10^{\Delta pH}-10^{-\Delta pH}}{\sqrt{c(HA)_{sp}K_T}}\times 100=\frac{\sqrt{K_w}(10^{\Delta pH}-10^{-\Delta pH})}{\sqrt{c(HA)_{sp}K_a}}\times 100 \quad (3\text{-}16)$$

【例 3-2】 用 0.1000mol/L 的 NaOH 标准滴定溶液滴定 0.1000mol/L 的 HAc 溶液，若滴定到 pH=9.0 为终点（酚酞作指示剂），计算终点误差。

解：方法一 已知 pH=9.0，所以 $[H^+]=1.0\times 10^{-9}$，$[OH^-]=1.0\times 10^{-5}$，

$$[HA]_{ep}=\frac{[H^+]_{ep}c(HA)_{ep}}{K_a}=\frac{1.0\times 10^{-9}\times 0.05000}{1.8\times 10^{-5}}=2.8\times 10^{-6}$$

$$TE\%=\frac{[OH^-]_{ep}-[HA]_{ep}}{c(HA)_{ep}}\times 100=\frac{1.0\times 10^{-5}-2.8\times 10^{-6}}{0.05000}\times 100=0.014$$

方法二（Ringbom 公式） 滴定至化学计量点时，产物为强碱弱酸盐 NaAc，$c(NaAc)=0.1000/2=0.05000mol/L$，$c/K_b=cK_a/K_w=9.0\times 10^8>500$，故可用最简式计算

$$[OH^-]=\sqrt{c_{sp}K_b}=\sqrt{0.05000\times\frac{1.0\times 10^{-14}}{1.8\times 10^{-5}}}=5.3\times 10^{-6}mol/L$$

$pH=14-pOH=14-5.28=8.72$，$\Delta pH=9.0-8.72=0.28$

$$TE\%=\frac{\sqrt{K_w}(10^{\Delta pH}-10^{-\Delta pH})}{\sqrt{c(HA)_{sp}K_a}}\times 100$$

$$=\frac{\sqrt{1.0\times10^{-14}}\times(10^{0.28}-10^{-0.28})}{\sqrt{0.05000\times1.8\times10^{-5}}}\times100=0.015\%$$

(3) 多元酸或多元碱的滴定误差

多元弱酸的滴定误差分析以磷酸为例，用浓度为 c(mol/L) 的 NaOH 标准滴定溶液滴定体积为 $V(H_3PO_4)$ (mL) 浓度为 $c(H_3PO_4)$ (mol/L) 的 H_3PO_4 溶液。滴定至第一终点时消耗 NaOH 标准滴定溶液的体积为 V_{ep1}(mL)，滴定至第二终点时消耗 NaOH 标准滴定溶液的体积为 V_{ep2}(mL)。确定终点误差的推导仍然采用质子条件式方法。

第一化学计量点时，滴定产物为 $H_2PO_4^-$，质子参考水准为 $H_2PO_4^-$，H_2O，故溶液的质子条件为 $H_3PO_4+H^+ \Longrightarrow HPO_4^{2-}+2PO_4^{3-}+OH^-$

终点过量 OH^- 的浓度为右边各组分终点浓度减去左边各组分终点浓度，即

$$[OH^-]_{过量}=[HPO_4^{2-}]+2[PO_4^{3-}]+[OH^-]-\{[H_3PO_4]+[H^+]\}$$

由于第一计量点时溶液为弱酸性，$[PO_4^{3-}]$ 和 $[OH^-]$ 均可忽略。

上式可简化为 $[OH^-]_{过量}=[HPO_4^{2-}]_{ep}-([H_3PO_4]_{ep}+[H^+]_{ep})$

$$TE\%=\frac{\{[HPO_4^{2-}]_{ep1}-([H_3PO_4]_{ep1}+[H^+]_{ep1})\}(V_0+V_{ep1})}{c(H_3PO_4)V(H_3PO_4)} \tag{3-17}$$

又因为 $c(H_3PO_4)V(H_3PO_4)=c(H_3PO_4)_{ep1}(V_0+V_{ep1})$，代入式 3-17

$$TE\%=\frac{[HPO_4{}^{2-}]_{ep1}-([H_3PO_4]_{ep1}+[H^+]_{ep1})}{c(H_3PO_4)_{ep1}} \tag{3-18}$$

式中 $[HPO_4^{2-}]_{ep}$ 和 $[H_3PO_4]_{ep}$ 可利用水解平衡关系求得

$$[HPO_4^{2-}]_{ep1}=\frac{K_{a2}[H_2PO_4^-]_{ep1}}{[H^+]_{ep1}}\approx\frac{K_{a2}c(H_3PO_4)_{ep1}}{[H^+]_{ep1}} \tag{3-19}$$

$$[H_3PO_4]_{ep1}=\frac{[H^+]_{ep1}[H_2PO_4{}^-]_{ep1}}{K_{a1}}\approx\frac{[H^+]_{ep1}c(H_3PO_4)_{ep1}}{K_{a1}} \tag{3-20}$$

将式 3-19、式 3-20 代入式 3-18 式即可求出滴定至第一终点时的终点误差。

滴定至第二化学计量点时产物为 $[H_2PO_4^-]$，质子参考水准为 $[H_2PO_4^-]$ 和 H_2O，故溶液的质子条件为

$$[H^+]_{sp2}+[H_2PO_4^-]_{sp2}+2[H_3PO_4]_{sp2}=[OH^-]_{sp2}+[PO_4^{3-}]_{sp2}$$

第二化学计量点时溶液显碱性，故 $[H^+]_{sp2}$ 和 $[H_3PO_4]_{sp2}$ 可忽略。上式简化为

$$[H_2PO_4^-]_{sp2}=[OH^-]_{sp2}+[PO_4^{3-}]_{sp2}$$

终点时过量 NaOH 的浓度为

$$[OH^-]_{过量}=[OH^-]_{ep2}+[PO_4^{3-}]_{ep2}-[H_2PO_4^-]_{ep2}$$

第二化学计量点时，磷酸的基本单元数为 $2c_0V_0$，故误差公式为

$$TE\%=\frac{[OH^-]_{过量}}{2c_0V_0}\times100$$

$$=\frac{([OH^-]_{ep2}+[PO_4^{3-}]_{ep2}-[H_2PO_4^-]_{ep2})\times(V_0+V_{ep2})}{2c(H_3PO_4)_{ep2}(V_0+V_{ep2})}\times 100$$

$$=\frac{([OH^-]_{ep2}+[PO_4^{3-}]_{ep2}-[H_2PO_4^-]_{ep2})}{2c(H_3PO_4)_{ep2}}\times 100 \quad (3\text{-}21)$$

同理式中 $[PO_4^{3-}]_{ep2}$和 $[H_2PO_4^-]_{ep2}$可由水解平衡关系求得

$$[PO_4^{3-}]_{ep2}=\frac{K_{a3}[HPO_4^{2-}]_{ep2}}{[H^+]_{ep2}}\approx\frac{K_{a3}c(H_3PO_4)_{ep2}}{[H^+]_{ep2}} \quad (3\text{-}22)$$

$$[H_2PO_4^-]_{ep2}=\frac{[H^+]_{ep2}[HPO_4^{2-}]_{ep1}}{K_{a2}}\approx\frac{[H^+]_{ep2}c(H_3PO_4)_{ep2}}{K_{a2}} \quad (3\text{-}23)$$

将式 3-22、式 3-23 代入式 3-21 即可求出滴定至第二终点时的终点误差。

以上介绍了几种滴定的滴定误差分析，对于其他体系的滴定分析，也可以按照类似的方法进行处理，滴定终点误差的计算一般分四步进行：

第一步，根据化学计量点时的质子条件写出误差公式，即过量的滴定剂浓度由质子条件右边的组分浓度减去左边的组分浓度；

第二步，根据溶液的酸碱性进行公式简化；

第三步，根据离解平衡关系，将误差公式中组分的平衡浓度用平衡常数及滴定终点产物的浓度表示；

第四步，将有关数据代入进行计算。

3.2.2 非水酸碱滴定

讨论酸碱滴定法时，我们知道许多弱酸弱碱当它们的 CK_a 或 CK_b 小于 10^{-8}，弱酸盐或弱碱盐当形成这些盐的酸或碱并不太弱时，都不能在水溶液中直接滴定。特别是一些有机物质在水中溶解度很小时也无法在水溶液中直接滴定。若在非水溶液中进行酸碱滴定，可以解决这些问题。这种采用非水溶剂作为滴定介质的滴定分析方法称为非水滴定法。非水滴定分析根据反应类型分类可分为酸碱滴定、氧化还原滴定、配位滴定和沉淀滴定，其中酸碱滴定应用较为广泛，本节主要讨论非水溶液中的酸碱滴定。

3.2.2.1 酸碱质子理论

(1) 酸碱的定义

酸碱质子理论认为：凡能给出质子（H^+）的物质是酸；凡能接受质子的物质是碱。酸碱反应是指质子的转移过程。例如，NH_3 在水中能接受水给出的质子形成 NH_4^+，而溶剂水给出质子后形成 OH^-，因此在 NH_3 与水的作用过程中 NH_3 是一种碱，溶剂水就是一种酸。

根据酸碱质子理论，酸 HA 具有给出质子的能力，$HA \rightleftharpoons H^+ + A^-$，给出质子后的 A^- 对质子具有一定的亲和力，能接受质子，因而 A^- 是一种碱。这种因质子得失而互相转变的一对酸碱，称为共轭酸碱对。即 HA 是 A^- 的共轭酸，

A^-是 HA 的共轭碱。共轭酸碱对之间的质子得失反应，称为酸碱半反应。例如：

酸碱半反应	共轭酸碱对	酸碱半反应	共轭酸碱对
$H_3O^+ \rightleftharpoons H^+ + H_2O$	H_3O^+-H_2O	$H_3PO_4 \rightleftharpoons H^+ + H_2PO_4^-$	H_3PO_4-$H_2PO_4^-$
$H_2O \rightleftharpoons H^+ + OH^-$	H_2O-OH^-	$H_2PO_4^- \rightleftharpoons H^+ + HPO_4^{2-}$	$H_2PO_4^-$-HPO_4^{2-}
$HAc \rightleftharpoons H^+ + Ac^-$	HAc-Ac^-		

由以上可以看出共轭酸碱对具有如下特征：

① 共轭酸碱对之间只差一个质子（只有一个质子传递）；

② 酸和碱既可以是电中性物质（H_2O），也可以是离子（H_3O^+、$H_2PO_4^-$）；

③ 同一物质（如 H_2O 或 $H_2PO_4^-$）在某一个共轭反应中为酸，在另一个共轭反应中为碱，即既具有给出质子的能力，也有接受质子的能力，称其为两性物质。

（2）酸碱反应

酸碱质子理论认为酸碱反应的实质是两个共轭酸碱对 HAc-Ac^-与 H_3O^+-H_2O 之间发生质子转移而达到平衡的过程。酸碱半反应是不能单独存在的，当一种酸给出质子时，必须有一种碱接受质子，反应才能实现。例如，HAc 在水溶液中能给出质子形成 Ac^-，是由于溶剂水能接受质子形成 H_3O^+，使离解反应存在，半反应及离解反应如下

HAc-Ac^-半反应：　　$HAc \rightleftharpoons H^+ + Ac^-$

H_3O^+-H_2O 半反应：$H_2O + H^+ \rightleftharpoons H_3O^+$

所以 HAc 的离解反应为　$HAc + H_2O \rightleftharpoons H_3O^+ + Ac^-$

HAc 的离解平衡常数 $K_a = \frac{[H_3O^+][Ac^-]}{[HAc]}$。$H_3O^+$ 称为水合质子，常简写为 H^+。

HAc 的共轭碱 Ac^-在水溶液中的反应为　$Ac^- + H_2O \rightleftharpoons HAc + OH^-$

则碱 Ac^-的离解常数 $K_b = \frac{[HAc][OH^-]}{[Ac^-]} = \frac{K_w}{K_a}$。

HAc 的共轭碱 Ac^-在水溶液中的离解反应就是盐类（如 NaAc）在溶液中的水解反应，而盐的水解常数（K_h）就是碱 Ac^-的离解常数（K_b），因此在质子理论中没有“盐”和“水解”的概念，而是酸与碱的反应，是两个酸碱对 HAc-Ac^-与 H_2O-OH^-之间发生质子转移的结果。

3.2.2.2 酸碱的强度

酸碱的强度可用其离解常数 K_a 或 K_b 来衡量。酸、碱的离解常数越大，其酸、碱性越强。在非水溶液中酸碱的强度不仅与酸碱本身的性质有关，而且与溶剂的性质有关。以氨为例分析其在酸性溶剂与碱性溶剂中的碱性强度。

(1) 氨在冰醋酸中的离解

氨在冰醋酸中的离解反应为 $NH_3 + HAc \longrightarrow NH_4^+ + Ac^-$

离解常数记作 $K_{b,NH_3(HAc)} = \dfrac{[NH_4^+][Ac^-]}{[NH_3]}$

氨在冰醋酸中的离解可分解为以下几种反应

$$NH_3 \cdot H_2O \rightleftharpoons NH_4^+ + OH^- \qquad K_{b,NH_3(H_2O)} = \frac{[NH_4^+][OH^-]}{[NH_3]} \tag{3-24}$$

$$HAc \rightleftharpoons H^+ + Ac^- \qquad K_{a,HAc(H_2O)} = \frac{[H^+][Ac^-]}{[HAc]} \tag{3-25}$$

$$H_2O \rightleftharpoons H^+ + OH^- \qquad K_w = [H^+][OH^-] \tag{3-26}$$

可见氨水在 HAc 中的离解反应可由反应方程式 3-24＋式 3-25－式 3-26 获得，因此氨水在 HAc 中的离解常数为

$$K_{b,NH_3(HAc)} = \frac{K_{b,NH_3(H_2O)} K_{a,HAc(H_2O)}}{K_w} = \frac{1.8\times10^{-5}\times1.75\times10^{-5}}{10^{-14}} = 3.2\times10^4$$

(2) 氨在乙二胺中的离解常数

$$NH_3 + H_2NCH_2CH_2NH_2 \rightleftharpoons NH_4^+ + H_2NCH_2CH_2NH^-$$

$$K_{b,NH_3(H_2NCH_2CH_2NH_2)} = \frac{[H_2NCH_2CH_2NH^-][NH_4^+]}{[NH_3]}$$

离解反应可分解为下面三步反应 $NH_3 \cdot H_2O \rightleftharpoons NH_4^+ + OH^-$ (3-27)

$$K_{b,NH_3(H_2O)} = \frac{[NH_4^+][OH^-]}{[NH_3]}$$

$$2H_2NCH_2CH_2NH_2 \longrightarrow H_2NCH_2CH_2NH_3^+ + H_2NCH_2CH_2NH^- \tag{3-28}$$

$$K_s = [H_2NCH_2CH_2NH_3^+][H_2NCH_2CH_2NH^-]$$

$$H_2NCH_2CH_2NH_2 + H_2O \longrightarrow H_2NCH_2CH_2NH_3^+ + OH^- \tag{3-29}$$

$$K_{b,H_2NCH_2CH_2NH_2(H_2O)} = \frac{[H_2NCH_2CH_2NH_3^+][OH^-]}{[H_2NCH_2CH_2NH_2]}$$

氨水在乙二胺中的离解可由反应方程式 3-27＋式 3-28－式 3-29 获得，因而氨水在乙二胺中的离解常数为

$$K_{b,NH_3(H_2NCH_2CH_2NH_2)} = \frac{K_{b,NH_3(H_2O)} K_s}{K_{b,H_2NCH_2CH_2NH_2(H_2O)}} = \frac{1.8\times10^{-5}\times5.0\times10^{-16}}{8.5\times10^{-5}} = 1.1\times10^{-16}$$

可见，NH_3 在冰醋酸、水和乙二胺三种溶剂中的离解常数分别为 $K_{b,NH_3(HAc)} = 3.2\times10^4$，$K_{b,NH_3} = 1.8\times10^{-5}$ 和 $K_{b,NH_3(H_2NCH_2CH_2NH_2)} = 1.1\times10^{-16}$。说明氨在冰醋酸中的碱性最强，在乙二胺中的碱性最弱。这是由于冰醋酸给出质子的能力比水强，使 NH_3 绝大部分发生离解，所以 NH_3 在冰醋酸中显较强的碱性。而 NH_3 在碱性溶剂乙二胺中，由于乙二胺的碱性比水强，给出质子能力比水弱，使 NH_3 的离解程度更小，表现为碱性较水中更弱。

由以上讨论可知，同一物质在不同溶剂中表现出的强度不同，因此酸或碱的强度不仅与自身的离解常数有关而且与溶剂的性质有关。即酸的强度取决于酸将质子给出的能力以及溶剂分子接受质子的能力；碱的强度取决于碱获得质子的能力以及溶剂分子给出质子的能力。

(3) 拉平效应和区分效应

根据酸碱质子理论，酸或碱的强度除与自身给出质子或获得质子的能力有关外，还与溶剂的性质有关。实验证明，$HClO_4$、H_2SO_4、HCl 和 HNO_3 四种酸在浓度不高时，在水中均为强酸，而在冰醋酸中则表现出不同的强度，酸性由强到弱的顺序为：$HClO_4 > H_2SO_4 > HCl > HNO_3$。

$$HClO_4 + HAc \rightleftharpoons H_2Ac^+ + ClO_4^- \qquad pK_a = 5.8$$

$$H_2SO_4 + HAc \rightleftharpoons H_2Ac^+ + HSO_4^- \qquad pK_a = 8.2$$

$$HCl + HAc \rightleftharpoons H_2Ac^+ + Cl^- \qquad pK_a = 8.8$$

$$HNO_3 + HAc \rightleftharpoons H_2Ac^+ + NO_3^- \qquad pK_a = 9.4$$

以水作溶剂时，由于水的得质子能力很强，各种酸的质子全部被夺取形成 H_3O^+，各种酸均全部离解，因此都表现为强酸。这种将不同强度的酸拉平到溶剂化质子水平的现象称为拉平效应。具有拉平效应的溶剂称拉平性溶剂。例如水是高氯酸、硫酸、盐酸以及硝酸四种酸的拉平溶剂。

在冰醋酸溶剂中，由于冰醋酸夺取（或说接受）质子的能力比水弱，使四种酸不能全部将其质子转移给冰醋酸，酸离解受到影响，因此表现出的酸性就有了差异。这种能区分酸或碱强度的现象称为区分效应。具有区分效应的溶剂称为区分性溶剂。冰醋酸就是上述四种酸的区分性溶剂。

溶剂的拉平效应和区分效应，与溶质和溶剂的酸碱相对强度有关。一种溶剂对某些酸或碱具有拉平效应，但对另一些酸或碱则可能具有区分效应。例如，水对 HCl、HNO_3 具有拉平效应，对 HAc、HCl 则具有区分效应；冰酸酸对 HCl、HNO_3 具有区分效应，对弱碱性物质吡啶、苯胺则具有拉平效应。

在非水溶液的酸碱滴定中，可以利用溶剂的拉平效应测定各种碱或酸的总量或增强被测物质的酸碱性使之可以被滴定；利用溶剂的区分效应分别测定各种酸或各种碱的含量。

3.2.2.3 非水酸碱滴定的溶剂

非水酸碱滴定中常用的溶剂种类较多，根据溶剂是否具有给出质子的能力分为两大类，能给出及接受质子的溶剂称为两性溶剂，不能给出质子的溶剂称为非释质子溶剂。

(1) 两性溶剂

这类溶剂既具有给出质子的能力，又有接受质子的能力。溶剂分子之间具有质子传递作用，既可以作为酸，又可以作为碱。根据其酸碱性的强弱可进一步分为酸性溶剂、碱性溶剂及中性溶剂。

① 酸性溶剂 酸性溶剂的酸性比水强，较易给出质子。如冰醋酸、醋酐、甲酸等属于这一类，适合于在弱碱性物质的滴定中作介质。

② 碱性溶剂 碱性溶剂的碱性较水强，较易接受质子。如乙二胺、丁胺等，适合于在弱酸性物质的滴定中作介质。

③ 中性溶剂 中性溶剂没有明显的酸碱性，当溶质是酸时，这种溶剂显碱性；溶质是碱时溶剂则显酸性。例如甲醇、乙醇、乙二醇、异丙醇等。中性溶剂适合于在较强酸、碱的滴定中作介质。

(2) 非释质子性溶剂

这类溶剂没有给出质子的能力，故溶剂分子之间没有质子自递反应。但有些溶剂具有接受质子的能力，因而溶液中有溶剂化质子的形成，但不可能有溶剂化的阴离子。根据溶剂分子接受质子的能力不同，非释质子性溶剂又可分为：极性亲质子溶剂、极性疏质子溶剂和惰性溶剂。

① 极性亲质子溶剂 这类溶剂具有较强的接受质子的能力，显示较强的碱性。如吡啶、二甲基甲酰胺等。

② 极性疏质子溶剂 这类溶剂虽具有接受质子的能力，但能力较弱，仅有较微弱的碱性。如丙酮、甲基异丁基酮等。

③ 惰性溶剂 惰性溶剂不具有质子传递作用，质子转移只发生在溶质和滴定剂之间，没有拉平效应，各种物质在惰性溶剂中保留原有的酸碱性。如苯、四氯化碳、氯仿都是惰性溶剂。惰性溶剂常与其他溶剂混合使用，以增大溶解，使滴定终点更为明显。常用的混合溶剂有苯-冰醋酸、苯-甲醇、三氯甲烷-冰醋酸等。

3.2.2.4 非水滴定条件的选择

非水溶液中的酸碱滴定是应用溶剂的拉平效应或区分效应，使某些在水溶液中不能进行的酸碱滴定能在非水溶液中得以进行。例如在水溶液中一些难于被滴定的弱酸（$cK_a<10^{-8}$），可以选用碱性溶剂使其酸性增强；一些难于被滴定的弱碱（$cK_b<10^{-8}$），则选用酸性溶剂使其碱性增强，然后再用酸碱标准滴定溶液加以滴定。

例如，吡啶是一种极弱的有机碱（$K_b=1.7\times10^{-9}$），在水溶液难以直接滴定。如选用冰醋酸作溶剂，由于冰醋酸给出质子的能力比水强（酸性比水强），使吡啶碱性增强，可以用高氯酸的冰醋酸溶液进行滴定。其反应方程式表示如下。

吡啶的离解反应 $C_5H_5N+HAc \rightleftharpoons C_5H_5NH^+ + Ac^-$

高氯酸的离解反应 $HClO_4+HAc \rightleftharpoons H_2Ac^+ + ClO_4^-$

滴定反应 $H_2Ac^+ + Ac^- \rightleftharpoons 2HAc$

高氯酸滴定吡啶的总反应 $C_5H_5N+HClO_4 \rightleftharpoons C_5H_5NH^+ + ClO_4^-$

$$K_{b,C_5H_5N(HAc)}=\frac{[C_5H_5NH^+][Ac^-]}{[C_5H_5N]}=\frac{K_{b,C_5H_5N}K_{a,HAc}}{K_w}$$

溶剂冰醋酸在滴定过程中起传递质子的作用，吡啶在冰醋酸介质中比在水中的滴定突跃范围大，有利于终点的判断。

因此，在非水溶液中进行酸碱滴定的过程是通过非水溶剂传递质子，使原来较弱的酸或碱的酸碱性增强，与滴定剂反应时能产生明显的突跃，从而能选择适当的方法判断终点。

对于混合酸或碱，利用溶剂的拉平效应，可测定混合酸或碱的总量；利用溶剂的区分效应，可分别测定混合酸或碱中各组分的含量。

（1）溶剂的选择

在非水滴定中溶剂的选择非常重要，由于溶剂的酸碱性直接影响滴定反应的完全程度，所以选择溶剂时，首先要根据待测物的性质考虑溶剂的酸碱性。具体方法如下。

① 滴定弱酸时，应选用酸性比水更弱的溶剂，酸性越弱越好，通常选用碱性溶剂或非释质子溶剂。

② 滴定弱碱时，应选用碱性比水更弱的溶剂，通常选用弱酸性溶剂或非释质子性溶剂。

③ 对于强酸（或强碱）混合物的分步滴定，应选择区分性溶剂。例如 $HClO_4$、H_2SO_4、HCl 和 HNO_3 混合物的分步滴定，应选择碱性比水弱的溶剂，通常可选择弱酸性溶剂或非释质子极性疏质子溶剂或惰性溶剂。

另外，在选择非水滴定中所用的溶剂时一般还应注意：

① 溶剂应能溶解试样及滴定反应的产物；

② 溶剂应具有纯度高，黏度小，挥发性低，使用安全等特点。

（2）标准滴定溶液的选择

非水酸碱滴定中常用的酸性标准滴定溶液主要有高氯酸标准滴定溶液，碱性标准滴定溶液主要有甲醇钠、甲醇钾以及氢氧化四丁基胺的苯-甲醇溶液。

① 高氯酸标准滴定溶液　高氯酸在冰醋酸中表现为强酸，常用作测定弱碱性物质的标准滴定溶液。

市售高氯酸含量（体积分类）为 70%～72%，使用时需加入乙酸酐除去水分（水分超过 2%，指示剂变色终点将不清晰）。乙酸酐不宜过量，否则在测定芳香族第一胺或第二胺时会发生乙酰化反应，影响分析结果的准确度。乙酸酐的用量一般通过计算得出。首先求出所取用高氯酸中水的量，再由水的质量求所需醋酐的量。

当高氯酸与醋酐混合时发生剧烈反应，并放出大量热。配制时应在搅拌下将高氯酸注入部分冰醋酸中，室温下搅拌滴加醋酐，冷却后用冰醋酸稀释。由于高氯酸具有氧化性和腐蚀性，与有机物接触，遇热易引起爆炸，操作时应引起注意。

按此法配得的 $HClO_4$ 溶液含有水分为 0.01%～0.02%，可以满足一般分析要求。当高氯酸有少量分解或氧化冰醋酸中的杂质而使溶液变黄时，不宜再作标准滴定溶液使用。

使用高氯酸溶液较适宜的温度为15～25℃。温度过低，有冰醋酸凝固；温度过高，醋酸挥发，分析误差增大。

冰醋酸的体积膨胀系数较大，如果滴定温度与标定温度相差2℃以上时，溶液体积的变化不应该忽略。一般规定在使用前标定，以使标定 $HClO_4$ 时的温度与使用该溶液滴定时的温度相同。

标定高氯酸溶液，常用邻苯二甲酸氢钾作基准物，以结晶紫（或甲基紫）为指示剂，滴定终点由紫色变为蓝色（微带紫色）。滴定反应如下

$$C_6H_4(COOK)(COOH) + HClO_4 \longrightarrow C_6H_4(COOH)(COOH) + KClO_4$$

② 甲醇钠标准滴定溶液　甲醇钠溶液用作测定弱酸的标准滴定溶液。甲醇钠溶液的配制是先由金属钠与甲醇反应生成甲醇钠，所得溶液再用苯稀释，即得 CH_3ONa 的苯-甲醇溶液。

标定甲醇钠溶液，可用苯甲酸作基准物，以百里酚蓝为指示剂，由黄色变为蓝色即为终点。滴定反应如下

$$C_6H_5COOH + CH_3ONa \longrightarrow CH_3OH + C_6H_5COONa$$

（3）终点检测方法的选择

检测非水滴定终点最常用的是电位法和指示剂法。

电位法一般以玻璃电极或锑电极为指示电极，饱和甘汞电极为参比电极，通过绘制滴定曲线来确定滴定终点。

用指示剂确定滴定终点，关键是选择合适的指示剂。非水溶液酸碱滴定所用指示剂大多是一般的酸碱指示剂，其变色范围随溶剂而异。通常是用实验方法来确定，即在电位滴定的同时观察指示剂颜色的变化，选择与电位滴定终点符合的指示剂。不同溶剂中所常用的指示剂如表3-2所示。

表3-2　非水溶液酸碱滴定常用的指示剂

待测物	溶剂	指示剂
弱碱性物质(胺类、生物碱、含氮杂环等)	酸性溶剂(冰醋酸)	甲基紫、结晶紫、中性红
弱酸性物质(磺酰胺等)	碱性溶剂(乙二胺、丁胺等)	百里酚蓝、偶氮紫、邻硝基苯胺、对羟基偶氮紫、酚酞
弱酸性物质(高级羧酸、氨基酸的羧基等)	极性亲质子溶剂(二甲基甲酰胺、吡啶等)	

3.2.2.5 非水酸碱滴定应用实例

利用非水滴定可以测定一些酸性物质，如磺酸、羧酸、酚类、氨基酸、磺酰胺等有机物和无机极弱酸；还可以测定一些碱性物质，如胺类、生物碱、含氮杂环化合物及无机弱碱等。

（1）醋酸钠含量的测定

醋酸钠在水溶液中是一种很弱的碱（$K_b=5.6\times10^{-10}$），不能用酸碱滴定法直接滴定。醋酸钠在冰醋酸溶剂中碱性增强，$pK_b=6.68$，可以用 $HClO_4$ 标准滴定溶液滴定，以结晶紫为指示剂，由紫变蓝绿色为终点。

（2）α-氨基酸的测定

α-氨基酸分子中含有酸性的羧基（—COOH）和碱性的氨基（$—NH_2$），在水溶液中羧基的酸性和氨基的碱性都很弱，无法准确滴定。在非水介质中则可进行滴定。

α-氨基酸可以在二甲基甲酰胺碱性溶剂中，以百里酚蓝为指示剂，用甲醇钾或季胺碱标准滴定溶液滴定。

$$R-\underset{NH_2}{\overset{H}{\underset{|}{\overset{|}{C}}}}-COOH + CH_3OK = R-\underset{NH_2}{\overset{H}{\underset{|}{\overset{|}{C}}}}-COOK + CH_3OH$$

α-氨基酸也可在冰醋酸等酸性溶剂中进行滴定。以甲基紫或结晶紫作指示剂，用 $HClO_4$ 标准滴定溶液滴定，终点为蓝绿色。滴定反应如下：

$$R-\underset{NH_2}{\overset{H}{\underset{|}{\overset{|}{C}}}}-COOH + HClO_4 = R-\underset{NH_3^+ClO_4^-}{\overset{H}{\underset{|}{\overset{|}{C}}}}-COOH$$

对于难溶于冰醋酸溶剂的试样，可采用返滴定法。将试样溶于过量 $HClO_4$ 标准滴定溶液中，待试样溶解完全后，用 NaAc 的冰醋酸标准滴定溶液回滴剩余的 $HClO_4$。

3.2.3 配位滴定

配位滴定是以形成配位化合物反应为基础的滴定分析法。配位滴定法常用于测定金属离子，这种方法在钢铁分析、硅酸盐分析等方面有着十分广泛的应用。目前，常用的有机配位剂是氨羧配位剂，其中以EDTA应用最为广泛。本书主要讨论滴定条件和误差的问题。

3.2.3.1 配位滴定的可行性判断

在酸碱滴定中，随着滴定剂的加入，溶液中 H^+ 的浓度也在变化，当到达化学计量点时，溶液 pH 发生突变。配位滴定的情况与酸碱滴定相似。在一定 pH 条件下，随着配位滴定剂的加入，金属离子不断与配位剂反应生成配合物，其浓度不断减少。当滴定到达化学计量点时，金属离子浓度（pM）发生突

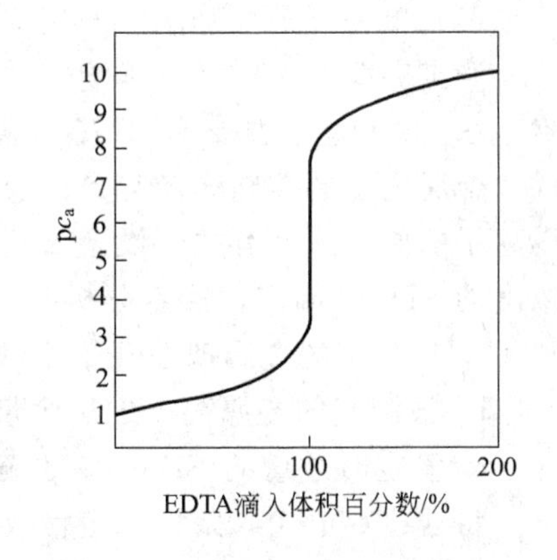

图 3-7　pH＝12 时 0.01000mol/L EDTA 滴定 0.01000mol/L Ca^{2+} 的滴定曲线

变。若将滴定过程各点 pM 与对应的配位剂的加入体积绘成曲线，即可得到配位滴定曲线，见图 3-7。

尽管配位滴定比酸碱滴定复杂得多，但两者仍有许多相似之处，酸碱滴定中的一些处理方法也适用于配位滴定。配位滴定中滴定突跃越大，就越容易准确地指示终点。由图 3-8、图 3-9 可知，配合物的条件稳定常数和被滴定金属离子的浓度是影响突跃范围的主要因素。

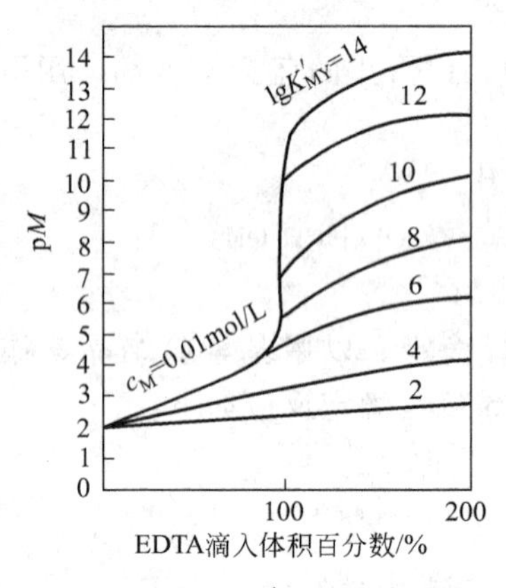

图 3-8 不同 $\lg K'_{MY}$ 的滴定曲线

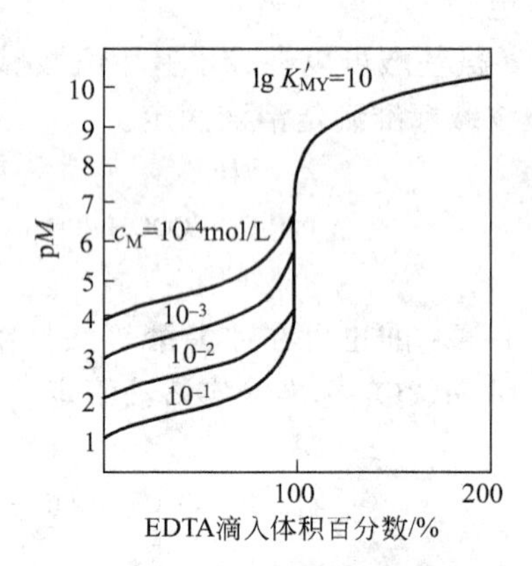

图 3-9 EDTA 滴定不同浓度溶液的滴定曲线

配合物的条件稳定常数 $\lg K'_{MY}$ 越大，滴定突跃（ΔpM）越大；金属离子 c_M 越大，滴定突跃越大。决定配合物 $\lg K'_{MY}$ 大小的因素，首先是绝对稳定常数 $\lg K_{MY}$(内因)，但对某一指定的金属离子来说，绝对稳定常数 $\lg K_{MY}$ 是一常数，此时溶液酸度、配位掩蔽剂及其他辅助配位剂的配位作用将起决定作用。

(1) 单一离子准确滴定的判别式

滴定突跃的大小是准确滴定的重要依据之一。而影响滴定突跃大小的主要因素是 c_M 和 K'_{MY}，那么 c_M、K'_{MY} 值要多大才有可能准确滴定金属离子呢？

金属离子的准确滴定与允许误差和检测终点方法的准确度有关，还与被测金属离子的原始浓度有关。设金属离子的原始浓度为 c_M(对终点体积而言)，用等浓度的 EDTA 滴定，滴定分析的允许误差为 E_t，在化学计量点时：

a. 被测定的金属离子几乎全部发生配位反应，即 $[MY]=c_M$。

b. 被测定的金属离子的剩余量应符合准确滴定的要求，即 $c_{M(余)} \leqslant c_M E_t$。

c. 滴定时过量的 EDTA，也符合准确度的要求，即 $c_{EDTA(余)} \leqslant c(EDTA)E_t$。

将这些数值代入条件稳定常数的关系式得

$$K'_{MY}=\frac{[MY]}{c_{M(余)}c_{EDTA(余)}} \qquad K'_{MY} \geqslant \frac{c_M}{c_M E_t c(EDTA) E_t}$$

由于 $c_M=c(EDTA)$，不等式两边取对数，整理后得 $\lg c_M K'_{MY} \geqslant -2\lg E_t$

若允许误差 E_t 为0.1%，得 $\lg c_M K'_{MY} \geqslant 6$ (3-30)

式3-30为单一金属离子准确滴定可行性条件。

在金属离子的原始浓度 c_M 为0.010mol/L的特定条件下，则

$$\lg K'_{MY} \geqslant 8 \tag{3-31}$$

式3-31是在上述条件下准确滴定M时，$\lg K'_{MY}$的允许低限。

与酸碱滴定相似，若降低分析准确度的要求，或改变检测终点的准确度，则滴定要求的 $\lg c_M K'_{MY}$也会改变，例如

$E_t = \pm 0.5\%$，$\Delta pM = \pm 0.2$，$\lg c_M K'_{MY} = 5$ 时也可以滴定；

$E_t = \pm 0.3\%$，$\Delta pM = \pm 0.2$，$\lg c_M K'_{MY} = 6$ 时也可以滴定；

【例3-3】 在 pH＝2.00 和 pH＝5.00 的介质中（$\alpha_{Zn} = 1$），能否用0.010mol/L EDTA准确滴定0.010mol/L Zn^{2+}？

解： 查表得 $\lg K_{ZnY} = 16.50$；查酸效应系数表得：pH＝2.00时，$\lg \alpha_{Y(H)} = 13.51$

按题意 $\lg K'_{MY} = 16.50 - 13.51 = 2.99 < 8$，查酸效应系数表得：pH＝5.00时 $\lg \alpha_{Y(H)} = 6.45$，

则 $$\lg K'_{MY} = 16.50 - 6.45 = 10.05 > 8$$

所以，当pH＝2.00时，Zn^{2+}是不能被准确滴定的，而pH＝5.00时可以被准确滴定。

由此例计算可看出，用EDTA滴定金属离子，若要准确滴定必须选择适当的pH。因为酸度是金属离子被准确滴定的重要影响因素。

（2）单一离子滴定的最低酸度（最高pH）与最高酸度（最低pH）

稳定性高的配合物，溶液酸度略为高些亦能准确滴定。而对于稳定性较低的，酸度高于某一值，就不能被准确滴定了。通常较低的酸度条件对滴定有利，但为了防止一些金属离子在酸度较低的条件下发生羟基化反应甚至生成氢氧化物，必须控制适宜的酸度范围。

① 最高酸度（最低pH） 若滴定反应中除EDTA酸效应外，没有其他副反应，则根据单一离子准确滴定的判别式，在被测金属离子的浓度为0.01mol/L时，$\lg K'_{MY} \geqslant 8$，因此 $\lg K'_{MY} = \lg K_{MY} - \lg \alpha_{Y(H)} \geqslant 8$

即 $$\lg \alpha_{Y(H)} \leqslant \lg K_{MY} - 8 \tag{3-32}$$

将各种金属离子的 $\lg K_{MY}$代入式3-32，即可求出对应的最大 $\lg \alpha_{Y(H)}$值，再查表得与它对应的最小pH。例如，对于浓度为0.01mol/L的 Zn^{2+}溶液的滴定，以 $\lg K_{ZnY} = 16.50$ 代入式3-32得 $\lg \alpha_{Y(H)} \leqslant 8.5$。

从酸效应系数表可查得pH≥4.0，即滴定 Zn^{2+}允许的最小pH为4.0。将金属离子的 $\lg K_{MY}$值与最小pH（或对应的 $\lg \alpha_{Y(H)}$与最小pH）绘成曲线，称为酸效应曲线，如图3-10所示。

实际工作中，利用酸效应曲线可查得单独滴定某种金属离子时所允许的最低pH；还可以看出混合离子中哪些离子在一定pH范围内有干扰（这部分内容将

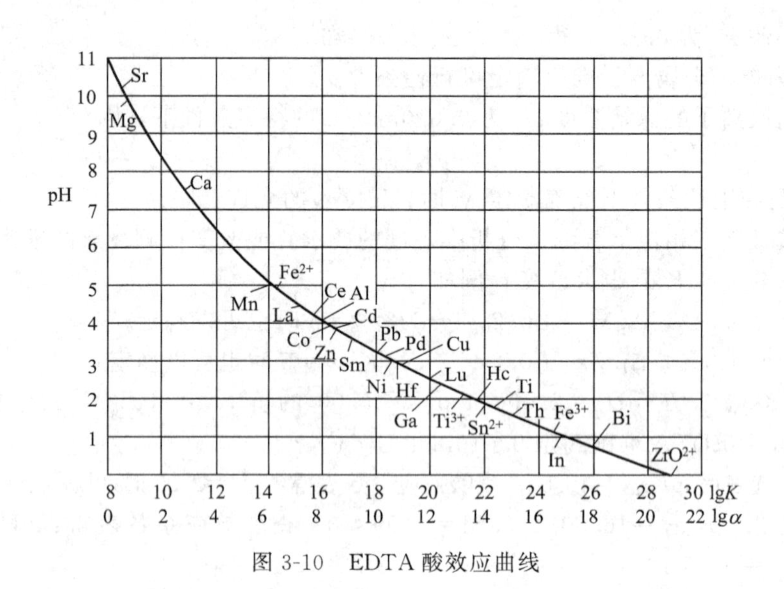

图 3-10 EDTA 酸效应曲线

在下面讨论)。另外，酸效应曲线还可当 $\lg\alpha_{Y(H)}$-pH 曲线使用。

必须注意，使用酸效应曲线查单独滴定某种金属离子的最低 pH 的前提是：金属离子浓度为 0.01mol/L；允许测定的相对误差为±0.1%；溶液中除 EDTA 酸效应外，金属离子未发生其他副反应。如果前提变化，曲线将发生变化，因此要求的 pH 也会有所不同。

② 最低酸度（最高 pH） 为了能准确滴定被测金属离子，滴定时酸度一般都大于所允许的最小 pH，但溶液的酸度不能过低，因为酸度太低，金属离子将会发生水解形成 $M(OH)_n$ 沉淀。除影响反应速度使终点难以确定之外，还影响反应的计量关系，因此需要考虑滴定时金属离子不水解的最低酸度（最高 pH）。

在没有其他配位剂存在下，金属离子不水解的最低酸度可由 $M(OH)_n$ 的溶度积求得。如前例中为防止开始时形成 $Zn(OH)_2$ 的沉淀必须满足下式

$$[OH]=\sqrt{\frac{K_{SP(Zn(OH)_2)}}{[Zn^{2+}]}}=\sqrt{\frac{10^{-15.3}}{2\times10^{-2}}}=10^{-6.8}\text{，即}\quad pH=7.2$$

因此，EDTA 滴定浓度为 0.01mol/L Zn^{2+} 溶液应在 pH 为 4.0～7.2 范围内，pH 越近高限，K'_{MY}就越大，滴定突跃也越大。若加入辅助配位剂（如氨水、酒石酸等），则 pH 还会更高些。例如在氨性缓冲溶液存在下，可在 pH=10 时滴定 Zn^{2+}。

如若加入酒石酸或氨水，可防止金属离子生成沉淀。但由于辅助配位剂的加入会导致 K'_{MY}降低，因此必须严格控制其用量，否则将因为 K'_{MY}太小而无法准确滴定。

(3) 用指示剂确定终点时滴定的最佳酸度

以上是从滴定主反应讨论滴定适宜的酸度范围，但实际工作中还需要用指示

剂来指示滴定终点，而金属指示剂只能在一定的 pH 范围内使用，且由于酸效应，指示剂的变色点不是固定的，它随溶液的 pH 而改变，因此在选择指示剂时必须考虑体系的 pH。指示剂变色点与化学计量点最接近时的酸度即为指示剂确定终点时滴定的最佳酸度。当然，是否合适还需要通过实验来检验。

【例 3-4】 计算 0.020mol/L EDTA 滴定 0.020mol/L Cu^{2+} 的适宜酸度范围。

解： 能准确滴定 Cu^{2+} 的条件是 $\lg c_M K'_{MY} \geqslant 6$，考虑滴定至化学计量点时体积增加至一倍，故 $c_{Cu}^{2+} = 0.010mol/L$，$\lg K_{CuY} - \lg\alpha_{Y(H)} \geqslant 8$，即 $\lg\alpha_{Y(H)} \leqslant 18.80 - 8.0 = 10.80$。

查图 3-10，当 $\lg\alpha_{Y(H)} = 10.80$ 时，pH=2.9，此为滴定允许的最高酸度。

滴定 Cu^{2+} 时，最低允许酸度为 Cu^{2+} 不产生水解时的 pH。

因为 $$[Cu^{2+}][OH^-]^2 = K_{sp}[Cu(OH)_2] = 10^{-19.66}$$

所以 $$[OH^-] = \sqrt{\frac{10^{-19.66}}{0.02}} = 10^{-8.98}，即 \quad pH = 5.0$$

所以，用 0.020mol/L EDTA 滴定 0.020mol/L Cu^{2+} 的适宜酸度范围 pH 为 2.9～5.0。

必须指出，由于配合物的形成常数，特别是与金属指示剂有关的平衡常数目前还不齐全，有的可靠性还较差，理论处理结果必须由实验来检验。从原则上讲，在配位滴定的适宜酸度范围内滴定，均可获得较准确的结果。

(4) 配位滴定中缓冲溶液的作用

配位滴定过程中会不断释放出 H^+，即

$$M^{n+} + H_2Y^{2-} = MY^{(4-n)-} + 2H^+$$

使溶液酸度增高而降低 K'_{MY} 值，影响到反应的完全程度，同时还会减小 K'_{MIn} 值使指示剂灵敏度降低。因此配位滴定中常加入缓冲溶液控制溶液的酸度。

在弱酸性溶液（pH 5～6）中滴定，常使用醋酸缓冲溶液或六次甲基四胺缓冲溶液；在弱碱性溶液（pH 8～10）中滴定，常采用氨性缓冲溶液。在强酸中滴定（如 pH=1 时滴定 Bi^{3+}）或强碱中滴定（如 pH=13 时滴定时 Ca^{2+}），强酸或强碱本身就是缓冲溶液，具有一定的缓冲作用。在选择缓冲溶液时，不仅要考虑缓冲剂所能缓冲的 pH 范围，还要考虑缓冲溶液是否会引起金属离子的副反应而影响反应的完全程度。例如，在 pH=5 时用 EDTA 滴定 Pb^{2+}，通常不用醋酸缓冲溶液，因为 Ac^- 会与 Pb^{2+} 配位，降低 PbY 的条件形成常数。此外，所选的缓冲溶液还必须有足够的缓冲容量才能控制溶液 pH 基本不变。

(5) 混合离子的选择性滴定

以上讨论的是单一金属离子配位滴定的情况。实际工作中，我们遇到的常为多种离子共存的试样，而 EDTA 又是具有广泛配位性能的配位剂，若溶液中含有能与 EDTA 形成配合物的金属离子 M 和 N，且 $K_{MY} > K_{NY}$，则用 EDTA 滴定时，首先被滴定的是 M。如若 K_{MY} 与 K_{NY} 相差足够大，此时可准确滴定 M 离

子（若有合适的指示剂），而N离子不干扰。滴定M离子后，若N离子满足单一离子准确滴定的条件，则又可继续滴定N离子，此时称EDTA可分别滴定M和N。问题是K_{MY}与K_{NY}相差多大才能分步滴定？滴定应在何酸度范围内进行？

用EDTA滴定含有离子M和N的溶液，若M未发生副反应，溶液中的平衡关系如下：

$$\begin{array}{ccccc} M & + & Y & \rightleftharpoons & MY \\ & H\swarrow & & \searrow N & \\ & HY & & NY & \\ & \vdots & & & \\ & H_6Y & & & \end{array}$$

当$K_{MY}>K_{NY}$，且$\alpha_{Y(N)}\gg\alpha_{Y(H)}$情况下，可推导出（省略推导）

$$\lg(c_M K'_{MY})=\lg K_{MY}-\lg K_{NY}+\lg\frac{c_M}{c_N}，或\quad \lg(c_M K'_{MY})=\Delta\lg K+\lg\left(\frac{c_M}{c_N}\right)$$

上式说明，两种金属离子配合物的稳定常数相差越大，被测离子浓度（c_M）越大，干扰离子浓度（c_N）越小，则在N离子存在下滴定M离子的可能性越大。至于两种金属离子配合物的稳定常数要相差多大才能准确滴定M离子而N离子不干扰，这就决定于所要求的分析准确度和两种金属离子的浓度比$\frac{c_M}{c_N}$及终点和化学计量点pM差值（ΔpM）等因素。

① 分步滴定可能性的判别

由以上讨论可推出，若溶液中只有M、N两种离子，当ΔpM=±0.2（目测终点一般有±0.2～0.5ΔpM的出入），$E_t\leqslant\pm0.1\%$时，要准确滴定M离子，而N离子不干扰，必须使

$$\lg(c_M K'_{MY})\geqslant6，即\ \Delta\lg K+\lg\left(\frac{c_M}{c_N}\right)\geqslant6 \qquad (3\text{-}33)$$

式3-33是判断能否用控制酸度办法准确滴定M离子，而N离子不干扰的判别式。滴定M离子后，若$\lg c_N K'_{NY}\geqslant6$，则可继续准确滴定N离子。

如果ΔpM=±0.2，$E_t\leqslant\pm0.5\%$（混合离子滴定通常允许误差≤±0.5%）时，则可用下式来判别控制酸度分别滴定的可能性。

$$\Delta\lg K+\lg\left(\frac{c_M}{c_N}\right)\geqslant5 \qquad (3\text{-}34)$$

② 分别滴定的酸度控制

a. 最高酸度（最低pH） 选择滴定M离子的最高酸度与单一金属离子滴定最高酸度的求法相似。即当$c_M=0.01$mol/L，$E_t\leqslant\pm0.5\%$时，$\lg\alpha_{Y(H)}\leqslant\lg K_{MY}-8$

根据$\lg\alpha_{Y(H)}$查出对应的pH即为最高酸度。

b. 最低酸度（最高pH） 根据式3-34N离子不干扰M离子滴定的条件是：

$$\Delta \lg K+\lg\left(\frac{c_M}{c_N}\right)\geqslant 5$$

即
$$\lg c_M K'_{MY}-\lg c_N K'_{NY}\geqslant 5$$

由于准确滴定 M 时，$\lg c_M K'_{MY}\geqslant 6$，因此 $\lg c_N K'_{NY}\leqslant 1$　　(3-35)

当 $c_N=0.01\text{mol/L}$ 时，$\lg\alpha_{Y(H)}\geqslant \lg K_{NY}-3$，根据 $\lg\alpha_{Y(H)}$ 查出对应的 pH 即为最高 pH。

值得注意的是，易发生水解反应的金属离子若在所求的酸度范围内发生水解反应，则适宜酸度范围的最低酸度为形成 $M(OH)_n$ 沉淀时的酸度。

滴定 M 和 N 离子的酸度控制仍使用缓冲溶液，并选择合适的指示剂，以减少滴定误差。如果 $\Delta \lg K+\lg\left(\frac{c_M}{c_N}\right)\leqslant 5$，则不能用控制酸度的方法分步滴定。

M 离子滴定后，滴定 N 离子的最高酸度、最低酸度及适宜酸度范围，与单一离子滴定相同。

【例 3-5】 溶液中 Pb^{2+} 和 Ca^{2+} 浓度均为 $2.0\times 10^{-2}\text{mol/L}$。如用相同浓度 EDTA 滴定，要求 $E_t\leqslant\pm 0.2\%$，问：(1) 能否用控制酸度分步滴定？(2) 求滴定 Pb^{2+} 的酸度范围。

解：(1) 已知 $c(Pb^{2+})=c(Ca^{2+})=2.0\times 10^{-2}\text{mol/L}$，$E_t\leqslant\pm 0.2\%$，

且查表得 $\lg K_{PbY}=18.0$，$\lg K_{CaY}=10.7$，根据式(3-33) $\Delta \lg K+\lg\left(\frac{c_M}{c_N}\right)\geqslant 6$

$\Delta \lg K+\lg\left(\frac{c_{Pb}}{c_{Ca}}\right)=18.0-10.7+0=7.3\geqslant 6$，所以可以通过控制酸度进行分步滴定。

(2) 根据准确滴定 Pb^{2+} 的条件 $\lg c_{Pb^{2+}} K'_{PbY}\geqslant 6$，

$$\lg c_{Pb^{2+}}+\lg K'_{PbY}\geqslant 6$$
$$\lg(2\times 10^{-2})+\lg K_{PbY}-\lg\alpha_{Y(H)}\geqslant 6$$
$$\lg\alpha_{Y(H)}\leqslant 18.0-6+\lg(2\times 10^{-2})=10.3$$

查表得 pH≥3.2

根据式 3-35，

$$\lg c_{Ca^{2+}} K'_{CaY}\leqslant 1$$
$$\lg(2\times 10^{-2})+\lg K_{CaY}-\lg\alpha_{Y(H)}\leqslant 1$$
$$\lg\alpha_{Y(H)}\geqslant 10.7-1+\lg(2\times 10^{-2})=8.0$$

查表得 pH≤4.0

因此，准确滴定 Pb^{2+} 而 Ca^{2+} 不干扰的酸度范围是：pH 3.2～4.0。

考虑到 Pb^{2+} 的水解作用，

$$[OH]\leqslant\sqrt{\frac{K_{sp}[Pb(OH)_2]}{[Pb^{2+}]}}\text{；即}[OH]=\sqrt{\frac{10^{-15.7}}{2\times 10^{-2}}}=10^{-7}\text{，pH}\leqslant 7.0$$

可见，在 pH≤4.0 时 Pb^{2+} 不水解。所以，滴定 Pb^{2+} 适宜的酸度范围是 pH 3.2～4.0。

【例 3-6】 溶液中含 Ca^{2+}、Mg^{2+}，浓度均为 1.0×10^{-2} mol/L，用相同浓度 EDTA 滴定 Ca^{2+}，将溶液 pH 调到 12，问：若要求 $E_t\leqslant\pm0.1\%$，Mg^{2+} 对滴定有无干扰。

解： pH=12 时，

$$[Mg^{2+}]=\frac{K_{sp,Mg(OH)_2}}{[OH^-]^2}=\frac{1.8\times10^{-11}}{10^{-4}}\text{mol/L}=1.8\times10^{-7}\text{mol/L}$$

查 $\lg K_{CaY}=10.69$，$\lg K_{MgY}=8.69$，$\Delta\lg K+\lg\frac{c_M}{c_N}=10.69-8.69+\lg\frac{10^{-2}}{1.8\times10^{-7}}=6.74>6$

所以 Mg^{2+} 对 Ca^{2+} 的滴定无干扰。

3.2.3.2 提高配位滴定选择性的方法

在实际工作中，我们遇到的常为多种离子共存的试样，而 EDTA 又是具有广泛配位性能的配位剂，通过上面的讨论可以看出控制溶液酸度在提高配位滴定选择性中的重要性。除了酸度，配位掩蔽剂及其他辅助配位剂的配位作用对配位滴定的准确度也起到决定作用。

（1）使用掩蔽剂的选择性滴定

当 $\lg K_{MY}-\lg K_{NY}<5$ 时，采用控制酸度分别滴定已不可能，这时可利用加入掩蔽剂来降低干扰离子的浓度以消除干扰。掩蔽方法按掩蔽反应类型的不同分为配位掩蔽法、氧化还原掩蔽法和沉淀掩蔽法等。

（2）其他滴定剂的应用

氨羧配位剂的种类很多，除 EDTA 外，还有不少种类的氨羧配位剂，它们与金属离子形成配位化合物的稳定性各具特点。选用不同的氨羧配位剂作为滴定剂，可以选择性地滴定某些离子。

① EGTA（乙二醇二乙醚二胺四乙酸）

EGTA 和 EDTA 与 Mg^{2+}、Ca^{2+}、Sr^{2+}、Ba^{2+} 所形成的配合物的 lg*K* 值比较如下。

lg*K*	Mg^{2+}	Ca^{2+}	Sr^{2+}	Ba^{2+}
M-EGTA	5.2	11.0	8.5	8.4
M-EDTA	8.7	10.7	8.6	7.6

可见，如果在大量 Mg^{2+} 存在下滴定，采用 EDTA 为滴定剂进行滴定，则 Mg^{2+} 的干扰严重。若用 EGTA 为滴定剂滴定，Mg^{2+} 的干扰就很小。因此，选用 EGTA 作滴定剂选择性高于 EDTA。

② EDTP(乙二胺四丙酸)

EDTP与金属离子形成的配合物的稳定性普遍比相应的EDTA配合物的差，但Cu-EDTP除外，其稳定性仍很高。EDTP和EDTA与Cu^{2+}、Zn^{2+}、Cd^{2+}、Mn^{2+}、Mg^{2+}所形成的配合物的lg$K$值比较如下。

lg$K$	Cu^{2+}	Zn^{2+}	Cd^{2+}	Mn^{2+}	Mg^{2+}
M-EDTP	15.4	7.8	6.0	4.7	1.8
M-EDTA	18.8	16.5	16.5	14.0	8.7

因此，在一定的pH下，用EDTP滴定Cu^{2+}，则Zn^{2+}、Cd^{2+}、Mn^{2+}、Mg^{2+}不干扰。

若采用上述控制酸度、掩蔽干扰离子或选用其他滴定剂等方法仍不能消除干扰离子的影响，只有采用分离的方法除去干扰离子了。

3.2.4 氧化还原滴定法

3.2.4.1 氧化还原反应的方向和速度

(1) 氧化还原平衡

① 条件电位（$E^{0\prime}$） 无机化学中讨论过，对氧化还原半电池反应

$$\text{氧化型}[\text{Ox}]+ne^- \rightleftharpoons \text{还原型}[\text{Red}]$$

其电极电位E，可用能斯特方程式表示

$$E=E^0+\frac{0.059}{n}\lg\frac{[\text{Ox}]}{[\text{Red}]} \tag{3-36}$$

由能斯特方程可以看出，影响电位E的因素是：

a. 氧化还原电对（即氧化还原半电池反应）的性质，决定E^0值的大小；

b. 氧化型和还原型的浓度，即有关离子（包括H^+）浓度的大小及其比值。严格说来，能斯特方程式应为

$$E=E^0+\frac{0.059}{n}\lg\frac{\alpha_{\text{Ox}}}{\alpha_{\text{Red}}}=E^0+\frac{0.059}{n}\lg\frac{\gamma_{\text{Ox}}[\text{Ox}]}{\gamma_{\text{Red}}[\text{Red}]} \tag{3-37}$$

在不同的介质条件下，氧化态和还原态离子还会发生某些副反应，从而影响电极电位。若考虑这些副反应的发生，引入相应的副反应系数α_{Ox}和α_{Red}，此时

$$[\text{Ox}]=\frac{c_{\text{Ox}}}{\alpha_{\text{Ox}}},\ [\text{Red}]=\frac{c_{\text{Red}}}{\alpha_{\text{Red}}}$$

代入式3-37，得

$$E=E^0+\frac{0.059}{n}\lg\frac{\gamma_{\text{Ox}}\alpha_{\text{Red}}c_{\text{Ox}}}{\gamma_{\text{Red}}\alpha_{\text{Ox}}c_{\text{Red}}}=E^0+\frac{0.059}{n}\lg\frac{\gamma_{\text{Ox}}\alpha_{\text{Red}}}{\gamma_{\text{Red}}\alpha_{\text{Ox}}}+\frac{0.059}{n}\lg\frac{c_{\text{Ox}}}{c_{\text{Red}}}$$

$$=E^{0\prime}+\frac{0.059}{n}\lg\frac{c_{\text{Ox}}}{c_{\text{Red}}} \tag{3-38}$$

$E^{0\prime}$为条件电位，即在特定条件下，当氧化态和还原态的分析浓度均为

1mol/L(或其浓度比等于 1）时的实际电位。这种电位，随活度系数而变化，所以氧化还原反应要说明介质条件。

条件电位是校正了各种外界因素影响后得到的实际电极电位，因为它考虑了：

a. 溶液中其他电介质的存在；

b. 溶液的酸度对电极电位的影响；

c. 考虑了能与电对的氧化态或还原态发生配位反应、沉淀反应等副反应的影响。

② 影响条件电位的因素

a. 离子强度的影响　在氧化还原反应中，溶液的离子强度一般均比较大，故当电对的氧化态或还原态均为离子时，它们的活度系数往往小于 1，其条件电位与标准电极电位有一定的差异。

b. 氧化剂和还原剂的浓度　在氧化还原反应中，当两个氧化还原电对的标准电极电位（或条件电位）相差不大时，有可能通过改变氧化剂或还原剂的浓度来改变氧化还原反应的方向。

【例 3-7】 试判断 $[Sn^{2+}]=[Pb^{2+}]=1mol/L$ 和 $[Sn^{2+}]=1mol/L$、$[Pb^{2+}]=0.10mol/L$ 时反应进行的方向。

解：由于没有查得相应的条件电位，故用标准电极电位进行计算。

已知　$E^0_{Sn^{2+}/Sn}=-0.14V$　$E^0_{Pb^{2+}/Pb}=-0.13V$

a）当 $[Sn^{2+}]=[Pb^{2+}]=1mol/L$ 时，根据能斯特方程式得

$$E_{Sn^{2+}/Sn}=E^0_{Sn^{2+}/Sn}=-0.14V \quad E_{Pb^{2+}/Pb}=E^0_{Pb^{2+}/Pb}=-0.13V$$

可见 Sn 的还原性大于 Pb 的还原性，故发生下列反应：$Pb^{2+}+Sn \longrightarrow Pb+Sn^{2+}$

b）当 $[Sn^{2+}]=1mol/L$，$[Pb^{2+}]=0.10mol/L$ 时，根据能斯特方程式得

$$E_{Sn^{2+}/Sn}=E^0_{Sn^{2+}/Sn}=-0.14V$$

$$E_{Pb^{2+}/Pb}=E^0_{Pb^{2+}/Pb}+\frac{0.059}{2}\lg[Pb^{2+}]=-0.13+\frac{0.059}{2}\lg 0.1=-0.16V$$

可见在此条件下，Pb 的还原性大于 Sn 的还原性，故发生下列反应：

$$Pb+Sn^{2+} \longrightarrow Pb^{2+}+Sn$$

此时，化学反应的方向发生了变化。当然，只有当两电对的标准电极电位（或条件电位）相差很小时，才能比较容易地通过改变氧化剂或还原剂的浓度来改变反应的方向。上述氧化还原反应中，两电对的 E^0 之差仅为 0.01V，所以只要使 Pb^{2+} 浓度降低 10 倍，即可引起反应方向的改变。

要降低反应物的浓度，通常是利用沉淀或配位反应，使电对中的某一组分生成沉淀或配合物，降低其浓度，从而引起反应方向的改变。

在氧化还原反应中，当加入一种可与氧化态或还原态形成沉淀的沉淀剂时，将会改变氧化态或还原态的浓度，从而改变体系的电极电位，因此就有可能影响反应进行的方向。

例如，在滴定分析中，碘量法测 Cu^{2+} 含量的反应为

$$2Cu^{2+}+4I^{-} \rightleftharpoons 2CuI\downarrow+I_2$$

根据标准电极电位：$E^0_{Cu^{2+}/Cu^+}=+0.159V$　$E^0_{I_2/I^-}=+0.545V$，$E^0_{Cu^{2+}/Cu^+}<E^0_{I_2/I^-}$
似乎反应不能向右进行。但事实上，这个反应是能进行的。
根据能斯特方程

$$E_{Cu^{2+}/CuI}=E^0_{Cu^{2+}/Cu^+}+0.059\lg\frac{[Cu^{2+}]}{[Cu^+]}$$

假设溶液中$[Cu^{2+}]=[I^-]=1.0mol/L$，已知 CuI 的 $K_{sp}=1.1\times10^{-12}$，$[Cu^+][I^-]=1.1\times10^{-12}$

$$[Cu^+]=\frac{1.1\times10^{-12}}{[I^-]}=\frac{1.1\times10^{-12}}{1.0}=1.1\times10^{-12}mol/L$$

将 $[Cu^{2+}]$ 和 $[Cu^+]$ 代入上式得

$$E_{Cu^{2+}/CuI}=E^0_{Cu^{2+}/Cu^-}+0.059\lg1.0-0.059\lg(1.1\times10^{-12})$$
$$=0.159+0-0.059\lg(1.1\times10^{-12})=0.865V$$

故由于 CuI 沉淀的生成，大大降低了溶液中 Cu^+ 的浓度，使电对 Cu^{2+}/Cu^+ 的电极电位由 0.159V 增至 0.865V，使 $E_{Cu^{2+}/Cu^+}>E^0_{I_2/I^-}$。

这样反应能自左向右进行，Cu^{2+} 能将 I^- 氧化为 I_2，而且可达到定量分析的要求。(以上计算没有考虑离子强度的影响，所以计算值与实测值有差别。)

同样，在氧化还原反应中，当加入一种可与氧化态或还原态形成稳定配合物的配位剂时，改变了平衡体系中氧化型或还原型的浓度，当然就会改变体系的电极电位。因此，有可能影响反应进行的方向。

从前例可知，Cu^{2+} 能氧化 I^- 生成 I_2，如果溶液中有 Fe^{3+} 存在，Fe^{3+} 是否干扰 Cu^{2+} 的测定？如何消除 Fe^{3+} 的干扰？

$$E^0_{Fe^{3+}/Fe^{2+}}=+0.771V,\ E^0_{I_2/I^-}=+0.545V,\ E^0_{Fe^{3+}/Fe^{2+}}>E^0_{I_2/I^-}$$

所以 Fe^{3+} 也能够氧化 I^-，干扰 Cu^{2+} 的测定。但若在溶液中加入 F^-(NH_4HF_2)，由于 Fe^{3+} 与 F^- 形成稳定的 $[FeF_6]^{3-}$ 配离子，使 $[Fe^{3+}]$ 大为减小。即 $E_{Fe^{3+}/Fe^{2+}}<E^0_{I_2/I^-}$。

Fe^{3+} 就不能氧化 I^-，从而消除了 Fe^{3+} 对测定 Cu^{2+} 的干扰。因此，用碘量法测定 Cu^{2+} 含量时，常用 NH_4HF(或 NaF) 来掩蔽 Fe^{3+}，消除 Fe^{3+} 对测定 Cu^{2+} 的干扰。

c. 溶液酸度对条件电位的影响　不少氧化还原反应有 H^+ 或 OH^- 参加，因此溶液的酸度对氧化还原电对的电位有影响，因而有可能影响反应的方向。

如　$H_3AsO_4+2I^-+2H^+ \rightleftharpoons H_3AsO_3+I_2+H_2O$

其半反应为　$H_3AsO_4+2H^++2e^- \rightleftharpoons H_3AsO_3+H_2O$

$$I_3^-+2e^- \rightleftharpoons 3I^-$$

As(Ⅴ)/As(Ⅲ)电对中有 H^+ 参加反应，故酸度对电位的影响很大。

根据能斯特方程式得

$$E^0_{As(V)/As(III)}=+0.559V \quad E^0_{I_3^-/I^-}=+0.545V$$

$$E_{As(V)/As(III)}=E^0_{As(V)/As(III)}+\frac{0.059}{2}\lg\frac{[H_3AsO_4][H^+]^2}{[H_3AsO_3]}$$

a）当溶液中［H^+］=1.0mol/L，［H_3AsO_4］=［H_3AsO_3］=1.0mol/L 时，As（Ⅴ）/As（Ⅲ）电对的电极电位就等于标准电极电位。即 $E_{As(V)/As(III)}=E^0_{As(V)/As(III)}=0.559V$，$E^0_{As(V)/As(III)}>E^0_{I_3^-/I^-}$

所以可以判断出上述反应是能够自左向右进行的。即

$$H_3AsO_4+2I^-+2H^+ \rightleftharpoons H_3AsO_3+I_2+H_2O$$

b）若向溶液中加入过量 $NaHCO_3$，使溶液的 pH=8，即［H^+］=10^{-8} mol/L 时，根据能斯特方程得（若［H_3AsO_4］=［H_3AsO_3］）

$$E_{As(V)/As(III)}=E^0_{As(V)/As(III)}+\frac{0.059}{2}\lg\frac{[H_3AsO_4][H^+]^2}{[H_3AsO_3]}$$

$$=0.559+\frac{0.059}{2}\lg[H^+]^2=0.559+0.059\lg10^{-3}=0.087V$$

$$E_{As(V)/As(III)}<E^0_{I_3^-/I^-}$$

此时发生该反应的逆反应，即

$$H_3AsO_3+I_3^-+H_2O \rightleftharpoons HAsO_4^{2-}+3I^-+4H^+$$

在碘量法中，常利用上述原理进行锑或砷的测定。

③ 氧化还原反应进行的程度

反应的完全程度可以用它的平衡常数来判断。氧化还原反应的平衡常数可以根据能斯特方程，从有关电对的标准电极电位或条件电位求得。

设氧化还原反应为 $n_2Ox_1+n_1Red_2 \rightleftharpoons n_2Red_1+n_1Ox_2$

有关的半电池反应及相应的能斯特方程式为

$$Ox_1+n_1e^- \rightleftharpoons Red_1 \qquad E_1=E_1^0+\frac{0.059}{n_1}\lg\frac{[Ox_1]}{[Red_1]}$$

$$Ox_2+n_2e^- \rightleftharpoons Red_2 \qquad E_2=E_2^0+\frac{0.059}{n_2}\lg\frac{[Ox_2]}{[Red_2]}$$

当反应达到平衡时，$E_1=E_2$，则

$$E_1=E_1^0+\frac{0.059}{n_1}\lg\frac{[Ox_1]}{[Red_1]}=E_2^0+\frac{0.059}{n_2}\lg\frac{[Ox_2]}{[Red_2]}$$

$$E_1^0-E_2^0=\frac{0.059}{n_2}\lg\frac{[Ox_2]}{[Red_2]}-\frac{0.059}{n_1}\lg\frac{[Ox_1]}{[Red_1]}=\frac{0.059}{n_1n_2}\left(\lg\frac{[Ox_2]^{n_1}}{[Red_2]^{n_1}}-\lg\frac{[Ox_1]^{n_2}}{[Red_1]^{n_2}}\right)$$

$$=\frac{0.059}{n_1n_2}\lg\frac{[Ox_2]^{n_1}[Red_1]^{n_2}}{[Red_2]^{n_1}[Ox_1]^{n_2}}$$

平衡时，

$$K=\frac{[Ox_2]^{n_1}[Red_1]^{n_2}}{[Red_2]^{n_1}[Ox_1]^{n_2}},\ E_1^0-E_2^0=\frac{0.059}{n_1n_2}\lg K\quad \lg K=\frac{n_1n_2(E_1^0-E_2^0)}{0.059}$$

式中　n_1n_2——两个半电池反应中电子得失数的最小公倍数。

若考虑溶液中各种因素的影响，计算实际平衡常数时，应以有关电对的条件电位代入式中，这样得到的是表观常数 K'。

即上式应写成
$$\lg K'=\frac{n_1n_2(E_1^{0\prime}-E_2^{0\prime})}{0.059} \tag{3-39}$$

从上式可以看出：平衡常数值的大小与标准电极电位的差值（即 $E_1^0-E_2^0$）或条件电位的差值（$E_1^{0\prime}-E_2^{0\prime}$）有关，与浓度无关。

那么，平衡常数 K 值究竟为多大值时，反应才能进行完全呢？

由于滴定分析的允许误差为 0.1%，即在终点时允许 red_2 残留 0.1%，或 Ox_1 过量 0.1%；Red_1 或 Ox_2（即反应产物）必须大于或等于反应物原始浓度的 99.9%，即

$$产物中\begin{cases}[Ox_2]\geqslant 99.9\%\times C_{Red_2}\\ [Red_1]\geqslant 99.9\%\times C_{Ox_1}\end{cases},\quad 反应物中\begin{cases}[Ox_1]\leqslant 0.1\%\times C_{Red_1}\\ [Red_2]\leqslant 0.1\%\times C_{Ox_2}\end{cases}$$

如果反应式中 $n_1=n_2=1$，则计量点时，

$$\frac{[Red_1]}{[Ox_1]}=\frac{99.9\%}{0.1\%}\approx 10^3,\quad \frac{[Ox_2]}{[Red_2]}=\frac{99.9\%}{0.1\%}\approx 10^3$$

$$\lg K=\lg\frac{[Ox_2][Red_1]}{[Red_2][Ox_1]}=\lg(10^3\times 10^3)=6 \tag{3-40}$$

即要求 $\lg K\geqslant 6$ 时（或 $K\geqslant 10^6$）。

$$E_1^0-E_2^0=\frac{0.059}{n_1n_2}\lg K=0.059\lg K=0.059\times 6=0.35V$$

$$E_1^0-E_2^0\geqslant 0.35V\ 或\ E_1^{0\prime}-E_2^{0\prime}\geqslant 0.35V \tag{3-41}$$

可见当两电对的电位差大于 0.35V 时能满足滴定分析的要求。

如果　$n_1=n_2=2$，则　$E_1^0-E_2^0=\frac{0.059}{n_1n_2}\lg K=\frac{0.059}{2}\times 6\approx 0.18V$

即 $E_1^0-E_2^0\geqslant 0.18V$ 或 $E_1^{0\prime}-E_2^{0\prime}\geqslant 0.18V$ 就能满足滴定分析的要求。故一般认为如果两电对的标准电极电位之差大于 0.4V，反应就能定量地进行，就能用于滴定分析。

还须指出：某些氧化还原反应中，虽然两电对的标准电极电位之差值（或两电对的条件电位之差值）足够大，符合滴定分析要求，但由于副反应的发生，氧化还原反应不能定量地进行（即氧化剂和还原剂之间没有一定的计量关系），这样的氧化还原反应仍不能用于滴定分析。

（2）影响氧化还原反应速率的因素

① 反应物浓度对反应速率的影响　根据质量作用定律，反应速度与反应物浓度的乘积成正比。

例如 $K_2Cr_2O_7$ 在酸性溶液中与 KI 的反应

$$Cr_2O_7^{2-}+6I^-+14H^+ = 2Cr^{3+}+3I_2+7H_2O$$

此反应速度较慢，提高 I^- 和 H^+ 的浓度，可加速反应。实验表明，在 0.4mol/L 酸度下，KI 过量约 5 倍，放置 5min 反应即进行完全。

② 温度对反应速率的影响　对于多数反应来说，升高温度可以提高反应的速度。通常溶液的温度每增高 10℃，反应速度约增大 2～3 倍。

例如，MnO_4^- 与 $C_2O_4^{2-}$ 的反应，在室温下反应速度很慢。如将溶液加热，反应速度将显著提高。通常用 $KMnO_4$ 滴定 $H_2C_2O_4$ 时，温度控制在 75～85℃ 之间（温度太高会使 $H_2C_2O_4$ 分解）。

③ 催化剂对反应速率的影响　使用催化剂是提高反应速率的有效方法。例如，Ce^{4+} 氧化 AsO_3^{2-} 的反应非常缓慢，实际上该反应是分两步进行的。

$$As(III)\xrightarrow[慢]{Ce^{4+}}As(IV)\xrightarrow[快]{Ce^{4+}}As(V)$$

由于第一步反应的影响，总的反应速度很慢。如果另加入少量 I^- 作催化剂，反应就能迅速进行并且可以用 Ce^{4+} 直接滴定 As(Ⅲ) 或用 As_2S_3 标定 Ce^{4+} 溶液的浓度。

④ 诱导反应

有些氧化还原反应在通常情况下并不发生或进行极慢，但在另一反应进行时会促进这一反应的发生。例如酸性溶液中 $KMnO_4$ 氧化 Cl^- 的反应

$$2MnO_4^-+10Cl^-+16H^+ \rightleftharpoons 2Mn^{2+}+5Cl_2+8H_2O \quad (受诱反应)$$

通常进行得极慢，几乎不发生。但当溶液中同时存在 Fe^{2+} 时，$KMnO_4$ 氧化 Fe^{2+} 的反应就会加速 $KMnO_4$ 氧化 Cl^- 的反应。

$KMnO_4$ 与 Fe^{2+} 的反应为

$$MnO_4^-+5Fe^{2+}+8H^+ = Mn^{2+}+5Fe^{3+}+4H_2O \quad (诱导反应)$$

像这种由于一个氧化还原反应的发生而促进了另一氧化还原反应的进行的现象，称为诱导作用。如 $KMnO_4$ 与 Fe^{2+} 的反应称为诱导反应，$KMnO_4$ 与 Cl^- 的反应称为受诱反应。其中 MnO_4^- 称为作用体，Fe^{2+} 称为诱导体，Cl^- 称为受诱体。

诱导反应与催化反应不同。在催化反应中，催化剂参加反应后恢复其原来的状态。而在诱导反应中，诱导体参加反应后变成了其他物质。诱导反应增加了作用体的消耗量而使结果产生误差。

诱导反应与副反应也是不同的。它们的区别是：如果是副反应，其反应速度不应该受诱导反应（主反应）的影响。

诱导反应在滴定分析中往往是有害的，但有时也可以利用诱导效应很强的反应，进行选择性的分离和鉴定。

3.2.4.2 氧化还原滴定

（1）氧化还原滴定的滴定分数

氧化还原滴定的滴定分数　　$aOx_1 + bRed_2 \rightleftharpoons aRed_1 + bOx_2$

当加入体积为 V 的氧化剂 Ox_1 时，滴定分数 f 为，

$$f=\frac{bC_{0(Ox_1)}V}{aC_{0(Red_2)}V_0} \tag{3-42}$$

计量点时，$f_{sp}=1$，此时

$$\frac{C_{0(Ox_1)} \cdot V_{sp}}{C_{0(Red_2)} \cdot V_0}=\frac{a}{b} \tag{3-43}$$

即化学计量点时所加入的氧化剂 Ox_1 物质的量，与被滴定的还原剂 Red_2 物质的量之比，应恰好等于反应式所表达的化学计量数比。

(2) 可逆氧化还原体系滴定曲线的计算

例：用 0.1000mol/L $Ce(SO_4)_2$ 标准溶液滴定 20.00ml 0.1000mol/L Fe^{2+} 溶液时，溶液的酸度保持为 1mol/L H_2SO_4，此时

$$Ce^{4+}+Fe^{2+} \xrightleftharpoons{1mol/L\ H_2SO_4} Ce^{3+}+Fe^{3+}$$

其半电池反应及电极电位为：

$$Fe^{3+}+e^- \rightleftharpoons Fe^{2+} \qquad E^{0\prime}_{Fe^{3+}/Fe^{2+}}=0.68V$$

$$Ce^{4+}+e^- \rightleftharpoons Ce^{3+} \qquad E^{0\prime}_{Ce^{4+}/Ce^{3+}}=1.44V$$

滴定一开始，体系中就同时存在两个电对。达平衡时，两电对的电位相等，即

$$E=E^{0\prime}_{Fe^{3+}/Fe^{2+}}+0.059\lg\frac{C^T_{Fe^{3+}}}{C^T_{Fe^{2+}}}$$

因此，在滴定的不同阶段，可选用便于计算的电对，按其能斯特方程式计算滴定过程中体系的电位值。

各滴定点电位的计算方法如下：

① 滴定前

溶液是 0.1000mol/L Fe^{2+} 溶液，可以预料，由于空气中的氧的氧化作用，其中必有极少量 Fe^{3+} 存在，组成 Fe^{3+}/Fe^{2+} 电对，但由于 Fe^{3+} 浓度不定，不知道，故此时的电位无法计算。

② 滴定开始至计量点前

例如：滴入 Ce^{4+} 溶液 12.00mL 时，

$$(CV)_{Fe^{3+}}=C_{Ce^{4+}}V_{Ce^{4+}}=0.1000\times12.00=1.200\ (mmol)$$

$$(CV)_{剩余Fe^{2+}}=C_{Fe^{2+}}V_{Fe^{2+}}-C_{Ce^{4+}}V_{Ce^{4+}}=C_{Fe^{2+}}(V_{Fe^{2+}}-V_{Ce^{4+}})$$
$$=0.1000(20.00-12.00)=0.800\ (mmol)$$

$$E=E^{0}_{Fe^{3+}/Fe^{2+}}+0.059\lg\frac{C^T_{Fe^{3+}}}{C^T_{Fe^{2+}}}=0.68+0.059\lg\frac{C_{Fe^{3+}}V_{Fe^{3+}}}{C_{Fe^{2+}}V_{Fe^{2+}}}$$
$$=0.68+0.059\lg\frac{1.20}{0.80}=0.69\ (V)$$

也可用 Fe^{3+} 与 Fe^{2+} 的滴定百分数之比来代替。如：当滴入 Ce^{4+} 溶液 12.00mL 时，溶液中有 60%的 Fe^{2+} 被氧化成了 Fe^{3+}，即溶液中：

$$[Fe^{3+}]=\frac{12.00}{20.00}\times 100\%=60\% \quad [Fe^{2+}]=\frac{20.00-12.00}{20.00}\times 100\%=40\%$$

$$E=E^{0\prime}_{Fe^{3+}/Fe^{2+}}+0.059\lg\frac{C^{T}_{Fe^{3+}}}{C^{T}_{Fe^{2+}}}=0.68+0.059\lg\frac{60}{40}=0.69\text{ (V)}$$

同样可计算出当滴入 Ce^{4+} 溶液 1.00、2.00、4.00、8.00、10.00、18.00、19.80mL 时的 E 值。

③ 计量点时

达到计量点时，两电对电位相等

$$E_{sp}=E^{0\prime}_{Fe^{3+}/Fe^{2+}}+0.059\lg\frac{C_{Fe^{3+}}}{C_{Fe^{2+}}}=0.68+0.059\lg\frac{C^{T}_{Fe^{3+}}}{C^{T}_{Fe^{2+}}},$$

$$E_{sp}=E^{0\prime}_{Ce^{4+}/Ce^{3+}}+0.059\lg\frac{C_{Ce^{4+}}}{C_{Ce^{3+}}}=1.44+0.059\lg\frac{C^{T}_{Ce^{4+}}}{C^{T}_{Ce^{3+}}}$$

两式相加得：

$$2E_{sp}=0.68+1.44+0.059\lg\frac{C^{T}_{Fe^{3+}}\cdot C^{T}_{Ce^{4+}}}{C^{T}_{Fe^{2+}}\cdot C^{T}_{Ce^{3+}}}$$

计量点时 $C_{Fe^{3+}}=C_{Ce^{3+}}$ $C_{Fe^{2+}}=C_{Ce^{4+}}$，$\lg\frac{C^{T}_{Fe^{3+}}\cdot C^{T}_{Ce^{4+}}}{C^{T}_{Fe^{2+}}\cdot C^{T}_{Ce^{3+}}}=0$

故 $$E_{sp}=\frac{0.68+1.44}{2}=1.06\text{ (V)}$$

同理可推得一般氧化还原滴定，达计量点时的 E_{sp} 值。

如：一般氧化还原滴定反应为： $n_2 Ox_1+n_1 Red_2 \rightleftharpoons n_2 Red_1+n_1 Ox_2$

设氧化剂电对的条件电位为 $E^{0\prime}_1$，电子转移数为 n_1；还原剂电对的条件电位为 $E^{0\prime}_2$，电子转移数为 n_2。

即
$$Ox_1+n_1 e^- \rightleftharpoons Red_1 \quad E^{0\prime}_1$$
$$Ox_2+n_2 e^- \rightleftharpoons Red_2 \quad E^{0\prime}_2$$

则计量点时：

$$E_{sp}=E^{0\prime}_1+\frac{0.059}{n_1}\lg\frac{C_{Ox_1}}{C_{Red_1}} \qquad n_1 E_{sp}=n_1 E^{0\prime}_1+0.059\lg\frac{C_{Ox_1}}{C_{Red_1}}$$

$$E_{sp}=E^{0\prime}_2+\frac{0.059}{n_2}\lg\frac{C_{Ox_2}}{C_{Red_2}} \qquad n_2 E_{sp}=n_2 E^{0\prime}_2+0.059\lg\frac{C_{Ox_2}}{C_{Red_2}}$$

两式相加得：

$$(n_1+n_2)E_{sp}=n_1 E^{0\prime}_1+n_2 E^{0\prime}_2+0.059\lg\frac{C_{Ox_1}\cdot C_{Ox_2}}{C_{Red_1}\cdot C_{Red_2}}$$

计量点时， $C_{Ox_1}=C_{Red_2}$ $C_{Ox_2}=C_{Red_1}$

此时：

$$\lg \frac{C_{Ox_1}^{T} \cdot C_{Ox_2}^{T}}{C_{Red_1}^{T} \cdot C_{Red_2}^{T}}=0, \quad E_{sp}=\frac{n_1 \cdot E_1^{0\prime}+n_2 \cdot E_2^{0\prime}}{n_1+n_2}$$

需要说明的是：

a. 上式仅适用于同一物质在反应前后反应系数相等的情况；

b. 上式中，$E_1^{0\prime}$是氧化剂电对的条件电位，$E_2^{0\prime}$是还原剂电对的条件电位，n_1 是氧化剂得电子数，n_2 是还原剂失电子数；

c. 计算时尽量采用条件电位，当条件电位查不到时，可用标准电极电位（E^0）代替。

④ 计量点后

例如：滴入 Ce^{4+} 溶液 20.02mL 时，

$$(CV)_{过量Ce^{4+}}=C_{Ce^{4+}}V_{Ce^{4+}}-C_{Fe^{2+}}V_{Fe^{2+}}=C_{Ce^{4+}}(V_{Ce^{4+}}-V_{Fe^{2+}})$$
$$=0.1000(20.02-20.00)=0.002\ (mmol)$$
$$(CV)_{Ce^{3+}}=C_{Ce^{3+}}V_{Ce^{3+}}=C_{Fe^{2+}}V_{Fe^{2+}}=0.1000\times 20.00$$
$$=2.000\ (mmol)$$
$$E=E^0_{Ce^{4+}/Ce^{3+}}+0.059\lg\frac{C^T_{Ce^{4+}}}{C^T_{Ce^{3+}}}=1.44+0.059\lg\frac{0.002}{2.000}$$
$$=1.26\ (V)$$

或用 Ce^{4+} 与 Ce^{3+} 的滴定百分数之比来代替，当加入 Ce^{4+} 20.02mL，即 Ce^{4+} 过量 0.1%时，

$$\frac{C_{Ce^{4+}}}{C_{Ce^{3+}}}=\frac{0.1}{100}=\frac{1}{10^3}=10^{-3}, E=E^{0\prime}_{Ce^{4+}/Ce^{3+}}+0.059\lg\frac{C^T_{Ce^{4+}}}{C^T_{Ce^{3+}}}$$
$$=1.44+0.059\lg(10^{-3})=1.26\ (V)$$

同样可计算出滴入 Ce^{4+} 溶液 22.00、30.00、40.00mL 时的电位。如果以电位值为纵坐标，以滴定百分数为横坐标作图，即得氧化还原的滴定曲线。

因此，对于电子转移数不同的对称电对的氧化还原反应：

$$n_2 Ox_1+n_1 Red_2 \rightleftharpoons n_2 Red_1+n_1 Ox_2$$

对应的两个半反应及条件电位分别为：

$$Ox_1+n_1 e^- \rightleftharpoons Red_1 \qquad E_1^{0\prime}$$
$$Ox_2+n_2 e^- \rightleftharpoons Red_2 \qquad E_2^{0\prime}$$

计量点电位的计算通式为

$$E_{sp}=\frac{n_1 E_1^{0\prime}+n_2 E_2^{0\prime}}{n_1+n_2} \tag{3-44}$$

滴定突跃范围为

$$\left(E_2^{0\prime}+\frac{3\times 0.059}{n_2}\right)\longrightarrow\left(E_1^{0\prime}-\frac{3\times 0.059}{n_1}\right) \tag{3-45}$$

从上面突跃范围可以看出，若 $n_1=n_2$，则滴定曲线在计量点前后是对称的；若 $n_1 \neq n_2$，则滴定曲线在计量点前后是不对称的，计量点电位（E_{sp}）不在滴定突跃的中心，而是偏向电子得失数较多的电对的一方。

3.2.4.3　氧化还原滴定的预处理

（1）进行预氧化或预还原处理的必要性

用氧化还原法分析试样时，往往需要进行预处理，使试样中的待测组分处于一定的价态。例如：测定钢中锰、铬含量时，钢溶解后它们以 Mn^{2+}、Cr^{3+} 的形式存在，由于

$$E^0_{MnO_4^-/Mn^{2+}}=1.15V \qquad E^0_{Cr_2O_7^{2-}/Cr^{3+}}=1.33V$$

标准电位均很高，要找一个电位比它们高的氧化剂进行直接滴定 Mn^{2+}、Cr^{3+} 是不可能的。但若将 Mn^{2+} 和 Cr^{3+} 分别氧化成 MnO_4^- 和 $Cr_2O_7^{2-}$，就可以用还原剂标准溶液（如 Fe^{2+}）直接滴定。

再如：测定铁矿石中总铁量时，试样溶解后，铁是以两种价态（Fe^{3+}、Fe^{2+}）存在的，一般先用 $SnCl_2$ 将 Fe^{3+} 预还原成 Fe^{2+}，然后才能用 $K_2Cr_2O_7$ 滴定 Fe 的总量。像这种滴定前的氧化还原步骤称为氧化还原的预处理或预先氧化或预先还原。

预处理的反应式为：$2Fe^{3+}+SnCl_2$(预还原剂)$+4Cl^- = 2Fe^{2+}+SnCl_6^{2-}$

用 $K_2Cr_2O_7$ 直接滴定 Fe^{2+} 的反应为：$Cr_2O_7^{2-}+6Fe^{2+}+14H^+ = 6Fe^{3+}+2Cr^{3+}+7H_2O$

使用 $SnCl_2$ 还原 Fe^{3+} 时，应注意以下几点：

① 必须破坏过量的 $SnCl_2$，否则会消耗过多的标准溶液。通常用 $HgCl_2$ 将 Sn^{2+} 氧化除去

$$Sn^{2+}+2HgCl_2+4Cl^- = SnCl_6^{2-}+Hg_2Cl_2$$

② $SnCl_2$ 加入量不可太多，否则使 Hg_2Cl_2 进一步被还原为金属 Hg

$$Hg_2Cl_2+Sn^{2+}+4Cl^- = 2Hg+SnCl_6^{2-}$$

这种黑色或灰色的微细金属 Hg，会影响计量点的确定。因此，$HgCl_2$ 必须始终保持过量，但注意不要过量太多；

③ 应当尽快完成滴定。

（2）预氧化剂或预还原剂的选择

所选用的预氧化剂或预还原剂必须符合以下条件。

① 必须将待测组分定量地氧化或还原。

② 反应速度快。

③ 反应具有一定的选择性，如反应要能定量地氧化（或还原）待测组分，而不与试样中的其他组分发生氧化还原反应。

④ 过量的氧化剂或还原剂要易于除去，除去的办法有：

a. 加热分解。例如：$(NH_4)_2S_2O_8$、H_2O_2 可借加热煮沸分解除去。

b. 过滤。难溶物质如：$NaBiO_3$、Zn 等，可借过滤除去。

c. 利用化学反应。如用 $HgCl_2$ 除去过量 $SnCl_2$

$$SnCl_2 + 2HgCl_2 \longrightarrow SnCl_4 + Hg_2Cl_2$$

3.2.4.4 常用的氧化还原滴定法

(1) 高锰酸钾法

① 基本原理　高锰酸钾法是用 $KMnO_4$ 做为滴定剂的氧化还原滴定法。其基本原理和基本应用见《化学检验工　中级》。

② 高锰酸钾法的滴定方式与应用

a. 直接滴定　可用 $KMnO_4$ 标准滴定溶液直接滴定 H_2O_2、碱金属及碱土金属的过氧化物等物质。

b. 间接滴定　Ca^{2+}、Th^{4+} 以及稀土元素等能与 $C_2O_4^{2-}$ 定量生成沉淀的金属离子，都可以用高锰酸钾间接滴定。

c. 返滴定　既可用于 MnO_2、PbO_2 等氧化物的测定，又可用于有机物的测定。

例如 MnO_2 的测定

$$MnO_2 \xrightarrow[H_2SO_4\text{ 介质}]{Na_2C_2O_4\text{ 标液}} \begin{matrix} Mn^{2+} \\ CO_2 \end{matrix} + C_2O_4^{2-}\text{（过量）} \xrightarrow[\text{滴定}]{KMnO_4} \begin{matrix} Mn^{2+} \\ CO_2 \end{matrix}$$

MnO_2 的基本单元为$\left(\frac{1}{2}MnO_2\right)$

有机物的测定

$$\text{有机物样品} \xrightarrow[OH^-]{KMnO_4\text{ 标液}} \boxed{\begin{matrix} CO_3^{2-} \\ MnO_4^{2-} \\ MnO_4^- \end{matrix}} \xrightarrow[H^+]{FeSO_4\text{ 标液}} \boxed{\begin{matrix} CO_2 \\ Mn^{2+} \\ Fe^{3+} \end{matrix}} + Fe^{2+}\text{（过量）} \xrightarrow{KMnO_4\text{ 滴定}} \begin{matrix} Mn^{2+} \\ Fe^{3+} \end{matrix}$$

$$\text{设　有机物} \xrightarrow{-\alpha e} CO_2\text{，　则}\quad n_{\text{有机物}} = \frac{1}{\alpha}(5n_{KMnO_4} - n_{Fe^{2+}})$$

(2) 碘量法

见《化学检验工　中级》。

3.3 仪器分析

3.3.1 原子吸收光谱法

原子吸收光谱法是根据待测物质基态原子蒸气对锐线光源发射的特征波长光的吸收来进行定量分析的一种方法，它具有以下特点：

① 灵敏度高　火焰原子吸收光谱法的相对灵敏度为 $10^{-10} \sim 10^{-8} g \cdot mL^{-1}$；无火焰原子吸收光谱法的绝对灵敏度可达 $10^{-14} \sim 10^{-12} g$。

② 准确度好，精密度高　火焰原子吸收光谱法的相对误差小于1%，石墨炉原子吸收法的准确度一般约为3%～5%。一般仪器的相对标准偏差为1%～2%，性能好的仪器可达0.1%～0.5%。

③ 选择性好　由光源发出的光比较简单，且基态原子是窄频吸收，元素之间的干扰较少，若实验条件合适可在不分离共存元素的情况下直接测定。

④ 应用广泛，分析速度快　原子吸收光谱法可以直接测定70多种金属元素，也可以用间接方法测定一些非金属和有机化合物。在准备工作做好后，一般几分钟即可完成一种元素的测定。

⑤ 原子吸收光谱法的不足之处在于不能对多种元素进行同时测定，若要测定不同的元素，需更换不同的光源灯并改变测定条件。另外，有些元素的灵敏度还比较低，如稀土元素、钨、铀、硼等。对于成分复杂的样品仍需要进行相应的处理，否则干扰严重。

3.3.1.1　测定原理

(1) 共振线和吸收线

原子可具有多种能级状态。在正常情况下，原子处于最低能级状态，称为基态，处于基态的原子称基态原子。当基态原子由外界获得能量时会被激发，其最外层电子跃迁到不同能级，因此原子可能有不同的激发态。当电子从基态跃迁到能量最低的激发态（称为第一激发态）时吸收了一定频率的光，这时产生的吸收谱线称为共振吸收线，简称共振线。当电子从第一激发态跃迁回基态时，则发射出同样频率的光辐射，其对应的谱线称为共振发射线，也简称共振线。

不同元素的原子结构不同，原子激发所需要的能量是特定的，因此共振线各有其特征。由于原子从基态到第一激发态的跃迁最容易发生，因此对大多数元素来说，共振线也是元素的灵敏线。原子吸收光谱法是利用处于基态的待测原子蒸气对从光源辐射的共振发射线的吸收来进行分析的，因此元素的共振线又称分析线。

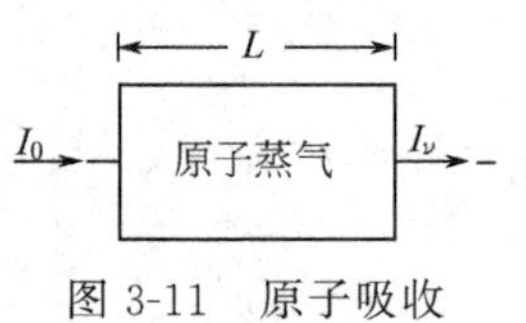

图3-11　原子吸收示意图

(2) 谱线轮廓与谱线变宽

① 谱线轮廓　原子吸收光谱理论上是线状光谱，但实际上并非一条单一频率的线，而是具有一定频率（波长）范围。如图3-11所示，将一束频率为 ν、强度为 I_0 的光通过厚度为 L 的基态原子蒸气时，透射光强度 I_ν 与 I_0 服从朗伯定律，即

$$I_\nu = I_0 e^{-K_\nu L} \tag{3-46}$$

式中　K_ν——基态原子蒸气对频率为 ν 的光的吸收系数。

若以入射光频率 ν 对透射光强度 I_ν 或吸收系数 K_ν 作图，得到的曲线称为吸收线的轮廓，如图 3-12 及图 3-13 所示。曲线极值对应的频率 ν_0 称为中心频率，中心频率所对应的吸收系数称为峰值吸收系数 K_0。在峰值吸收系数一半（$K_0/2$）处，吸收曲线呈现的宽度称为吸收曲线的半宽度，以 $\Delta\nu$ 表示。吸收曲线半宽度 $\Delta\nu$ 的数量级约为 $10^{-3}\sim10^{-2}$ nm。发射线同样也具有一定的宽度，其半宽度的数量级约为 $5\times10^{-4}\sim2\times10^{-3}$，比吸收曲线半宽度小得多。

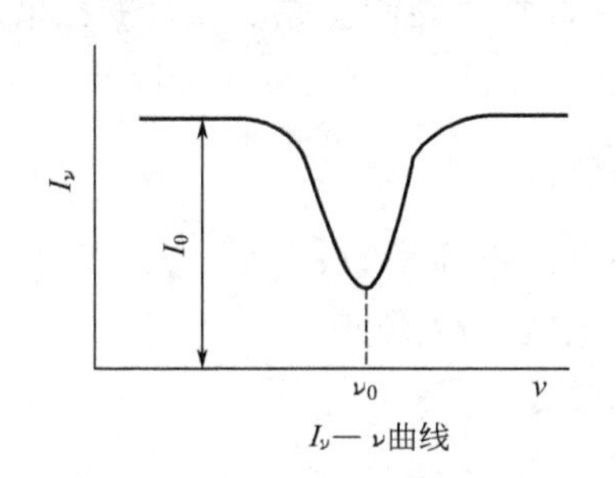

图 3-12 I_ν 与 ν 的关系

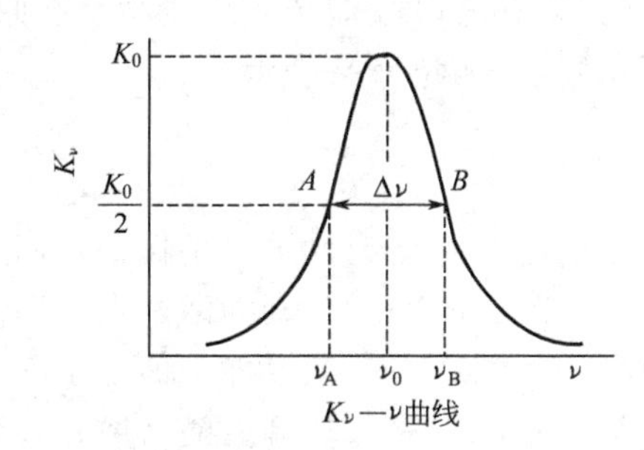

图 3-13 吸收线轮廓与半宽度的关系

② 谱线变宽 原子吸收谱线宽度受到多种因素的影响，主要体现在两方面。一是原子本身的性质决定了谱线的自然宽度，二是外界因素引起的谱线变宽。

a. 在没有外界影响的情况下，吸收线仍具有一定的宽度，称为自然宽度（$\Delta\nu_N$）。不同的谱线具有不同的自然宽度，其数量级一般在 10^{-5} nm。

b. 原子在空间作无规则的热运动而引起的变宽称为多普勒变宽，也称热变宽（$\Delta\nu_D$）。其变宽程度可用下式表示

$$\Delta\nu_D=7.16\times10^{-7}\nu_0\sqrt{\frac{T}{M}} \tag{3-47}$$

式中 ν_0——为谱线中心频率；

T——热力学温度；

M——吸光质点的相对原子质量。

由式(3-47) 可知，待测元素的相对原子质量 M 越小、温度越高，则多普勒变宽越明显。

c. 由于气体压力的存在，吸光原子与蒸气中的原子或分子相互碰撞而引起的谱线变宽称为压力变宽，也称碰撞变宽。压力变宽又可分成劳伦兹变宽及共振变宽，前者由待测元素的原子与其他粒子（如火焰气体粒子等）碰撞而产生，随气体压力的升高而加剧；后者由同种原子之间发生碰撞而产生，这类变宽只有在待测元素浓度较高时才有影响。

一般情况下，吸收线的轮廓主要受到多普勒变宽和劳伦兹变宽的影响。在 2000～3000K 温度下，两者的数量级相似，均在 $10^{-3}\sim10^{-2}$ nm。当采用火焰原子化时，劳伦兹变宽为主要影响因素，采用无火焰原子化时，多普勒变宽为主要

影响因素。无论是哪一种因素引起，谱线的变宽都将引起分析灵敏度下降。

（3）原子蒸气中基态与激发态原子的分配

原子吸收光谱分析法是以测定基态原子蒸气对入射光的吸收为依据。这就首先要使样品中待测元素由化合状态转变为气态、基态的原子，这个过程称为原子化过程，通常通过燃烧、加热来实现。在原子化过程中，待测元素除了产生基态原子外，还会吸收能量而变成激发态原子。这两种不同能态原子数目的比值可用玻耳兹曼分布定律来表示

$$\frac{N_j}{N_0}=\frac{P_j}{P_0}e^{\frac{-\Delta E}{KT}} \tag{3-48}$$

式中 N_j、N_0——分别为单位体积内激发态和基态原子数；

P_j、P_0——分别为激发态和基态能级的统计权重；

ΔE——激发能，即电子跃迁能级之差；

K——玻耳兹曼常数；

T——热力学温度。

由式 3-48 可以看出，温度越高则 N_j/N_0 值就越大；而在同一温度下，电子跃迁两能级的能量差 ΔE 越小，共振线频率越低，N_j/N_0 值也就越大。对一定波长的谱线来说，P_j/P_0 和 ΔE 都是已知的，因此可以计算出一定温度下激发态与基态原子数之比 N_j/N_0 值。表 3-3 列出了几种元素在不同温度下共振线的 N_j/N_0 值。

在整个分析测定过程中，温度一般均小于 3000K。由表 3-3 可知，在此温度下，对大多数元素来说，激发态的原子数 N_j 还不到基态原子数 N_0 的 1%，甚至低得多。因此可以用基态原子数 N_0 代替被测元素的原子总数。

表 3-3 某些元素共振激发态与基态原子数的比值

元素	谱线 λ/nm	E_j/eV	P_j/P_0	N_j/N_0		
				2000K	2500K	3000K
Na	589.0	2.104	2	0.99×10^{-5}	1.44×10^{-4}	5.83×10^{-4}
Sr	460.7	2.690	3	4.99×10^{-7}	1.13×10^{-5}	9.07×10^{-5}
Ca	422.7	2.932	3	1.22×10^{-7}	3.65×10^{-6}	3.55×10^{-5}
Fe	372.0	3.332		2.29×10^{-9}	1.04×10^{-7}	1.31×10^{-6}
Ag	328.1	3.778	2	6.03×10^{-10}	4.84×10^{-8}	8.99×10^{-7}
Cu	324.8	3.817	2	4.82×10^{-10}	4.04×10^{-8}	6.65×10^{-7}
Mg	285.2	4.346	3	3.35×10^{-11}	5.20×10^{-9}	1.50×10^{-7}
Pb	283.3	4.375	3	2.83×10^{-11}	4.55×10^{-9}	1.34×10^{-7}
Zn	213.9	5.795	3	7.45×10^{-15}	6.22×10^{-12}	5.50×10^{-10}

（4）原子吸收值与待测元素浓度的定量关系

① 积分吸收　原子蒸气中的基态原子共振吸收的全部能量称为积分吸收，

它相当于图 3-13 吸收线轮廓下所包围的整个面积，以 $\int K_\nu d_\nu$ 表示。经理论推导得

$$\int K_\nu d_\nu = \frac{\pi e^2}{mc} f N_0 \tag{3-49}$$

式中 e——电子电荷；

m——电子质量；

c——光速；

f——振子强度，是每个原子中能够吸收或发射特定频率光的平均电子数，在一定条件下对一定元素 f 为定值；

N_0——单位体积原子蒸气中的基态原子数。

由此可见，积分吸收与单位体积原子蒸气中吸收辐射的原子数 N_0 呈正比关系。若在测定过程中保持各实验条件恒定，N_0 与试液浓度成正比，即 $N_0 \propto c$。因此

$$\int K_\nu d_\nu = kc \tag{3-50}$$

式 3-50 表明，在一定实验条件下，基态原子蒸气的积分吸收与试液中待测元素的浓度成正比。由此可见，只要准确测量出积分吸收即可得到试液浓度。然而吸收线的宽度仅为 $10^{-3} \sim 10^{-2}$ nm，要测量积分吸收，就要采用分辨率极高的单色器，这在目前技术条件下还无法做到。所以不能通过测量积分吸收求出被测元素的浓度。

② 峰值吸收　峰值吸收是指基态原子蒸气对入射光中心频率线的吸收。峰值吸收的大小以峰值吸收系数 K_0 表示。在通常测定条件下，吸收线的轮廓取决于多普勒变宽，此时

$$K_0 = \frac{2}{\Delta\nu_D} \times \sqrt{\frac{\ln 2}{\pi}} \times \frac{\pi e^2}{mc} f N_0 \tag{3-51}$$

式中 $\Delta\nu_D$——多普勒变宽。

当温度等实验条件恒定时，$\frac{2}{\Delta\nu_D} \times \sqrt{\frac{\ln 2}{\pi}} \times \frac{\pi e^2}{mc} f$ 为一常数，而 $N_0 \propto c$，可得 $K_0 = Kc$，即在一定实验条件下，基态原子蒸气的峰值吸收与试液中待测元素的浓度成正比。

③ 锐线光源　为了测定 K_0，必须使用锐线光源。所谓锐线光源是指能发射出半宽度很窄的发射线的光源，其半宽度远小于吸收线半宽度，且中心频率与吸收线的一致。为了达到这两点要求，通常使用以待测元素为材料制成的锐线光源，如在测铜时，需要使用铜空心阴极灯作光源。

④ 定量分析的依据　实际分析中，通过测量基态原子蒸气对锐线光源的吸收来进行定量。选用锐线光源进行测量时，发射线的半宽度比吸收线的半宽度小

得多，此时根据光的吸收定律进行相关推导可得

$$A=0.4343\times\frac{2\sqrt{\pi\ln2}}{\Delta\nu_D}\times\frac{e^2}{mc}fN_0L$$

由于$\frac{2\sqrt{\pi\ln2}}{\Delta\nu_D}\times\frac{e^2}{mc}f$ 为一常数，而 $N_0\propto c$，可得

$$A=KcL \tag{3-52}$$

上式表明，当实验条件一定，并使用锐线光源进行原子吸收测量时，基态原子蒸气的吸光度与试液中待测元素的浓度及光程长度（即锐线光源发出的光通过原子蒸气的距离，见图 3-11）的乘积成正比。此即为原子吸收光谱法进行定量分析的依据。

3.3.1.2 原子吸收分光光度计

（1）分析过程

以火焰原子化为例，说明原子吸收光谱分析过程如图 3-14 所示：

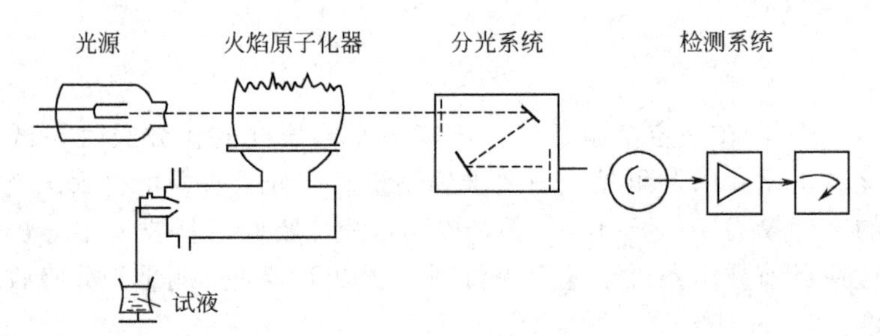

图 3-14 原子吸收光谱分析过程示意图

试样被吸入原子吸收分光光度计后，喷射成细雾并与燃气混合，在燃烧的火焰中，待测元素转化为基态的原子蒸气。光源发射出与被测元素吸收波长相同的特征谱线，被原子蒸气吸收后，谱线强度减弱，经分光系统分光并由检测器接收。检测器产生的电信号经放大器放大，由显示系统显示相应的吸光度值或由数据处理系统进行数据处理。

（2）原子吸收分光光度计的主要部件

原子吸收光谱分析使用的仪器称为原子吸收分光光度计，也称为原子吸收光谱仪。与紫外—可见分光光度计类似，原子吸收光谱仪主要由光源、原子化器、单色器、检测系统等四个部分组成，如图 3-15 所示。

① 光源　光源的作用是发射待测元素的特征谱线。原子吸收光谱法要求光源发出谱线的宽度比吸收线宽度更窄，并且稳定性好、强度高、背景低、噪声小，使用寿命长。无极放电灯、蒸气放电灯和空心阴极灯都能满足以上要求，其中应用最广泛的是空心阴极灯。

空心阴极灯（HCL）是一种气体放电管，由密封在玻璃壳中的阴阳两极及内充惰性气体构成，其构造如图 3-16 所示。

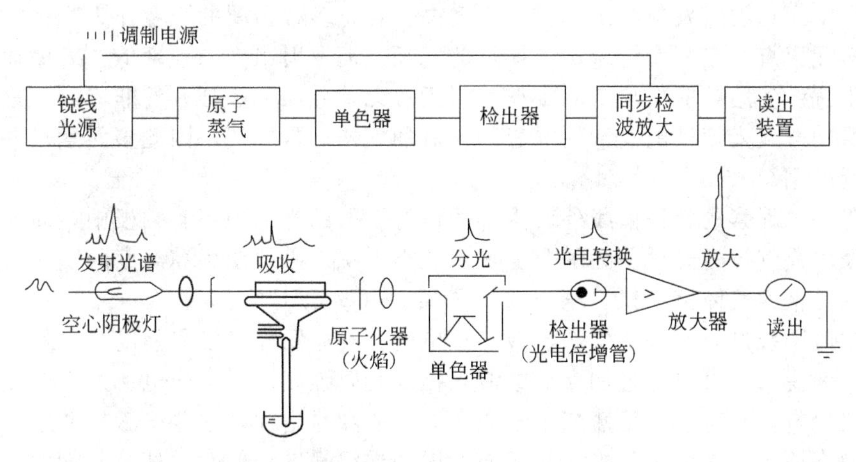

图 3-15　原子吸收分光光度计基本构造示意图

阳极一般由钨棒制成，上面镶有钛、锆或钽等具有吸气性能的金属。由于高纯金属一般采用电解的方法进行纯制，其中会残留少量的 H_2，从而造成测量时噪声增大，信噪比降低。在空心阴极灯使用一段时间后，可将灯的阴阳两极反接，通以 20mA 左右的电流，阳极上的钛、锆或钽即可吸收释放出的 H_2，以降低噪声，提高工作性能。灯阴极为所需测定元素的金属或合金制成，也可由铜、铁、镍等金属制成阴极衬套，再熔入所需金属。阴极制成空心圆筒状，因此称为空心阴极。其内径约为 2mm，深 10～20mm。这样可使放电的能量集中在较小的面积上，产生较强的光辐射。云母屏蔽和环形阳极可阻止放电向阴极腔外扩展。

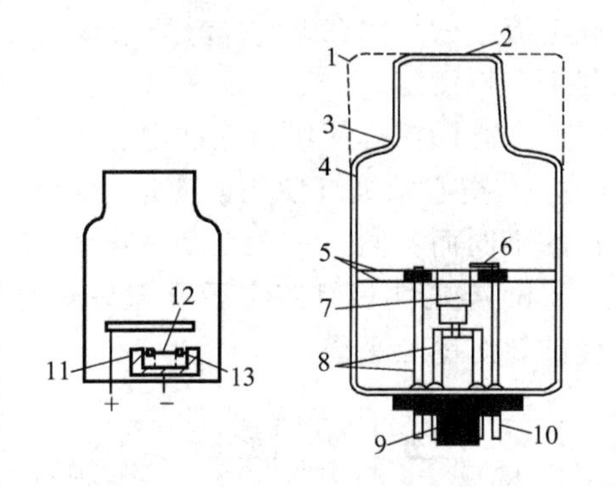

图 3-16　空心阴极灯结构示意图
1—紫外玻璃窗口；2—石英窗口；3—密封；4—玻璃套；5—云母屏蔽；6—阳极；7—阴极；8—支架；9—管套；10—连接管套；11,13—阴极位降区；12—负辉光区

使用空心阴极灯时，在阴阳两极之间施加一定的电压（一般为 300～500V），开始进行辉光放电。此时电子由阴极高速射向阳极，在运动过程中与内充的惰性气体原子发生碰撞并使其电离，电离产生的阳离子在电场作用下获得足够能量高速撞击阴极内壁，使阴极表面上的金属原子溅射出来，溅射出来的原子再与电子、惰性气体原子及离子发生碰撞而被激发，当它从激发态返回基态时，便辐射出具有该金属元素特征频率的锐线光谱。

空心阴极灯发射的光谱由构成阴极的材料所决定，因此用不同的待测元素作阴极材料，可制成相应的空心阴极灯。通常单元素的空心阴极灯只能用于一种元素的测定，这类灯发射线干扰少、强度高。若将多种金属的合金作为阴极，则可制成多元素灯。多元素灯减少了换灯的麻烦，但发射出光的强度低，寿命短，易产生干扰。使用前应先检查测定波长附近有无单色器无法分开的非待测元素的谱线。目前分光光度计的设计使空心阴极灯的更换非常方便，因此多元素灯并未得到广泛应用。

除待测元素的特征谱线外，空心阴极灯发射的光谱中还有阴极中杂质元素的光谱及内充气体的光谱。为了避免发生此类干扰，必须使用高纯度的阴极材料并充入高纯惰性气体氖或氩，压力通常在 0.1～0.7kPa。

空心阴极灯只有一个操作参数即灯电流，空心阴极灯发光强度与工作电流有关。一般说来，可以通过加大灯电流来提高发射强度。但工作电流过大会使辐射的谱线变宽，同时使原子蒸气中未激发原子的数目增加，这些未激发的原子将吸收激发态原子所发射出的光，从而使发射的谱线强度降低。另外，过大的灯电流还会加快灯内惰性气体消耗，缩短灯寿命；阴极温度过高，使阴极物质熔化等。灯电流过小，又使发光强度减弱，导致稳定性、信噪比下降。因此，实际工作中，应选择合适的工作电流。为了改善阴极灯放电特征，常采用脉冲供电方式，灯电流一般控制在 5～20mA，此时发射出的谱线强度稳定，接近自然宽度，有利于分析测定。

空心阴极灯使用时应注意：

a. 空心阴极灯使用前应进行预热，使灯的发光强度稳定。预热时间随灯元素的不同而不同，一般在 20min 左右。

b. 空心阴极灯点亮后要盖好灯室盖，在测量过程中不能打开，避免外界环境破坏灯的热平衡。

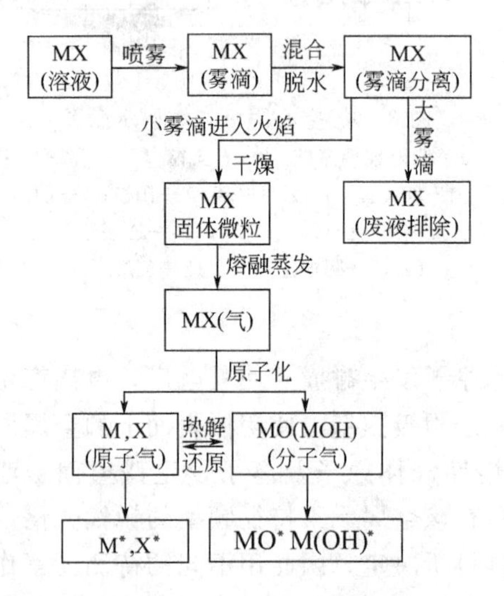

图 3-17　火焰原子化过程示意图

c. 轻拿轻放，特别是低熔点的灯用完后，要等冷却后才能移动。

d. 保持空心阴极灯石英窗口洁净。

e. 空心阴极灯长期不用，应每 1～2 个月在工作电流下点燃 1h。

f. 若灯内有杂质气体而造成辉光不正常，可进行反接处理。

② 原子化系统　原子吸收光谱分析必须将试样中待测元素变成基态的原子蒸气，这一过程称为试样的“原子化”，完成试样原子化所用的装置称为原子化系统。原子化系统在原子吸收分光光度计中是一个十分重要的装置，对原子吸收光谱分析的灵敏度和准确度有很大影响，是造

成测量误差的主要原因之一。

被测元素原子化的方法主要有火焰原子化法和非火焰原子化法两种。火焰原子化法利用火焰热能使试样转化为气态原子，非火焰原子化法利用电加热或化学还原等方式使试样转化为气态原子。前者简单、方便，后者具有较高的原子化效率和灵敏度。

a. 火焰原子化器

火焰原子化是一个复杂的过程，包括雾滴脱溶剂、蒸发、解离等阶段，如图3-17所示。首先将试样通过喷雾使溶液变成细小雾滴，然后雾滴分离，大雾滴从废液排放口排出，小雾滴进入火焰脱水干燥、熔融蒸发并进一步形成原子蒸气。

火焰原子化器包括雾化器和燃烧器两部分。燃烧器又分成全消耗型和预混合型两种。前者将试液直接喷入火焰；后者用喷雾器将试液雾化，并在雾化室内将较大的雾滴除去，余下的均匀细小的雾滴再喷入火焰。两者各有优缺点，但以预混合型的使用较为普遍，其结构见图 3-18。

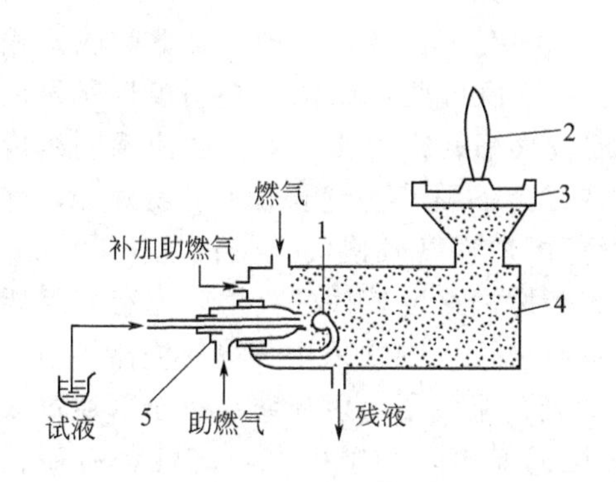

图 3-18 火焰原子化器

1—碰撞球；2—火焰；3—燃烧器；4—雾室；5—雾化器

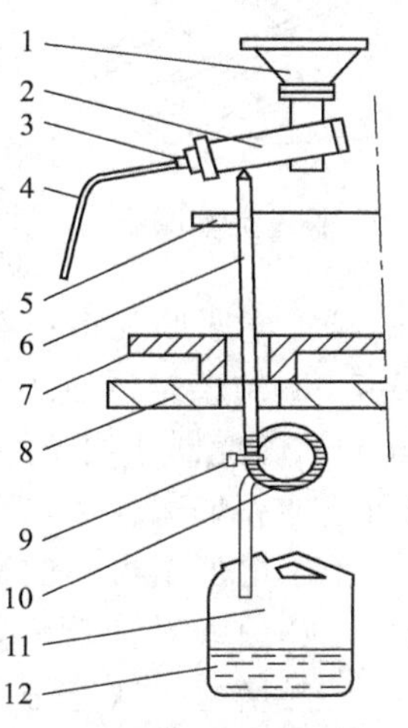

图 3-19 预混合室废液排放系统

1—燃烧头；2—预混室；3—雾化器；4—进样毛细管；5—燃烧室；6—废液管；7—主机底板；8—实验台台板；9—捆扎带；10—水封圈；11—废液容器；12—废液

雾化器的作用是将试液雾化成细微、均匀的雾滴，并以稳定的速率进入燃烧器。雾化器的性能会对灵敏度、准确度和化学干扰等产生影响，因此要求其喷雾稳定、雾滴细微均匀且雾化效率高。目前商品原子化器多数使用气动同轴型雾化器。当具有一定压力的压缩空气或其他助燃气高速通过毛细管外壁与喷嘴口构成的环形间隙时，在毛细管出口的尖端处形成一个负压区，于是试液沿毛细管吸入并被高速气流分散成细小的雾滴。喷出的雾滴撞击在距毛细管喷口前端几毫米处的撞击球上，进一步分散成更为细小的细雾。这类雾化器的雾化效率一般在10%以上。影响雾化效率的因素有溶液的黏度、表面张力、助燃气的压力及流速、雾化器的结构等。

预混合室的作用是将雾化后粒径较大的液滴凝结为大液珠，形成残液后由排出口排除。残液排出管必须采用导管弯曲或将导管插入水中等水封方式（见图3-19），否则将引起火焰不稳定，甚至发生回火爆炸。余下的小液滴与燃气、助燃气预先混合均匀，以稳定的速率进入燃烧器，以减小火焰的扰动。

预混合室的记忆效应（指前测组分对后测组分测定的影响）要小，即将试液喷雾后吸喷蒸馏水，仪器读数返回至零点或基线的时间短。为了减小记忆效应，预混合室内壁的浸润性要好，本身略有倾斜，便于残液的排出。

燃烧器的作用是使燃气在助燃气的作用下形成火焰，使进入火焰的试样小液滴脱水进而原子化。燃烧器应能使火焰燃烧稳定，原子化程度高，并且耐腐蚀、耐高温。燃烧器喷头有“多孔型”和“长缝型”两种。预混合型燃烧器通常采用后者（见图3-20），由高熔点、耐腐蚀的不锈钢制成，中间有一长缝。这种燃烧器吸收光程长，其高度及水平度可调，以使空心阴极灯所发出的光线能够通过火焰的原子化层。为适应不同组成的火焰，一般原子吸收光谱仪都配有两种或以上的喷头。缝长100～120mm，缝宽0.5～0.7mm的燃烧器适用于乙炔-空气等燃烧速度较慢的火焰；缝长50mm，缝宽0.5mm的燃烧器适用于乙炔-氧化亚氮等燃烧速度较快的火焰。也有多缝燃烧器，它可增加火焰宽度。在双光束原子吸收光谱仪中常采用三缝燃烧器。与单缝式比较，由于增加了火焰的宽度，易于对光，避免了入射光线没有全部通过火焰而引起的工作曲线弯曲现象，降低了火焰的噪声，灵敏度和稳定性都有所提高，缝口也不易堵塞。缺点是装置复杂易回火，且气体消耗量大。

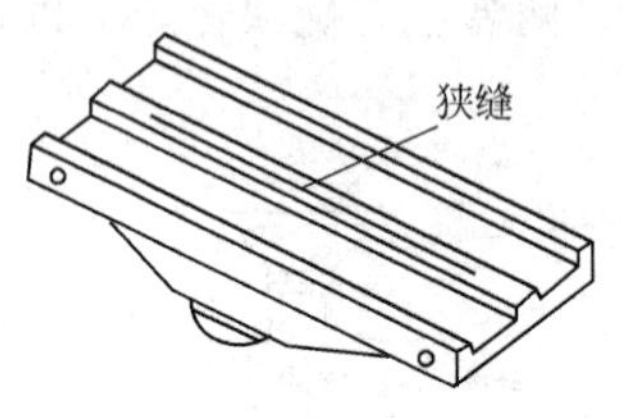

图 3-20 长缝型燃烧器

常用的火焰有乙炔-空气火焰、乙炔-N_2O火焰、煤气（丙烷）-空气火焰。

乙炔气体通常由乙炔钢瓶提供，乙炔溶于吸附在活性炭上的丙酮内。乙炔钢瓶内最大压强为1.5MPa·cm^{-2}，使用至0.5MPa·cm^{-2}就应重新充气，否则钢瓶中的丙酮会混入火焰从而影响测定。注意乙炔管道系统不能使用纯铜制品，以免产生乙炔铜爆炸。乙炔钢瓶附近不可有明火，使用时应先开助燃气再开燃气并立即点火，关气时应先关燃气再关助燃气。

氧化亚氮气体通常由氧化亚氮钢瓶提供，钢瓶内装有液态气体，减压后使用。使用N_2O-C_2H_2火焰应小心，注意防止回火，禁止直接点燃N_2O-C_2H_2火焰，应先点燃乙炔-空气再转换到乙炔-氧化亚氮，熄火前先将乙炔-氧化亚氮火焰转换为乙炔-空气。

空气一般由空气压缩机提供，也可使用空气钢瓶气供气。

火焰原子化法的操作简便，重现性好，有效光程大，应用较为广泛。但是该法仅有10%左右的试液被原子化，其他均作为残液排出，因此原子化效率低，灵敏度不够高，而且不能直接分析固体样品。

b. 非火焰原子化器

非火焰原子化器有多种：电热高温石墨炉、钽舟原子化器、石墨棒原子化器、高频感应加热炉、等离子喷焰等。在商品仪器中常用的非火焰原子化器是电热高温管式石墨炉，如图3-21所示。石墨炉原子化器由电源、石墨管和炉体等部分组成。电源提供10～25V的低压、400～600A的大电流以加热石墨管。石墨管由致密石墨制成，长30～60mm，内径4～8mm，在管中央有一进样口。炉体包括电极、水冷却套管、惰性气体通路，石英窗等。为使石墨管能够在每次分析之间迅速降至室温，从上面的冷却水进口通入冷却水并从出水口排出。管外通以惰性气体防止石墨管被氧化，管内通惰性气体以除去干燥和灰化过程中产生的基体蒸气，同时保护生成的基态原子免遭氧化。

非火焰原子化过程中，由于没有氧的存在，加入的试样几乎能够全部部原子化，灵敏度较高。一般液体试样用量只需几微升，固体试样只需数毫克。但非火焰原子化法的干扰比较大，此时可调节灰化的温度及时间，使背景吸收不与待测元素的吸收重叠，并且加以背景校正。另外，由于进样量少，进样量及注入管内位置的差异都会引起偏差。

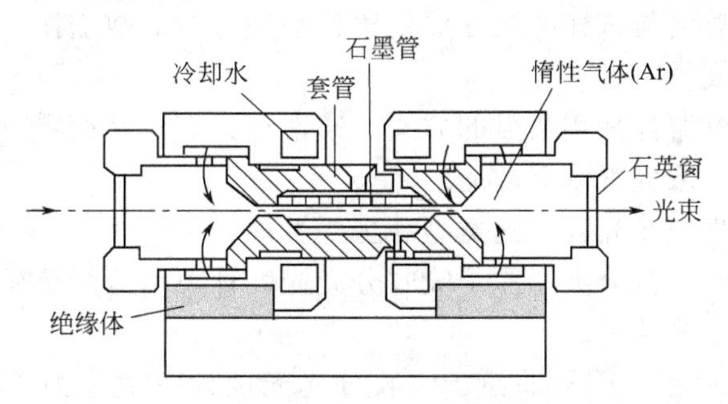

图3-21 石墨炉原子化器

③ 单色器 单色器由入射狭缝、出射狭缝、反光镜和色散元件（棱镜或光栅）组成。与可见-紫外分光光度计不同，原子吸收分光光度计的单色器位于原子化器之后，用以将待测元素的共振线与邻近谱线分开，同时也可避免因透射光太强而引起光电倍增管疲劳。

原子吸收法所选用的吸收线为锐线光源所发出的共振线，由于谱线较为简单，对单色器的要求不是很高。在进行原子吸收测定时，单色器既要将谱线分开，又要有一定的出射光强度。所以当光源强度一定时，就需要选用适当的光栅色散率和狭缝宽度配合，以构成适于测定的光谱通带来满足上述要求。光谱通带是指单色器出射光谱所包含的波长范围，它由光栅线色散率的倒数（又称倒线色散率）和出射狭缝宽度所决定，其关系为：

$$光谱通带=缝宽(mm)\times线色散率倒数(mm\cdot nm^{-1}) \quad (3\text{-}53)$$

在实际工作中，通常根据谱线结构和待测共振线邻近是否有干扰来决定狭缝宽度，由于不同类型仪器单色器的倒线色散率不同，所以不用具体的狭缝宽度，而用“单色器通带”表示缝宽。

④ 检测系统　检测系统由检测器、放大器、对数变换器和显示装置所组成。其作用是将待测光信号转换成电信号，经放大后显示结果。

检测器一般采用光电倍增管，其作用是将经过原子蒸气吸收和单色器分光后的微弱信号转换为电信号。其基本原理是利用光电效应，把光能转换为电能，且在一定的光通量范围内，光电特性为直线。光电倍增管所适用的波长范围取决于阴极的材料。在使用时应注意防止光电倍增管出现疲劳。所谓“疲劳”是指光电倍增管刚开始工作时灵敏度下降，过一段时间后趋于稳定，但长时间使用灵敏度又下降，造成光电特性不呈直线的现象。其疲劳程度随辐照光强和外加电压而加大。因此，在仪器使用时，要遮挡非信号光，并尽可能不要使用太高的增益（即光电倍增管放大倍数的对数）。

放大器的作用是将光电倍增管输出的电压信号放大，同时将分析信号与各种干扰相分离，以提高信噪比。

光电倍增管所产生的电压，与所受到的光辐照强度呈线性关系，为了使指示仪表上所显示的数值与试样的浓度成正比，必须进行对数变换。这一工作可由相应的电子元件完成。

目前，商品仪器都采用数显的方式，通常还具有自动调零、自动校准、背景校正、积分计数、浓度直读等功能。

(3) 原子吸收分光光度计的类型和主要性能

按照光学系统进行分类，原子吸收分光光度计可以分为单光束型、双光束型和双光束双通道型等几种。

① 单道单光束型　简易的原子吸收分光光度计一般多为此种类型。该类仪器只有一个光源、一个单色器、一个显示系统，每次只能测一种元素。从光源中发出的光仅以单一光束的形式通过原子化器、单色器和检测系统。其光学系统如图 3-22 所示。

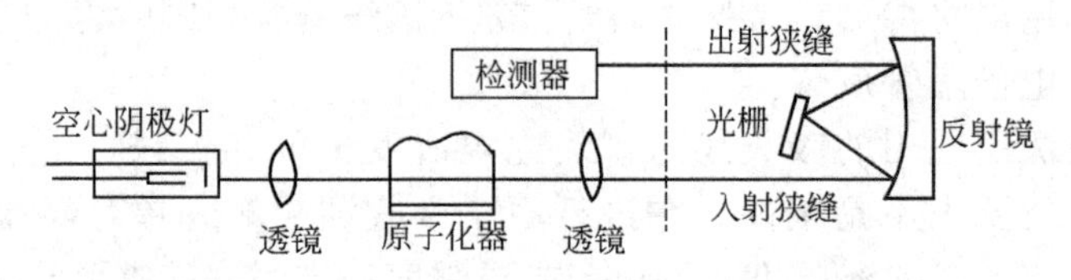

图 3-22　单道单光速仪器光学系统示意图

这类仪器结构简单、体积小、操作方便且价格较低，能满足一般原子吸收分析的要求。其缺点是不能消除光源和火焰波动造成的影响，基线易漂移，空心阴极灯预热时间长。

② 单道双光束型　所谓“双光束”是指从光源发出的光被切光器分成两束强度相等的光。一束为样品光束，通过火焰原子化蒸气，被基态原子部分吸收；另一束只作为参比光束不通过原子化蒸气，其光强度不被减弱。两束光被原子化器后面的反射镜反射后，交替地通过同一单色器至检测系统。检测器将接受到的脉冲信号进行光电转换，并由放大器放大，最后由读出装置显示。图 3-23 是单道双光束型仪器的光学系统示意图。

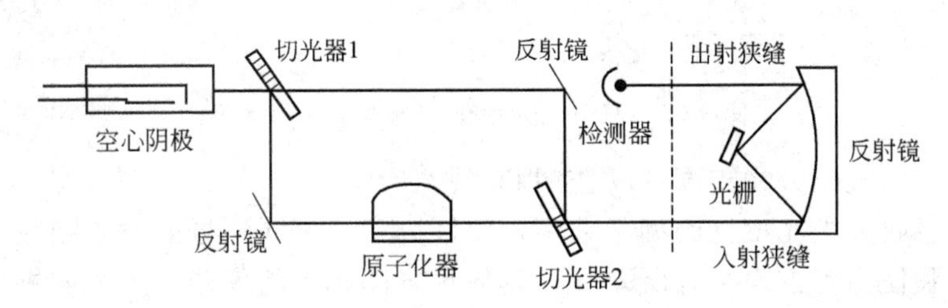

图 3-23　单道双光束仪器光学系统示意图

由于样品光束及参比光束均来自于同一个光源，在一定程度上可以消除光源波动所造成的干扰。此外，空心阴极灯不需要长时间的预热即可进行测量。但由于参比光束不通过火焰，火焰波动和背景吸收无法消除。

③ 双道单光束型　“双道单光束”是指仪器有两套光源、单色器及两个检测显示系统，而光束只有一路。仪器工作时，两种不同元素的空心阴极灯各自发射出自己的共振发射线，同时通过原子化器，被两种元素的原子化蒸气所吸收。利用两套各自独立的单色器和检测器，分别对两路光进行分光和检测，同时给出两种元素的测定结果。这类仪器一次可测两种元素，并能扣除背景吸收，但仪器结构复杂。其光学系统如图 3-24 所示。

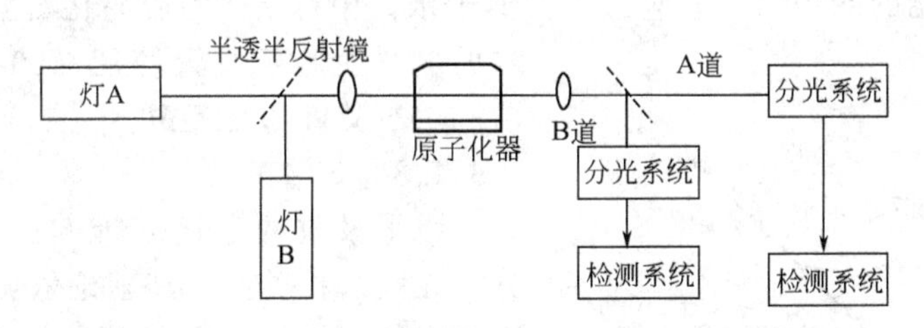

图 3-24　双道单光束仪器光学系统示意图

④ 双道双光束型　“双道双光束”型原子吸收分光光度计除拥有两套独立的光源、单色器及检测显示系统外，每一光源发出的光都分为两个光束，一束为样品光束，通过原子化器；一束为参比光束，不通过原子化器。这类仪器可以同时测定两种元素，能消除光源波动及原子化系统的干扰，准确度高，稳定性好，但

仪器结构复杂。其光学系统如图 3-25 所示。

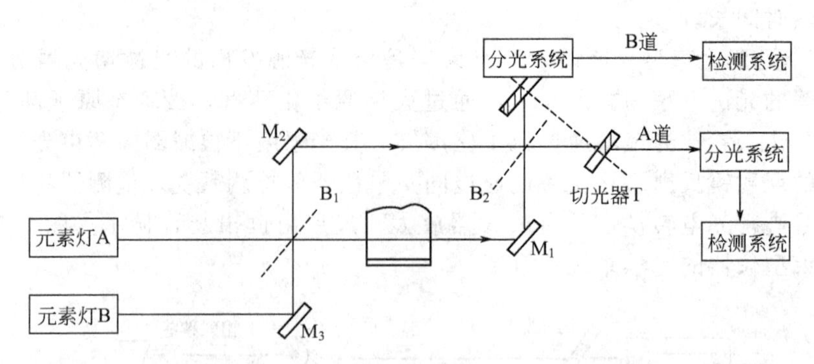

图 3-25 双道双光束仪器光学系统示意图

(4) 原子吸收分光光度计的使用和维护

原子吸收分光光度计的型号繁多，不同公司、不同型号的原子吸收分光光度计在结构和使用等方面都有所差异，具体可查阅相关的仪器使用说明书，在此不再赘述。

使用原子吸收分光光度计应注意以下几个问题：

仪器上方应安装排风设备，排风量的大小应能调节，风量过大会影响火焰的稳定性，风量过小则有害气体不能完全排出。在抽风口的下方应设有一挡板，防止排风设备中的尘埃落入原子化器。

使用前要检查各气路的气密性，以防漏气。

火焰分析测定完毕，应吸喷去离子水 200mL 以上，以清洗原子化器。若经常测定含有有机溶剂及高盐溶液样品，每一到两周要拆开雾化器用超声波振荡器清洗。燃烧器上如有盐类结晶，火焰呈齿形，可用滤纸轻轻擦去，必要时可卸下燃烧器，用 1∶1 乙醇-丙酮清洗，如有熔珠可用金相砂纸打磨。

石墨炉用的冷却水一般应选用去离子水，用自来水时容易在石墨炉腔体内结水垢。石墨炉若每天使用，20～30 天应清洁一次石墨锥和石英窗。

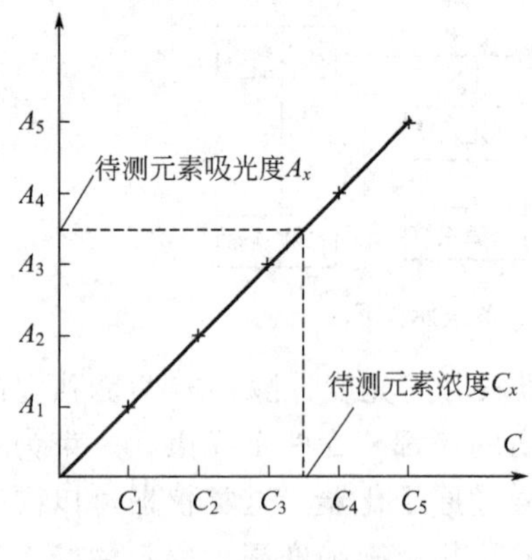

图 3-26 工作曲线

3.3.1.3 定量方法

原子吸收的定量分析方法与紫外-可见分光光度法相类似，其理论依据同样是光的吸收定律。常用的分析方法有工作曲线法、标准加入法等。

(1) 工作曲线法

在一定的浓度范围内，配制一组浓度不同的标准溶液，在合适的测定条件下，由低浓度到高浓度依次测定它们的吸光度，然后

以吸光度 A 为纵坐标，标准溶液浓度为横坐标作图，得到工作曲线如图 3-26 所示。在相同的实验条件下，测得样品的吸光度，即可利用工作曲线以内插法求出被测元素的浓度。

在实际测定过程中，当待测元素浓度较高时，会出现工作曲线弯曲的现象。为了保证测定的准确度，测定时应注意以下几点：

① 标准溶液的组成应与试液的组成相似，以消除基体效应。所谓基体效应，是指试样中与待测元素共存的一种或多种组分所引起的干扰。

② 调整标准溶液的浓度，使其落在吸光度与浓度呈直线关系的范围内。

③ 在测量过程中要保持操作条件不变，并通过吸喷空白溶液来校正零点漂移。

④ 由于燃气和助燃气流量等操作条件的变化会引起工作曲线斜率发生变化，因此每次分析都应重新绘制工作曲线。

工作曲线法简便、快速，适用于组成较简单的大批样品分析。

（2）标准加入法

一般情况下，要配制与试样中各组分一致的标准溶液是相当困难的，此时可使用标准加入法以获得良好的测定结果。

取若干份（一般为四份以上）相同体积的试液，第一份不作任何处理，第二份开始，依次加入不同体积的待测组分标准溶液，用溶剂稀释至相同体积。在相同测量条件下，分别测量各份试液的吸光度，以吸光度 A 对加入量作图，得一直线。此直线不过原点，其在纵坐标上的截距即由试样中待测元素所引起。将此直线反向延长并与横坐标相交，原点与交点之间的距离即为试样中待测元素的浓度 c_x，如图 3-27 所示。

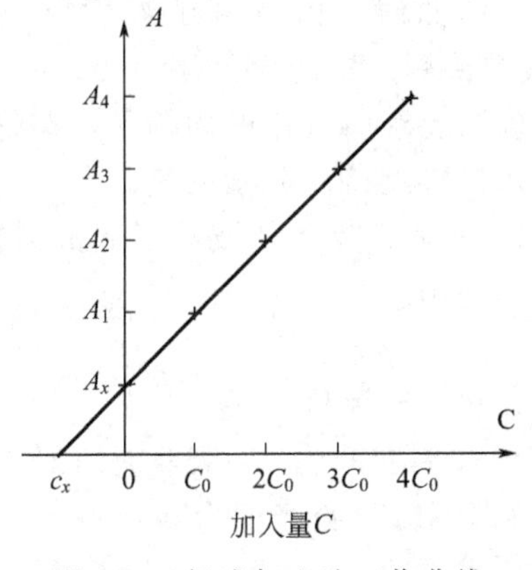

图 3-27　标准加入法工作曲线

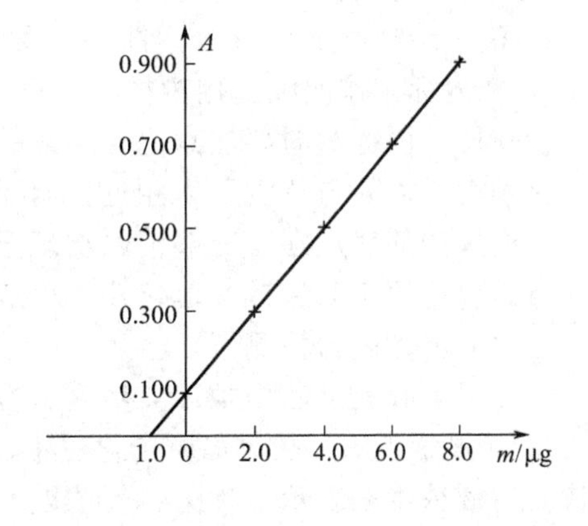

图 3-28　标准加入法测镁工作曲线

【例 3-8】 测定某合金中微量镁。称取 0.2687g 试样，经化学处理后移入 50mL 容量瓶中，以蒸馏水稀释至刻度后摇匀。取上述试液 10mL 于 25mL 容量瓶中（共取五份），分别加入镁 0、2.0、4.0、6.0、8.0μg，以蒸馏水稀至标线，摇匀。测出上述各溶液的吸光度依次为 0.100、0.300、0.500、0.700、0.900。求试样中镁的质量分数。

解：根据所测数据绘出如图 3-28 所示的工作曲线，曲线与横坐标交点到原点距离为 1.0，即未加标准溶液镁的 25mL 容量瓶内，含有 1.0μg 镁，这 1.0μg 镁只来源于所加入的 10mL 试样溶液，所以可由下式算出试样中镁的质量分数。

$$w_{Mg}=\frac{1.0\times10^{-6}}{0.2687\times\frac{10}{50}}=0.0020\%$$

使用标准加入法时应注意：

① 待测元素在加入标准溶液后与吸光度仍应呈良好的线性关系，所对应的标准曲线过原点。

② 加入第一份标准溶液的浓度与试样的浓度之比应适当，一般以 0.5～1 为宜。具体可通过试喷样品和标准溶液，比较两者的吸光度来判断。

③ 至少要采用四个点来制作外推曲线，以获得较为准确的外推结果。

④ 该法可以消除基体效应带来的影响，并在一定程度上消除了化学干扰和电离干扰，但不能消除背景吸收，而且比较费时，不适合大批样品的测定。

(3) 内标法

内标法指将一定量的内标物 N 加到待测试液中进行测定的方法。与标准加入法相比，该法所加入的标准物质是试液中不存在的。

采用内标法测定时，在一系列不同浓度的待测元素 M 的标准溶液及试液中依次加入相同量的内标元素 N，并稀释至同一体积。在相同实验条件下，分别在 M 及 N 的共振线处，依次测量每种溶液中 M 和 N 的吸光度，并求出它们的比值 A_M/A_N，绘制 $A_M/A_N\sim c_M$ 曲线，称为内标工作曲线。由待测试液测出 A_M/A_N，在内标工作曲线上用内插法即可查出试液中待测元素的含量。

在使用内标法时要注意内标元素的选择。该法要求所选用的内标元素在物理及化学性质方面与待测元素相近，内标元素加入量接近待测元素的量。

内标法的优点在于能够消除物理干扰，并能消除实验条件波动引起的误差，缺点是仅适用于双道或多道仪器，单道仪器上不能用。

(4) 灵敏度与检测限

原子吸收光谱法中常用灵敏度、检测限对方法进行评价。

① 灵敏度 S　在火焰原子化法中，灵敏度通常用能产生 1%吸收时所对应的待测溶液浓度来表示，称为特征浓度。当吸收为 1%时，吸光度为 0.0044，因此灵敏度的计算式为

$$S=\frac{c}{A}\times0.0044$$

式中，c 为试液的浓度，$\mu g\cdot mL^{-1}$；A 为浓度为 c 的试液的吸光度。

在石墨炉原子化法中，灵敏度通常以能产生1%吸收时待测元素的质量来表示，称为特征质量。相应的计算式为

$$S=\frac{m}{A}\times 0.0044$$

式中，m 为待测元素的质量，A 为相应的吸光度。

由于未考虑噪声的影响，一般不用灵敏度而用检测限作为最小检出量的指标。

② 检测限D 所谓检测限，是指能够产生3倍于标准偏差的吸光度时，所对应的待测元素的浓度或质量。检测限通过下式计算

$$D_c=\frac{c}{\overline{A}}\times 3s$$

或

$$D_m=\frac{m}{\overline{A}}\times 3s$$

式中 D_c——相对检出限；

D_m——绝对检出限；

c——试样的浓度；

m——试样的质量；

$\overline{A}$——吸光度的平均值。

其中 s 为噪声的标准偏差，是对空白溶液或接近空白的溶液进行至少10次以上的连续测定，所得吸光度的标准偏差。

$$s=\sqrt{\frac{\sum(A_i-\overline{A})^2}{n-1}}$$

式中 A_i——单次测量的吸光度；

n——测定次数。

与灵敏度相比，检测限考虑了噪声的影响而具有更明确的意义。检出限取决于仪器的稳定性，因此降低仪器的噪声，如将仪器进行预热，选择合适的灯电流及光电倍增管的工作电压，稳定燃气、助燃气的流量等，都有利于改进检测限。

3.3.1.4 测定条件的选择

在进行原子吸收光谱分析时，应选择合适的测定条件，以提高灵敏度、减小误差。

(1) 分析线的选择

一般情况下选择待测元素的共振线作为分析线，因为此时灵敏度最高。但有时选择次灵敏线或其他谱线。如待测元素的浓度很高，可选择灵敏度低，但工作曲线线性好的其他谱线为吸收线；又如As、Se、Hg的共振线位于远紫外区，火焰本身在这一区域有强吸收，此时不能选择共振线；另外当共振线附近有干扰

元素的谱线存在时，也应避开干扰，选择其他谱线。

表 3-4 为一些元素的分析线，以供测定时参考。

表 3-4 原子吸收分光光度法中常用的元素分析线 /nm

元素	分析线	元素	分析线	元素	分析线
Ag	328.1,338.3	Ge	265.2,275.5	Re	346.1,346.5
Al	309.3,308.2	Hf	307.3,288.6	Sb	217.6,206.8
As	193.6,197.2	Hg	253.7	Sc	391.2,402.0
Au	242.3,267.6	In	303.9,325.6	Se	196.1,204.0
B	249.7,249.8	K	766.5,769.9	Si	251.6,250.7
Ba	553.6,455.4	La	550.1,413.7	Sn	224.6,286.3
Be	234.9	Li	670.8,323.3	Sr	460.7,407.8
Bi	223.1,222.8	Mg	285.2,279.6	Ta	271.5,277.6
Ca	422.7,239.9	Mn	279.5,403.7	Te	214.3,225.9
Cd	228.8,326.1	Mo	313.3,317.0	Ti	364.3,337.2
Ce	520.0,369.7	Na	589.0,330.3	U	351.5,358.5
Co	240.7,242.5	Nb	334.4,358.0	V	318.4,385.6
Cr	357.9,359.4	Ni	232.0,341.5	W	255.1,294.7
Cu	324.8,327.4	Os	290.9,305.9	Y	410.2,412.8
Fe	248.3,352.3	Pb	216.7,283.3	Zn	213.9,307.6
Ga	287.4,294.4	Pt	266.0,306.5	Zr	360.1,301.2

(2) 空心阴极灯工作电流的选择

空心阴极灯的发射特性取决于灯电流。通常在商品空心阴极灯上均标有最大工作电流。选用时应在保证放电稳定和有适当光强输出条件下，尽量选用较低的工作电流。对大多数元素而言，选用的灯电流为其额定电流的 40%～60%是合适的，此时光线强度比较稳定。对高熔点的镍、钴、钛等空心阴极灯，工作电流可以调大些；对低熔点易溅射的铋、钾、钠、铯等空心阴极灯，使用时工作电流小些为宜。具体采用多大电流，可先绘制吸光度-灯电流关系曲线，然后选择有最大吸光度读数时的最小灯电流。

(3) 光谱通带宽度的选择

选择光谱通带，实际上就是选择狭缝的宽度。单色器的狭缝宽度主要是根据待测元素的谱线结构和所选的吸收线附近是否有非吸收干扰来选择的。一般情况下，原子吸收中谱线重叠的可能性较小，此时可选择较宽的狭缝，以增加通过光的强度，同时使用较小的增益，从而提高信噪比。但当火焰的背景发射很强，或在分析线附近有干扰时，则应选择较窄的狭缝。

实际选用的狭缝宽度可以通过实验来确定：逐渐改变单色器的狭缝宽度，当检测器输出信号最强，即吸光度最大时即为合适的狭缝宽度。另外，也可以根据文献资料进行计算。表 3-5 列出了一些元素在测定时经常选用的光谱通带，查阅仪器说明书上标明的单色器线色散率倒数，根据式 3-53 即可计算出相应的狭缝宽度。

表 3-5　不同元素所选用的光谱通带　　/nm

元　素	共振线	通　带	元　素	共振线	通　带
Al	309.3	0.2	Mn	279.5	0.5
Ag	328.1	0.5	Mo	313.3	0.5
As	193.7	<0.1	Na	589.0①	10
Au	242.8	2	Pb	217.0	0.7
Be	234.9	0.2	Pd	244.8	0.5
Bi	223.1	1	Pt	265.9	0.5
Ca	422.7	3	Rb	780.0	1
Cd	228.8	1	Rh	343.5	1
Co	240.7	0.1	Sb	217.6	0.2
Cr	357.9	0.1	Se	196.0	2
Cu	324.7	1	Si	251.6	0.2
Fe	248.3	0.2	Sr	460.7	2
Hg	253.7	0.2	Te	214.3	0.6
In	302.9	1	Ti	364.3	0.2
K	766.5	5	Tl	377.6	1
Li	670.9	5	Sn	286.3	1
Mg	285.2	2	Zn	213.9	5

① 使用 10nm 通带时，单色器通过的是 589.0 和 589.6nm 双线。若用 4nm 通带。测定 589.0 线，灵敏度可提高。

(4) 火焰原子化条件的选择

火焰温度是影响原子化效率的基本因素。首先有足够的温度才能使试样充分分解为原子蒸气状态。但温度过高会增加原子的电离或激发，而使基态原子数减少，这对原子吸收是不利的。因此在确保待测元素能充分解离为基态原子的前提下，低温火焰比高温火焰具有更高的灵敏度。但对于某些元素，如果温度太低则试样不能解离，反而灵敏度降低，并且还会发生分子吸收，干扰可能更大。

火焰由燃气和助燃气按一定比例混合后燃烧而成，其温度与燃气和助燃气的种类及配比有关。

① 火焰种类的选择　常用的火焰有乙炔-空气火焰、乙炔-氧化亚氮火焰、煤气（丙烷)-空气火焰。

a. 乙炔-空气火焰　此类火焰应用最为广泛，最高温度约为 2300℃，能用以测定 35 种以上的元素，且信噪比较高。但测定易形成难离解氧化物的元素时灵敏度很低，不能用于测定。另外，该火焰在短波长范围内对紫外光吸收较强，易使信噪比降低。

b. 乙炔-氧化亚氮火焰　在燃烧过程中，氧化亚氮分解出氧和氮并发出了大量的热，乙炔再与生成的氧燃烧，因此火焰温度可达 3000℃左右。由于火焰温度高，有利于消除化学干扰和高温元素的原子化。在该火焰中大约可测定 70 种元素，几乎对所有能生成难熔氧化物的元素都有较好的灵敏度。使用时应注意点火及熄火的顺序，即点火时先点燃乙炔-空气再转换到乙炔-氧化亚氮，熄火前先将乙炔-氧化亚氮火焰转换为乙炔-空气。

c. 煤气（丙烷）-空气火焰　这种火焰温度较低，大约为1900℃。适用于分析那些生成的化合物易挥发、易解离的元素，如碱金属 Cd、Cu、Pb、Ag、Zn、Au 及 Hg 等。

d. 空气-氢火焰　是一种无色的低温火焰，最高温度约2000℃。此类火焰适用于测定易电离的金属元素，如 As、Se 和 Sn 等，对于共振线在远紫外区的元素尤为适宜。

② 燃气和助燃气比例　火焰按燃气与助燃气的流量比例（燃助比）不同，可分为化学计量焰、富燃焰及贫燃焰三类。

化学计量焰，亦称中性火焰，其燃助比与化学计量关系接近。这种火焰温度高、稳定、噪声小、背景低并稍具还原气氛，适用于多数元素的测定，是普遍使用的一种火焰。以乙炔-空气为例，其燃助比为1∶4。

富燃焰的燃助比大于化学反应计量比，火焰呈黄色，温度略低于化学计量焰。这类火焰中有大量燃气未燃烧完全，含有较多的碳、CH 基等，因此呈强还原性，适用于易形成难离解氧化物元素的测定。

燃助比小于化学计量焰称为贫燃焰。以乙炔-空气为例，其燃助比约1∶6，燃烧完全，氧化性较强。由于助燃气流量大，易带走火焰中的热量，降低了火焰的温度。贫燃焰常用于易离解、易电离的元素，如碱金属元素的测定。

最佳的流量比应通过绘制吸光度-燃气、助燃气流量曲线来确定。

③ 燃烧器高度的选择　基态金属原子蒸气在火焰中的分布并不均匀，随火焰条件而发生变化，而从空心阴极灯发出入射光线的位置是固定的。因此，应选择合适的燃烧器高度，使入射光线从金属原子蒸气密度最大的区域通过，以获得良好的灵敏度。

最佳燃烧器高度可通过试验选择：固定燃气、助燃气流量，改变燃烧器高度，测定同一试液的吸光度，绘制吸光度-燃烧器高度曲线图，选择吸光度最大者为最佳高度。最佳燃烧器高度一般在燃烧器狭缝口上方2～5mm处。

④ 进样量的选择　在一定范围内，增加进样量使吸光度增大，有利于提高灵敏度。但进样量超过一定值后，试样不能有效地原子化，吸光度变化不大。相反，喷入的试液会对火焰产生冷却效应，灵敏度反而降低。试样的进样量一般以3～6mL/min为宜。

(5) 石墨炉原子化条件的选择

与火焰原子化相比，无火焰原子化可以提高原子化效率，灵敏度增加数十至数百倍。选择合适的原子化条件，可以得到较高的灵敏度并减小测定误差。

① 载气的选择　石墨炉管外通载气防止石墨管被氧化，管内通载气以除去干燥和灰化过程中产生的基体蒸气，同时保护生成的基态原子免遭氧化。常用的载气为氮或氩。管外气体流量一般为1～5L/min，管内气体流量一般为60～70mL/min。在原子化过程中，停止惰性气体的通入可以延长原子蒸气在石墨炉中的停留时间，以提高测定的灵敏度。管内气流的大小与测定元素有关，可通过试验确定。

② 冷却水　为使石墨管能够在每次分析之间迅速降至室温，设有冷却水装置。冷却水流量一般为1～2L/min，可在20～30s冷却。水温不宜过低，流速亦不可过大，以免在石墨锥体或石英窗上产生冷凝水。

③ 原子化温度的选择　石墨炉采用程序升温的方式进行原子化，其分析周期包括进样、干燥、灰化、原子化、净化、冷却等几个过程。

原子化过程中，干燥条件将直接影响分析结果的重现性。干燥是指进样后，在低温下蒸发去除试样中溶剂的过程，它避免了样品在灰化和原子化过程中飞溅。为了防止样品飞溅，又能保持较快的蒸发速度，干燥应在略低于溶剂沸点的温度下进行。干燥时间取决于试样量，一般每微升溶液干燥1.5s，具体时间可通过实验确定。

灰化的目的是除去有机物及低沸点的无机物，以减小基体组分对测定的干扰。进行灰化时，若温度低于600℃则大多数元素不会损失，因此灰化温度可适当高一些，但温度过高石墨消耗量大。灰化时间一般在10～20s。最佳灰化温度与时间应通过实验确定：固定干燥条件及原子化程序，绘制吸光度-灰化温度或吸光度-灰化时间的灰化曲线，找到最佳灰化温度和灰化时间。

原子化的温度随被测元素而异，一般情况下，原子化温度每提高100℃，信号峰值提高百分之几。实际测定工作中，选用达到最大吸收信号的最低温度作为原子化温度，以延长石墨管的使用寿命。原子化时间与原子化温度是相配合的，一般情况是在保证完全原子化前提下，原子化时间尽可能短。实际工作中应根据实验确定最佳原子化温度及时间，一般原子化温度控制为1800～3000℃，时间为5～8s。

净化的目的是除去原子化过程后残留在炉内的待测元素或其他基体物质，消除由此产生的记忆效应。净化温度应比原子化温度高100～200℃，采用空烧的方法。时间不宜过长，否则将缩短石墨管的使用寿命，一般在3～5s。

石墨炉原子化器的升温过程一般由计算机进行自动控制。常用的升温方式有斜坡升温及阶梯升温。

所谓斜坡升温，指施加于石墨管两端的电流、电压或功率的大小随时间线性上升。当石墨炉由温度 T_1 上升至 T_2 时，若温差以 ΔT 表示，所需时间为 Δt，则升温速率为 $\mathrm{d}T/\mathrm{d}t$。当 $\mathrm{d}T/\mathrm{d}t$ 较小时，升温曲线较为平缓。斜坡升温程序可由一个或多个斜坡升温过程及过程之间的温度保持阶段组成。斜坡升温方式的最大优点是使石墨管缓慢平稳地逐渐上升到所需的温度，对多组分复杂基体物质的蒸发分离除去非常有效。

阶梯升温又称脉冲升温，与斜坡升温相比，石墨炉由温度 T_1 上升至 T_2 时，所用时间 Δt 接近于零。阶梯升温程序由多个阶梯升温过程及过程之间的温度保持阶段组成，其升温曲线为阶梯状。该升温方式主要用在灰化阶段。使用时应充分考虑样品的状态，溶剂是否已除尽，否则会造成样品飞溅。

某些石墨炉配有最大功率附件，能以最快的速率[(1.5～2.0)×10^3℃/s]加热石墨管至预先确定的原子化温度。用最大功率方式加热可提高灵敏度，并在较宽的温度范围内产生原子化平台区。因此可以在较低的原子化温度下，达到最佳原子化条件，延长了石墨管寿命。

④ 进样量　使用石墨炉原子化器时，进样量主要取决于石墨管容积的大小。一般固体进样 0.1～10mg，液体进样 1～50μL。

3.3.1.5　干扰及其消除

原子吸收分析是一种干扰较少的检测技术。这是由于光源发出的光比较简单，且基态原子是窄频吸收，元素之间的干扰较少。但在实际测定过程中仍不可忽视干扰问题。原子吸收分析法中的干扰主要有光谱干扰、电离干扰、物理干扰和化学干扰。

(1) 光谱干扰

光谱干扰是由于分析元素吸收线与其他吸收线或辐射不能完全分开而产生的干扰，具体又可分为谱线干扰和背景干扰。

① 谱线干扰

a. 光谱通带内存在非吸收线。这些非吸收线可能来自待测元素的其他发射线，也可能是光源中所含杂质的发射线。由于这些谱线不被待测元素所吸收，因此将引起灵敏度降低。减小狭缝宽度可以改善或消除这种干扰。另外，也可适当减小灯电流以降低灯内干扰元素的发光强度。

b. 吸收线重叠。在测定波长下，共存元素与待测元素都对入射光线产生吸收，致使测定结果产生误差。某些吸收线的重叠干扰见表 3-6。

发生吸收线重迭干扰时可另选其他无干扰的分析线进行测定，或者预先分离干扰元素。如测定大量钒中的铝时，如选用 Al 308.215nm 为分析线，干扰严重；若选用 Al 309.27nm 为分析线，则无干扰。

c. 光源的连续背景发射。连续背景发射一方面造成灵敏度下降，另外共存元素可能会吸收此类辐射而造成测定误差。此时，可尝试将灯反接，并通以大电流加以消除，否则应更换新灯。

d. 火焰产生辐射干扰。可以通过光源机械调制，或者是对空心阴极灯采用脉冲供电的方法来消除此干扰。

表 3-6 可能发生吸收线重叠干扰的谱线

分析线	干扰线	分析线	干扰线	分析线	干扰线
B 249.773	Ge 249.796	Os 247.684	Ni 247.687	Tl 377.572	Ni 377.557
Bi 202.121	Au 202.138	Os 264.411	Ti 264.426	Si 226.891	Al 226.910
Co 227.449	Re 227.462	Os 271.464	Ta 271.467	Si 266.124	Ta 266.134
Co 242.493	Os 242.497	Os 285.076	Ta 285.089	Co 350.228	Rh 350.252
Co 252.136	W 252.132	Os 301.804	Hf 301.831	Co 298.895	Rn 298.895
Co 346.580	Fe 364.586	Pd 363.470	Ru 363.493	Co 393.338	Ca 393.336
Co 351.348	Ir 351.364	Pt 227.438	Co 227.449	Si 252.411	Fe 252.429
Cu 216.509	Pt 216.517	Rh 350.252	Co 350.261	Sn 270.651	Sc 270.617
Ga 294.418	W 294.440	Sc 298.075	Hf 298.081	Ti 264.364	Pt 264.689
Au 242.795	Sr 242.810	Ir 208.882	B 208.884	W 266.554	Ta 266.561
Hf 295.008	Nb 295.008	Ir 248.118	W 248.144	W 271.890	Fe 271.903
Hf 302.054	Fe 302.064	Ag 328.068	Rh 328.060	V 252.622	Ta 252.635
In 303.936	Ge 303.906	Sr 421.552	Rb 421.556	Zn 301.175	Ni 301.220
Fe 248.327	Su 248.339	Ta 263.690	Os 263.713	Zn 386.387	Mo 386.411
La 370.454	V 370.470	Ta 266.189	Ir 266.198	Zn 396.826	Ga 396.847
Pb 261.365	W 261.380	Ta 269.131	Ge 269.134		
Mo 379.825	Nb 379.812	Tl 291.832	Hf 291.858		

② 背景干扰　背景干扰是指在原子化过程中，由于气态分子对光的吸收，以及光散射作用而产生的干扰。背景干扰是一种宽频干扰，它使吸光度增加，从而导致测定结果偏高。

分子吸收是指在原子化过程中，由于火焰成分、试液中盐类和无机酸（主要是硫酸和磷酸）等分子或游离基等对入射光吸收而产生的干扰。波长越短，火焰成分的吸收越严重。如乙炔-空气、丙烷-空气等火焰在波长小于 250nm 时有着明显吸收。金属的卤化物、氧化物、氢氧化物及部分硫酸盐和磷酸盐分子对光有着吸收。因此，在原子吸收光谱法中应尽量避免使用硫酸和磷酸。

光散射是指基体成分在原子化过程中形了成高度分散的固体微粒，当入射光照射在这些固体微粒上时产生了光散射，导致吸光度增大而产生正误差。

石墨炉原子化器的背景干扰比火焰原子化器更严重。背景干扰可以采取以下几种方法加以消除：

a. 配制一组成与试样相同但不含待测元素的空白溶液，以此溶液来调零。

b. 邻近非吸收线校正　先用分析线测量待测元素吸收和背景吸收的总吸光度，再在待测元素吸收线附近另选一条不被待测元素吸收的谱线，测量试液的吸光度，此吸收即为背景吸收。从总吸光度中减去邻近非吸收线吸光度，即可扣除背景吸收。

c. 氘灯背景校正　氘灯发射的是连续光谱，而待测元素的吸收是窄频吸收，它对氘灯所发出光的吸收可以忽略不计。空心阴极灯发出的锐线光通过原子蒸气时，测得的是待测元素与背景吸收的总和。两者吸光度之差，即为待测元素的实际吸光度。使用氘灯校正时，要调节氘灯光斑与空心阴极灯光斑完全重迭，并调节两束入射光能量相等。

氘灯背景校正是应用最为广泛的连续光源背景校正装置。但应注意氘灯背景校正的应用波长范围为190～360nm，且只能校正至吸光度值为1～1.2。可见光区的背景校正可用碘钨灯或氙灯。当吸光度值较大时，可采用塞曼效应背景校正。

d. 塞曼效应背景校正　当磁场作用于光源或原子化器中的原子蒸气时，光源的发射谱线或原子的吸收谱线将产生光谱分裂，这种现象称为塞曼效应。塞曼效应背景校正先利用磁场将吸收线分裂为具有不同偏振方向的组分，再用这些分裂的偏振组分来区别被测元素和背景吸收。

塞曼效应背景校正可校正吸光度值可达1.5～2.0。

e. 自吸收背景校正　自吸收背景校正是利用在大电流时空心阴极灯出现自吸收现象，发射的谱线变宽，以此测量背景吸收。应用该法校正时，先使空心阴极灯在低电流下正常工作，测得待测元素和背景吸收的总和。再加大灯电流使其发生自吸，测得背景吸收。两者吸光度之差，即为校正后待测元素的吸光度。

应注意空心阴极灯长时间在大电流下工作会加速其老化，降低测量灵敏度。

(2) 电离干扰

高温下原子发生电离，失去一个或几个电子形成离子，而离子不产生吸收。这种由于电离使基态原子数目减少，导致测定结果偏低的干扰称为电离干扰。电离干扰随温度升高、电离平衡常数增大而增大，随被测元素浓度增大而减小。电离干扰主要发生在电离电位较低的碱金属和部分碱土金属中，如Be、Mg、Ca、Sr、Ba、Al等。火焰温度越高，干扰越严重。

为了降低电离干扰，一方面可以适当控制火焰温度，另一方面可以加入一定量的消电离剂。所谓消电离剂，是指较易发生电离的元素，如钠、钾、铷、铯等，其电离电位比待测元素更低。这些易电离的元素在火焰中强烈电离产生大量的电子，从而抑制了待测元素的电离，提高了分析的灵敏度与准确度。例如测定Ba时，适量加入钾盐可以消除Ba的电离干扰。消电离剂加入量太大会影响吸收信号并产生杂散光，具体加入量由实验确定。

(3) 物理干扰

物理干扰是指试样在转移、蒸发和原子化的过程中，由于物理特性（如黏度、表面张力、密度和蒸气压等）的变化而引起原子吸收强度下降的效应。物理干扰是非选择性干扰，对试样中各元素的影响基本相同，通常也称为基体效应。

对于组成已知的待测试样，可通过配制与待测试液组成相似的标准溶液并在相同条件下进行测定的方法来消除物理干扰。对于组成未知的试样，可采用标准加入法或选用适当溶剂稀释试液来减小或消除物理干扰。此外，在溶液中加入某些有机溶剂，可以改变试液的表面张力等物理性质，提高喷雾速率和雾化效率以及待测元素在火焰中离解成基态原子的速度，增加基态原子在火焰中的停留时间，从而提高分析灵敏度。另一方面，有机溶剂的加入往往会增加火焰的还原性，从而促使难挥发、难熔化合物解离为基态原子。

(4) 化学干扰

化学干扰是指试样溶液转化为基态原子的过程中，待测元素与其他组分之间发生化学反应而引起的干扰。化学干扰是原子吸收光谱分析中的主要干扰，它影响元素化合物离解及其原子化，致使火焰中基态原子数目减少，从而产生干扰。

化学干扰是一种选择性干扰，它对各种元素的影响各不相同，并随火焰强度、火焰状态和部位、其他组分的存在、雾滴大小等因素而变化。减小化学干扰的方法有以下几种。

① 提高火焰温度　对于难挥发、难离解的化合物，可采用适当提高火焰温度或石墨炉原子化温度的方法促使其离解。如在空气-乙炔火焰中 PO_4^{3-} 对 Ca 测定干扰，Al 对 Mg 的测定有干扰，如果选用氧化亚氮-乙炔火焰以提高火焰温度，即可减小干扰。

② 加入释放剂　在待测试液中加入一种金属元素使其与干扰物质反应，生成更稳定、更难解离的化合物，待测元素即从原来难解离化合物中释放出来，从而达到消除干扰的目的，这种加入的金属元素称为释放剂。例如上述 PO_4^{3-} 干扰 Ca 的测定，加入 $LaCl_3$ 后即可排除干扰。因为 PO_4^{3-} 与 La^{3+} 生成更稳定的 $LaPO_4$，而将 Ca 从 $Ca_3(PO_4)_2$ 中释放出来。

③ 加入保护剂　所谓保护剂，是指能与待测元素或干扰元素反应生成稳定配合物，从而保护待测元素、避免干扰的试剂。保护剂一般是有机配位剂，它们在火焰上易被破坏，使与有机配位剂结合的金属元素能够有效地原子化。例如加入 EDTA 可以消除 PO_4^{3-} 对 Ca^{2+} 的干扰，这是因为 Ca^{2+} 与 EDTA 配位后不再与 PO_4^{3-} 发生反应。

④ 加入基体改进剂　使用石墨炉进行原子化时，可在试液中加入某种试剂，使基体成分转变为较易挥发的化合物，或将待测元素转变为更加稳定的化合物，以便允许较高的灰化温度和在灰化阶段更有效地除去干扰基体，这种试剂即称为基体改进剂。如测定海水中的 Cd 含量，可加入 NH_4NO_3 作为基体改进剂，使 NaCl 变成易挥发的 $NaNO_3$ 及 NH_4Cl，并在灰化阶段除去。

⑤ 加入缓冲剂　加入大量的干扰元素可使干扰达到饱和并且趋于稳定，含有大量干扰元素的试剂称为缓冲剂。如在使用乙炔-氧化亚氮火焰测定钛时，可在试样及标准溶液中均加入 $200\mu g \cdot mL^{-1}$ 的铝，抵消了铝的干扰，但灵敏度有所降低。

⑥ 化学分离　若以上方法都不能有效地消除化学干扰，可采用化学分离。常用的分离方法有离子交换、萃取、共沉淀等，其中萃取法应用最为广泛。化学

分离不仅可以去掉大部分干扰物，还可以起到浓缩被测元素的作用。缺点是操作烦琐，试剂用量多，还可能给样品测定带来沾污。

表 3-7 列出了部分常用的抑制干扰试剂，以供测定时选用。

表 3-7　常用的抑制干扰试剂

试　剂	干扰成分	测定元素
La	Al,Si,PO_4^{3-},SO_4^{2-}	Mg
Sr	Al,Be,Fe,Se,NO_3^-,SO_4^{2-},PO_4^{3-}	Mg,Ca,Sr
Mg	Al,Si,PO_4^{3-},SO_4^{2-}	Ca
Ba	Al,Fe	Mg,K,Na
Ca	Al,F	Mg
Sr	Al,F	Mg
$Mg+HCl(\quad)_4$	Al,Si,PO_4^{3-},SO_4^{2-}	Ca
$Sr+HCl(\quad)_4$	Al,P,B	Ca,Mg,Ba
Nd,Pr	Al,P,B	Sr
Nd,Sm,Y	Al,P,B	Ca,Sr
Fe	Si	Cu,Zn
La	Al,P	Cr
Y	Al,B	Cr
Ni	Al,Si	Mg
甘油,高氯酸	Al,Fe,Th,稀土,Si,B,Cr,Ti,PO_4^{3-},SO_4^{2-}	Mg,Ca,Sr,Ba
NH_4Cl	Al	Na,Cr
NH_4Cl	Sr,Ca,Ba,PO_4^{3-},SO_4^{2-}	Mo
NH_4Cl	Fe,Mo,W,Mn	Cr
乙二醇	PO_4^{3-}	Ca
甘露醇	PO_4^{3-}	Ca
葡萄糖	PO_4^{3-}	Ca,Sr
水杨酸	Al	Ca
乙酰丙酮	Al	Ca
蔗糖	P,B	Ca,Sr
EDTA	Al	Mg,Ca
8-羟基喹啉	Al	Mg,Ca
$K_2S_2O_7$	Al,Fe,Ti	Cr
Na_2SO_4	可抑制 16 种元素的干扰	Cr
$Na_2SO_4+SO_4$	可抑制 Mg 等十几种元素的干扰	Cr

3.3.1.6　标准溶液及试样的制备

（1）标准溶液的制备

用待测元素对应的盐类来配制标准溶液最为方便。当没有合适的盐类时，也可选用高纯金属溶解配制。金属在溶解之前要先用稀酸清洗，以除去表面的污染物和氧化层。

标准溶液在保存时应注意避免金属离子的损失。所需标准溶液的浓度低于 $0.1mg \cdot mL^{-1}$ 时，应先配成比操作液浓度高 1～3 个数量级的浓溶液（大于

1mg·mL⁻¹）作为储备液，在使用前进行稀释。储备液配制时要维持一定酸度，以免器皿表面吸附。配好的储备液应储于聚四氟乙烯、聚乙烯或硬质玻璃容器中。浓度小于1μg·mL⁻¹的标准溶液不稳定，使用时间不应超过1～2d。表3-8列出了常用标准储备液的配制方法。

表 3-8 常用标准储备液的配制

金属	基准物	配制方法(浓度 1mg/mL)
Ag	金属银(99.99%)	溶解1.000g银于20mL(1+1)硝酸中,用水稀释至1L
	$AgNO_3$	溶解1.575g硝酸银于50mL水中,加10mL浓硝酸,用水稀释至1L
Au	金属金	将0.1000g金溶解于数mL王水中,在水浴上蒸干,用盐酸和水溶解,稀释到100mL,盐酸浓度约为1mol/L
Ca	$CaCO_3$	将2.4972g在110℃烘干过的碳酸钙溶于(1+4)硝酸中,用水稀释至1L
Cd	金属镉	溶解1.000g金属镉于(1+1)硝酸中,用水稀释至1L
Co	金属钴	溶解1.000g金属钴于(1+1)盐酸中,用水稀释至1L
Cr	$K_2Cr_2O_7$	溶解1.829g重铬酸钾于水中,加20mL硝酸,用水稀释至1L
	金属铬	溶解1.000g金属铬于(1+1)盐酸中,加热使之溶解完全,冷却,用水稀释至1L

（2）试样的制备

① 采样时要注意防止样品被污染，污染是影响灵敏度和检测限的重要原因之一。采用火焰原子化时要将试样配制成样品溶液，若采用石墨炉原子化则可直接分析固体样品。

② 无机固体试样在溶解时首先考虑能否溶于水，若不溶于水则选用酸来溶解。常用的酸溶剂有HCl、H_2SO_4、HNO_3、H_3PO_4、$HClO_4$、HF以及它们的混酸，如$HCl+HNO_3$、$HCl+HNO_3+HF$、$H_3PO_4+H_2SO_4+HClO_4$等。有时加入某些氧化剂（如H_2O_2）、盐类（如铵盐）或有机试剂（如酒石酸）等有利于试样的溶解。在原子吸收光谱分析中，HNO_3和HCl干扰比较小而应用广泛。用酸不能溶解或溶解不完全的试样可采用熔融法处理，常用的熔剂有$LiBO_2$、$Na_2B_4O_7$、Na_2O_2、$K_2S_2O_7$、$NaHSO_4$、$KHSO_4$等。熔融法分解试样能力强，但溶液中盐浓度较高，若稀释倍数小易堵塞喷雾器或燃烧器，稀释倍数大又使检出能力下降。另外，在熔融过程中腐蚀下来的坩埚材料和熔剂中的杂质会对测定产生干扰。

③ 有机试样在测定前应通过消化处理以除去有机物基体，具体有干法灰化和湿法消化两种。

干法灰化是将有机试样经高温分解后，使被测元素呈可溶状态的样品处理方法。干法灰化时，将样品放在石英坩埚或铂坩埚内，于80～150℃低温加热赶去大量有机物，然后在马弗炉中以450～500℃缓慢灰化6～24h。冷却后加浓

HNO_3 或浓 HCl 并蒸发近干，再加入 HNO_3 或 HCl 定容。灰化前加入 HNO_3、H_2SO_4、MgO、$Mg(NO_3)_2$ 等灰化助剂可加速灰化过程，减少挥发和容器沾留损失。

湿法消化是在样品中加入浓酸及氧化剂，在加热条件下消化试样。常用的消化剂有 HNO_3、H_2SO_4、$HClO_4$ 等，它们可以单独使用也可混合使用。$HClO_4$ 氧化性很强，在使用时应注意在加热浓缩的情况下会逐渐变色并爆炸，因此不能单独使用。最常用的消化剂为 $HNO_3+HCl+HClO_4$。消化时，在试样中加入适量的 HNO_3 和 HCl 并放置过夜，加热至试液澄清后加 2mL HNO_3 和 0.5mL $HClO_4$，继续加热至冒白烟，再用去离子水冲洗杯壁，加热至 $HClO_4$ 烟冒尽，最后用 HNO_3 或 HCl 溶解。

微波消解是上世纪 70 年代出现的一种新兴的样品处理方法。微波消解在密封容器内加压进行，无挥发性损失，减少了样品用量和试剂消耗量，酸蒸气不逸出，不污染环境，消解速度比普通消解快 10 倍以上。微波消解系统与家用微波炉不同，不仅可以改变加热功率、加热时间，还能对温度及压力进行控制。微波消解应在特制的消解罐中进行。相关内容参见 2.3.2.5。

3.3.2 气相色谱分析

3.3.2.1 色谱法概述

(1) 色谱法由来与色谱法定义

色谱法是由俄国植物学家茨维特于 1906 年首先提出的。他在研究植物色素的过程中，在一根玻璃管中填充碳酸钙颗粒，形成一个吸附柱，再将植物叶子中的色素用石油醚浸取并注入吸附柱中，不断用石油醚淋洗。随着石油醚的不断加入，叶绿素 a、叶绿素 b、叶黄素和胡萝卜素等色素逐渐得到分离，在柱中形成了具有一定间隔的颜色不同的色带。茨维特将上述分离方法称为色谱法，装有碳酸钙的玻璃管称为色谱柱，管中装填的固体碳酸钠颗粒称为固定相，推动待分离色素流过固定相的石油醚称为流动相，柱中出现的有颜色的色带叫做色谱图。现在的色谱分析已经失去颜色的含义，只是沿用色谱这个名词。

色谱法首先是一种分离的方法。当混合物在流动相的推动下流经色谱柱时，会与固定相发生相互作用。由于各组分在结构与性质上有所差异，与固定相发生作用的大小各不相同，因此在固定相中停留的时间长短不一，从而使其在色谱柱中得到了分离。分离后与适当的检测手段相结合，即可测得各组分的含量。

(2) 色谱法的分类

从不同的角度，色谱法可以有不同的分类方法。

① 按固定相和流动相所处的状态分类，见表 3-9。

表 3-9　按两相所处状态分的色谱法分类

流动相	总称(缩写)	固定相	名称(缩写)	流动相	总称(缩写)	固定相	名称(缩写)
气体	气相色谱(GC)	固体	气-固色谱(GSC)	液体	液相色谱(LC)	固体	液-固色谱(LSC)
		液体	气-液色谱(GLC)			液体	液-液色谱(LLC)

② 按固定相性质和操作方式分类　固定相装在柱管内的色谱法称为柱色谱，具体又分为填充柱色谱和毛细管柱色谱；色谱分离在滤纸上进行的称为纸色谱；固定相涂在玻璃板或其他平板上的色谱法称为薄层色谱。

③ 按分离原理分类　利用吸附剂对不同组分吸附性能不同进行分离的称为吸附色谱；利用固定液对不同组分分配性能不同进行分离的称为分配色谱；利用离子交换剂对不同离子亲和能力不同进行分离的称为离子交换色谱；利用凝胶对不同组分分子的阻滞作用不同进行分离的称为凝胶色谱。

(3) 气相色谱法的特点及应用范围

色谱分析法分离效率高，对性质相似的同位素、烃类异构体等有很强的分离能力，能分析沸点十分接近的复杂混合物。样品用量少，一般气体样品仅需1mL，液体样品仅需1μL。灵敏度高，配以合适的检测器，可检测出$10^{-13}\sim10^{-11}$g的痕量物质。分析速度快，自动化程度高。

目前，色相色谱法在石油化工、环境监测、医药卫生、食品质量与安全等方面有着广泛的应用。

(4) 气相色谱分析流程

气相色谱分析流程见图 3-29。气相色谱的流动相为气体，称为载气，常用的载气有 N_2、H_2 等。高压气体钢瓶中的 N_2 或 H_2 等气体经减压阀后，降低至所需压力，通过净化器除去载气中水分和其他杂质，再由稳压阀和针形阀分别控制载气压力和流量，到达进样系统后与试样混合，携带试样进入色谱柱。由于固定相与各组分的作用力不同，混合物在色谱柱中得到分离，依次流出色谱柱进入检测器。检测器将组分的浓度或质量转变为电信号，经放大器放大后，通过记录

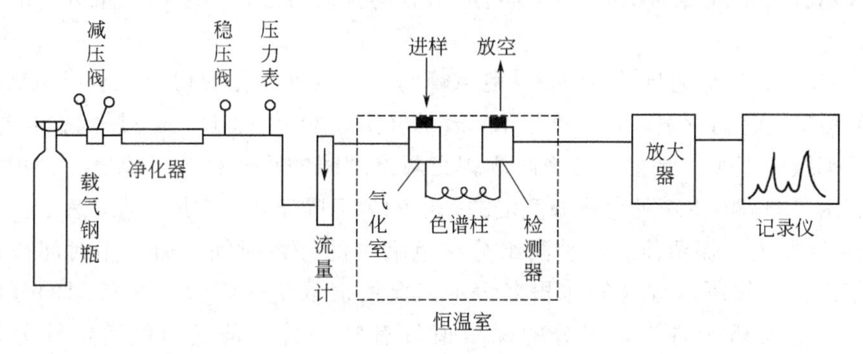

图 3-29　气相色谱分析流程

仪即可得到色谱图。

（5）色谱图及相关术语

① 色谱图与色谱流出曲线　色谱图是指进样后，色谱柱流出物通过检测系统所产生的响应信号对时间或载气流出体积的曲线图，得到的曲线叫做色谱流出曲线，如图 3-30 所示。

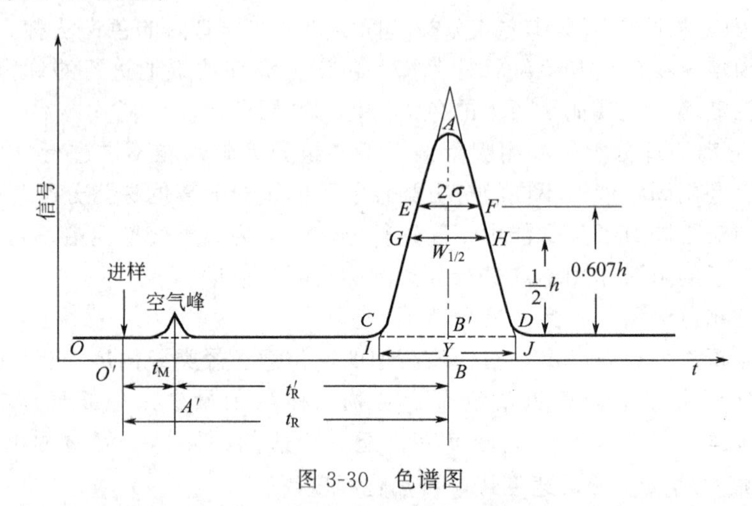

图 3-30　色谱图

② 基线　在正常操作条件下，仅有载气通过检测器时所产生的响应信号曲线称为基线，它反映了仪器噪声随时间的变化。

稳定的基线应该是一条直线，若是斜线则发生了基线漂移。所谓基线漂移是指基线随时间定向的缓慢变化。而基线噪声是指由各种因素所引起的基线起伏。

③ 色谱峰　当组分进入检测器，色谱流出曲线偏离基线而绘出的曲线称为色谱峰。理想的色谱峰应为对称的正态分布曲线。

④ 峰高和峰面积　峰高是指色谱峰最高点到基线的距离，即图 3-30 中的 AB′，峰高通常以 h 表示。峰面积是指色谱峰与基线之间所围成的面积，通常以 A 来表示。峰高或峰面积的大小与对应组分的含量有关，是色谱定量分析的基本依据。

⑤ 峰宽、半峰宽与标准偏差　色谱峰两侧拐点处所作的切线与基线相交两点之间的距离，称为峰宽，常用符号 W_b 表示（图 3-30 中 I、J）。通过峰高的中点作平行于基线的直线，此直线与峰两侧相交两点之间的距离称为半峰宽，常用符号 $W_{1/2}$ 表示。峰高 0.607 处色谱峰宽度的一半称为标准偏差，常用符号 σ 表示。

⑥ 保留值　保留值表示被测组分在色谱中的停留时间，通常用时间或用将组分带出色谱柱所需载气的体积来表示。保留值取决于组分在两相间的分配情况，在一定实验条件下，组分的保留值具有特征性，是气相色谱定性分析的参数。

a. 死时间（t_M） 指不被固定相吸附或溶解的组分，从进样到出现峰最大值所需的时间，即图 3-30 中 $O'A'$。t_M 与色谱柱的空隙体积成正比，与被测组分的性质无关。

b. 保留时间（t_R） 指从进样开始，到出现待测组分信号极大值所需的时间，即图 3-30 中 $O'B$。t_R 可作为色谱峰位置的标志。

c. 调整保留时间（t'_R） 指扣除死时间后的保留时间，即图 3-30 中 $A'B$。$t'_R=t_R-t_M$。t'_R 反映了某一组分与色谱柱中固定相发生相互作用而在色谱柱中滞留的时间，它更确切地表达了被分析组分的保留特性，是气相色谱定性分析的基本参数。

d. 死体积（V_M）、保留体积（V_R）和调整保留体积（V'_R） 保留时间受载气流速的影响，为了消除这一影响，保留值也可以用从进样开始到出现色谱峰极大值所流过载气的体积来表示，即用保留时间乘以载气平均流速。

死体积 $V_M=t_MF_c$

保留体积 $V_R=t_RF_c$

调整保留体积 $V'_R=t'_RF_c$

式中 F_c——在操作条件下柱内载气的平均流速。

e. 相对保留值 r_{21} 指在相同的操作条件下，组分 2 与另一组分 1 的调整保留时间之比

$$r_{21}=\frac{t'_{R_2}}{t'_{R_1}}=\frac{V'_{R_2}}{V'_{R_1}}$$

r_{21} 仅与柱温和固定相、流动相性质有关，与其他操作条件如柱长、柱径、柱内填充情况及载气的流速等无关，所以可作为定性分析的重要参数。

⑦ 选择性因子（α） 指相邻两组分调整保留值之比

$$\alpha_{2,1}=\frac{t'_{R_1}}{t'_{R_2}}=\frac{V'_{R_1}}{V'_{R_2}}$$

α 数值的大小反映了色谱柱对难分离物质对的分离选择性。α 值越大，相邻两组分色谱峰相距越远，色谱柱的分离选择性愈高。当 α 接近于 1 或等于 1 时，说明相邻两组分色谱峰重叠未能分开。

通过色谱图，可以根据色谱峰的保留值进行定性分析，根据峰面积或峰高进行定量分析。另外，还可判断操作条件是否适宜。

（6）气相色谱分离原理

气相色谱法根据固定相状态的不同可分为气-固色谱与气-液色谱。前者以多孔性固体为固定相，后者以高沸点有机物涂渍在担体上作为固定相。

① 气-固色谱 气-固色谱的固定相是具有较大表面积的固体吸附颗粒，当载气携带试样进入色谱柱时，试样很快被吸附剂吸附。随着载气的不断通入，被吸

附的组分又从固定相中洗脱下来，这种现象称为脱附。脱附下来的组分随着载气向前移动时又再次被固定相吸附。这样，随着载气的流动，组分吸附-脱附的过程反复进行。吸附剂对每种组分的作用力有所差异，吸附力强的组分易被吸附而较难脱附，因此在色谱柱内运动速度慢，保留时间长；而吸附力弱的组分则运动速度快，保留时间短。最后各组分依次离开色谱柱而得到分离。

② 气-液色谱　气-液色谱固定相是均匀涂敷在化学惰性的固体微粒上的高沸点有机物，该固体微粒称为担体，液体固定相称为固定液。当试样气体由载气携带进入色谱柱，与固定液接触时，气相中各组分就溶解到固定液中。随着载气的不断流动，被溶解的组分又从固定液中挥发出来进入气相，挥发出的组分随着载气向前移动时又再次被固定液溶解。随着载气的流动，在固定液表面不断发生溶解、挥发的过程。由于组分性质上的差异，固定液对它们的溶解能力有所不同。溶解度大的组分在固定液中的停留时间长，移动速度慢；而溶解度小的组分挥发快，在固定液中停留时间短，移动速度快。最后各组分依次离开色谱柱而得到分离。

③ 分配系数与分配比　物质在固定相和流动相之间发生的吸附、脱附和溶解、挥发的过程，称为分配过程。色谱分离是基于固定相对试样中各组分的吸附或溶解能力的不同，吸附或溶解能力的大小可用分配系数 K 来描述。所谓分配系数，是指在给定的柱温和压力下，组分在固定相和流动相中平衡浓度的比值。

$$K=\frac{\text{组分在固定相中的浓度}}{\text{组分在流动相中的浓度}}=\frac{c_\mathrm{S}}{c_\mathrm{M}}$$

在实际工作中常使用另一参数——分配比。分配比 k 又称容量因子或容量比，指在一定温度及压力下，当组分在两相间分配达平衡时的质量比。

$$k=\frac{\text{组分在固定相中的质量}}{\text{组分在流动相中的质量}}=\frac{m_\mathrm{S}}{m_\mathrm{M}}$$

k 与其他色谱参数有以下关系：

$$k=K\frac{V_\mathrm{L}}{V_\mathrm{G}}=\frac{K}{\beta}=\frac{t_\mathrm{R}-t_\mathrm{M}}{t_\mathrm{M}}=\frac{t'_\mathrm{R}}{t_\mathrm{M}}$$

显然，分配系数或分配比相同的两组分，它们的色谱峰将会重合。分配系数或分配比的值差别越大，则相应的色谱峰距离越远，分离越好。分配系数小的组分每次分配平衡后在流动相中的浓度较大，较早地流出色谱柱；同理，分配系数大的组分后流出色谱柱。

3.3.2.2　气相色谱仪

气相色谱仪的种类、型号繁多，根据其用途可分成分析测试用的实验室色谱仪、制备纯物质用的制备色谱仪及用于中控的工业气相色谱仪。这些气相色谱仪的结构基本相同，都由气路系统、进样系统、分离系统、检测系统、数据处理系统和温度控制系统等六大部分组成。进入气相色谱仪的混合样中各组分能否分开主要取决于色谱柱，分离后的组分能否得到响应信号则取决于检测器，因此分离系统与检测系统是气相色谱仪的核心部分。

(1) 气路系统

气相色谱中载气主要用来携带待测样品通过色谱柱及检测器，气路系统包括气源、净化器、气体流速控制和测量装置。

① 气源

a. 高压钢瓶　载气一般由高压气体钢瓶提供。钢瓶为无缝钢管制成的圆柱形容器，顶部装有开关阀，瓶阀外有钢瓶帽作为防护装置，瓶体上通常套有两个橡皮圈起缓冲防震作用。

b. 减压阀　减压阀安装在高压气瓶的出口，用来将高压气体调节到较小的压力。钢瓶顶部总阀与减压阀结构如图 3-31 所示。减压阀与钢瓶配套使用，不同气体钢瓶所用的减压阀是不同的。氢气减压阀接头为反向螺纹，安装时需注意。

图 3-31　高压气瓶阀和减压阀

使用时将减压阀上的螺旋套帽装在高压气瓶总阀的支管 B 上，用扳手旋紧。经检漏后逆时针方向转动钢瓶总阀 A(有的钢瓶上没有旋钮，可用专用扳手或活络扳手)，此时高压气体进入减压阀的高压室，其压力表指示出气体钢瓶内压力。沿顺时针方向缓慢转动减压阀中旋钮 C，使气体进入减压阀低压室，其压力表指示输出气体压力。当低压室的压力大于最大工作压力（一般为 2.5MPa）的 1.1～1.5 倍时，减压阀安全装置全部打开放气，确保安全。关闭气源时，先关闭减压阀，后关闭钢瓶总阀，再开启减压阀以排出减压阀内气体，最后松开减压阀阀杆。

实验室常用减压阀有氢、氧、乙炔气减压阀等三种。每种减压阀只能用于规定的气体物质，如氢气钢瓶选用氢气减压阀；氮气、空气钢瓶选用氧气减压阀；乙炔钢瓶选用乙炔减压阀等，决不能混用。导管、压力计也必须专用。安装时应先用手拧满全部螺纹后再用扳手拧紧。打开钢瓶总阀之前应检查减压阀是否已经关好。

c. 空气压缩机　空气压缩机可以对空气进行增压、净化，并输出具有一定压力的洁净空气。

② 净化装置　钢瓶提供的气体中通常含有水、氧、烃类气体等微量的杂质，因此必须经过净化管净化处理。净化管通常为内径 50mm，长 200～250mm 的金属管，管内装填变色硅胶或 5A 分子筛，以除去气源中的微量水和低相对分子质量的有机杂质。在净化管中装入一些活性炭，则可去除气源中相对分子质量较大的有机杂质和氧。净化管的出口应垫上少量纱布或脱脂棉，以防净化剂小颗粒进入色谱仪。净化剂应定期更换，使用过的净化剂经活化后可重新使用。

③ 气体流量控制装置

a. 稳压阀　通常在减压阀后联接一稳压阀，用以稳定输出气压，并调节气体流量的大小。在恒温色谱中，若分析过程中操作条件不变，色谱柱阻力亦保持不变，单独使用稳压阀即可保持稳定的流速。

b. 针形阀　针形阀用以调节气体的流量。针形阀常安装于空气的气路中，用以调节空气的流量。当针形阀不工作时，应全开以防密封圈粘在阀门入口处，也可防止压簧长期受压而失效。

c. 稳流阀　使用程序升温进行色谱分析时，由于柱温不断升高，色谱柱阻力不断增加，致使载气流量发生变化，此时可用稳流阀保持稳定的流量。使用稳流阀时，应使针形阀处于“开”的状态，从大流量调至小流量。气体的进、出口不要反接，以免损坏流量控制器。

④ 载气流量测定　载气流量由转子流量计进行测量，转子流量计见图 3-32。当载气进入转子流量计时，转子在上升气流的作用下浮起，其升高的高度与载气流量有关。在流量计外壁作好刻度标记，即可直接读出气体流量的大小。

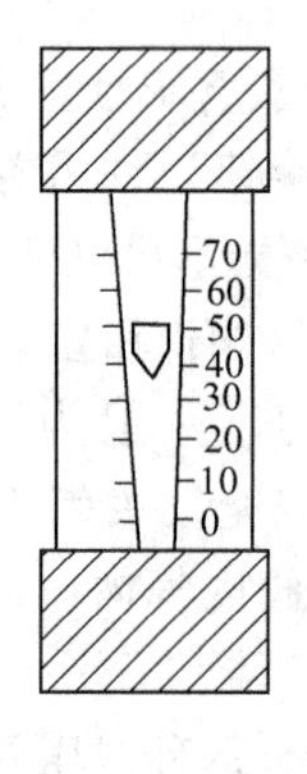

图 3-32　转子流量计

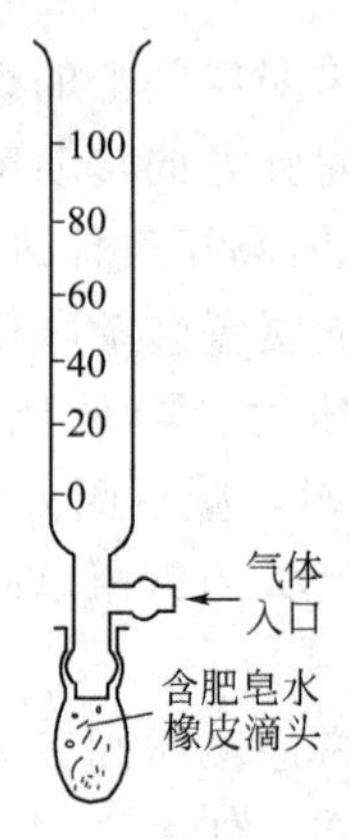

图 3-33　皂膜流量计

转子流量计可采用皂膜流量计进行校正。如图 3-33 所示，皂膜流量计由一根带有气体进口的量气管和橡皮滴头组成。使用时先向橡皮滴头中注入肥皂水并将管壁润湿，将气体通过乳胶管接至量气管的气体入口处，挤动橡皮滴头使气体吹出一皂膜并进入量气管。用秒表测定皂膜移动一定体积所需时间就可以算出气体流速，其测量精度为1%左右。

⑤ 管路连接及检漏　气相色谱仪中的管路多采用内径为3mm的不锈钢管，靠螺母、压环和O形密封圈进行连接。也有采用尼龙管或聚四氟乙烯管，但效果不如金属管好。特别是在使用电子捕获检测器时，为了防止氧气通过管壁发生渗透，最好使用不锈钢管或紫铜管。

气路检漏时，可用毛笔或软布蘸上肥皂水涂在各接头处，若有气泡产生说明该处漏气，应重新拧紧或更换密封圈。检漏完毕注意将皂液擦净。另外也可用橡皮塞堵住出口处，同时关闭稳压阀，若转子流量计读数为0，压力表压力不下降，则表明不漏气；反之，若转子流量计流量指示不为0，或压力表读数缓慢下降，则表明漏气。

（2）进样系统

进样系统的作用是将液体或气体试样定量引入色谱系统，若为液体试样，还要将其瞬间气化。对于气体及液体样品，其进样装置是不同的。

① 气体样品进样装置　气体样品一般通过六通阀或注射器进样。

a. 六通阀分旋转式及推拉式，其工作原理基本相同，常用的为旋转式六通阀，其结构与工作原理见图3-34。

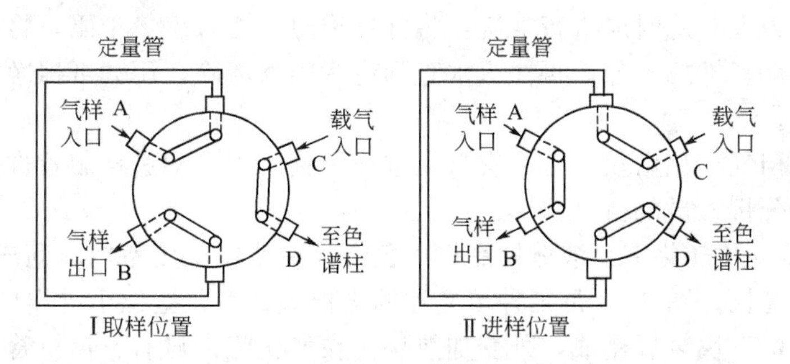

图3-34　平面六通阀结构及工作原理

当旋转式六通阀处于取样位置时，气体试样由气样入口A处进入定量管并将其充满。此时载气由载气入口C处进入六通阀经由D出口至色谱柱；将阀旋转60°即处于进样位置，此时载气由C入口处进入六通阀并将定量管中的气体由D出口顶入色谱柱，这样就完成了一个进样的过程。定量管有0.5、1、3、5mL等不同的规格，可根据需要选用。

b. 常压气体样品也可用注射器直接取样进样，但与六通阀进样相比，误差大、重现性差。

② 液体样品进样装置　液体样品一般采用微量注射器进样，其外观如图3-35所示。常用的微量注射器有1μL、5μL、10μL、50μL、100μL等规格，可根

据需要进行选用。

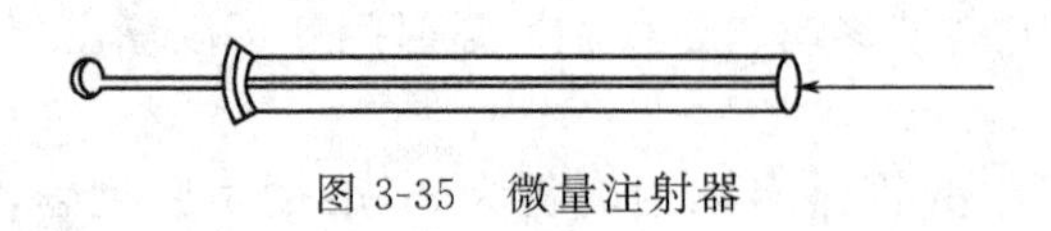
图 3-35 微量注射器

微量注射器在使用时应注意：

a. 微量注射器是易碎器械，而且常用的一般是容积为 1μL 的注射器，使用时应多加小心，不用时要洗净放入盒内，不要随便玩弄，来回空抽，否则会严重磨损，损坏气密性，降低准确度。

b. 微量注射器在使用前后都须用丙酮等溶剂清洗，而且不同种类试剂要有不同的微量注射器分开取样，切不可混合使用，否则会导致试剂被污染，最后检测结果不准确。

c. 色谱仪进样口不能拧得太紧。室温下拧得太紧，当汽化室温度升高，硅胶密封垫膨胀后会更紧，这时注射器很难扎进去。

d. 为防止把注射器针头和注射器杆弄弯，进样时应注意找准位置，不要将针扎在进样口金属部位，且用力不要太猛。有些色谱仪带一个进样器架，有助于进样。

e. 如遇针尖堵塞，宜用直径为 0.1mm 的细钢丝耐心穿通，不能用火烧的方法。

f. 注射器用一段时间就会发现针管内靠近顶部有一小段黑色污染物，吸样、注射感到阻力大，此时应进行清洗：将针杆拔出，注入少量丁酮，将针杆插到有污染的位置反复推拉，然后再注入水直到将污染物清除，用滤纸擦净针杆，再用酒精洗几次。

某些高档气相色谱仪上还配有自动进样装置。用自动进样装置进样，重现性好，减轻了分析人员的劳动强度。

③ 进样口及气化室　液体样品进入色谱仪后要在气化室内瞬间气化为蒸气，才能进入色谱柱。图 3-36 是某种填充柱的进样口，气化室位于进样口的下端。

气化室由一块金属制成，外套加热块。在气化管内衬有石英衬管，以消除金属表面的催化作用。在衬管中部塞有一些硅烷化处理过的石英玻璃毛，一方面使针尖的样品尽快分散以加速气化，另一方面可防止样品中的固体颗粒或从隔垫掉下来的碎屑进入色谱柱。气化室与外界通过硅胶垫密封，旋上散热式套管加以固定。由于硅橡胶中不可避免地含有一些残留溶剂及其他杂质，且硅橡胶在汽化室的高温作用下会发生部分降解，这些物质进入色谱柱后也将产生相应的色谱峰，影响分析测定。隔垫吹扫装置可消除这一影响。

在使用毛细管柱时，由于柱内固定相的量少，柱对样品的容量要比填充柱低，为防止柱超载，要使用分流进样器。样品注入分流进样器气化后，只有一小部分进入毛细管柱，而大部分样品都随载气由分流气体出口放空。在分流进样时，进入毛细管柱内的载气流量与放空的载气流量之比称为分流比。分析时使用

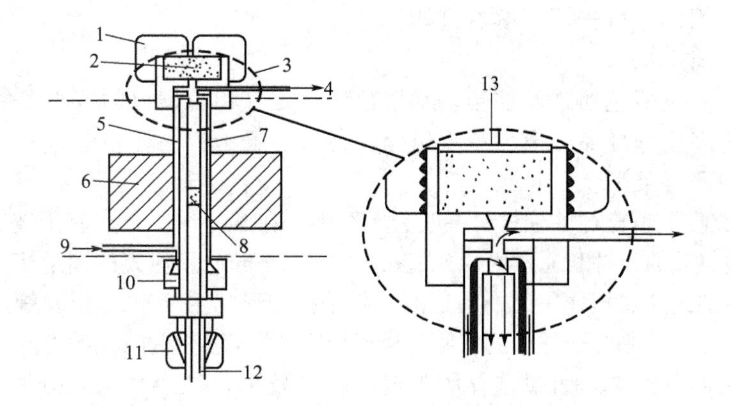

图 3-36　填充柱进样口结构及隔垫吹扫示意图

1—固定隔垫的螺母；2—隔垫；3—隔垫吹扫装置；4—隔垫吹扫气出口；
5—气化室；6—加热块；7—石英衬管；8—石英玻璃毛；9—载气入口；
10—柱连接件固定螺母；11—色谱柱固定螺母；
12—色谱柱；13—隔垫吹扫装置放大图

的分流比一般为 20∶1～200∶1，甚至更高。

图 3-37 是一种毛细管气相色谱仪的分流进样口。分流进样时，进入进样口的载气总流量由一个总流量阀控制，而后载气分成两部分，一是隔垫吹扫气，二是进入气化室的载气。进入气化室的载气与样品气体混合后又分为两部分：大部分经分流出口放空，小部分进入色谱柱。

固体试样一般用合适的溶剂溶解后，用微量注射器进样，方法同液体试样。

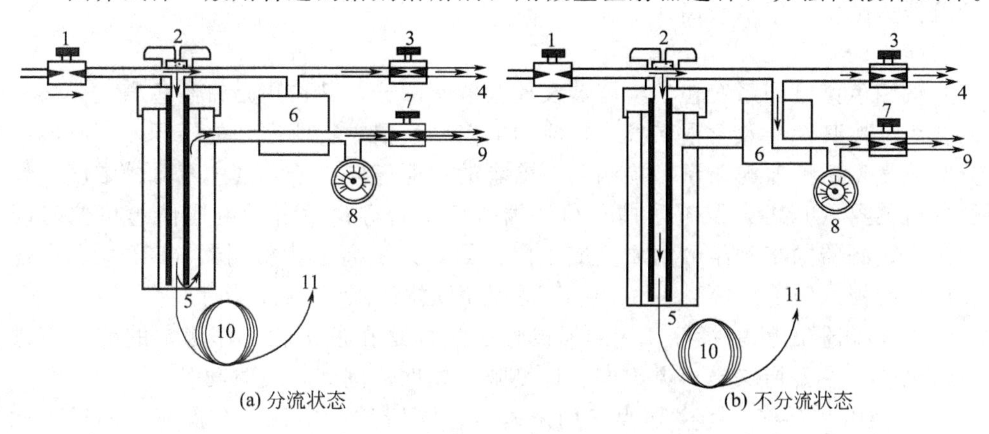

图 3-37　分流/不分流进样口原理示意图

1—总流量控制阀；2—进样口；3—隔垫吹扫气调节阀；4—隔垫吹扫气出口；
5—分流器；6—分流/不分流电磁阀；7—柱前压调节阀；8—柱前压表；
9—分流出口；10—色谱柱；11—接检测器

对于高分子固体，可采用裂解法进样。

（3）分离系统

分离系统包括色谱柱及柱箱，其中色谱柱是气相色谱仪的核心部件，它的主要作用是将多组分样品分离为单一组分。色谱柱置于恒温柱箱中，可分为填充柱和毛细管柱两种类型。

① 填充柱　填充柱的柱材料一般为不锈钢，在某些情况下也有用玻璃、聚四氟乙烯等其他材质的。柱长通常为0.5～5m，内径2～6mm。填充的固定相为具有吸附活性的吸附剂或涂在担体表面的固定液。色谱柱的形状主要有U形及螺旋形，其中U形柱柱效较高。螺旋形柱子的螺旋直径至少应是柱管直径的20倍以上。

填充柱制备简单，可供选择的固定相种类较多，柱容量大，分离效率较高，应用广泛。

② 毛细管柱　毛细管柱又叫空心柱。按固定相的涂渍方式可分为涂壁空心柱（WCOT)、载体涂渍开管柱（SCOT）及多孔层开管柱（PLOT）等几种。WCOT的柱材料一般为熔融石英，固定液直接均匀地涂在毛细管内壁。SCOT柱则先在毛细管内壁上沉积一层载体，如硅藻土，然后再在载体上涂渍固定液。由于SCOT柱中液膜较厚，柱容量较WCOT柱大，且固定液不易流失。PLOT柱实际上属于气-固色谱开管柱，在其内壁上沉积有一层多孔性吸附剂微粒，主要用于永久性气体和低分子量有机物的分离。

另外还有化学键合相毛细管柱及交联毛细管柱，详细内容可查阅相关资料。

毛细管柱的内径一般为0.1～0.5mm，柱长为几十米至上百米。与填充柱相比，具有分离效率高，分析速度快，样品用量少的优点。缺点是柱容量较小，对检测器灵敏度的要求较高。

（4）检测系统

气相色谱检测系统包括检测器及放大器两部分，其作用是将经色谱柱分离后的各组分按其特性及含量转换为相应的电信号。根据检测原理的不同，检测器可分为浓度型检测器与质量型检测器。前者的响应值取决于载气中组分的浓度，如热导检测器（TCD）及电子捕获检测器（ECD）等；后者的响应值与单位时间内进入检测器的某种组分的质量成正比，如氢火焰离子化检测器（FID）和火焰光度检测器（FPD）等。表3-10为几种常用检测器及其技术指标。

① 检测器的性能指标　检测器的性能指标是在色谱仪工作稳定的前提下进行讨论的，主要指噪声、灵敏度、检测限、线性范围和响应时间等。

a. 噪声和漂移　噪声和漂移用来衡量检测器的稳定性。在没有样品进入检测器的情况下，由于各种原因引起的基线波动称为噪声（N），单位用mV表示。噪声是检测器的本底信号。基线随时间单方向的缓慢变化，称基线漂移（M），单位用mV/h表示。良好的检测器其噪声与漂移都应该很小，它们表明检测器的稳定状况。

表 3-10 常用气相色谱仪检测器及其技术指标

检测器	类型	最高操作温度/℃	最低检测限	线性范围	主要用途
火焰离子化检测器(FID)	质量型，准通用型	450	丙烷：<5pg/s 碳	10^7 (±10%)	各种有机化合物的分析，对碳氢化合物的灵敏度高
热导检测器(TCD)	浓度型，通用型	400	丙烷：<400pg/mL；壬烷：20000mv·mL/mg	10^5 (±5%)	适用于各种无机气体和有机物的分析，多用于永久气体的分析
电子俘获检测器(ECD)	浓度型，选择型	400	六氯苯：<0.04pg/mL	>10^4	适合分析含电负性元素或基团的有机化合物，多用于分析含卤素化合物
微型 ECD	浓度型，选择型	400	六氯苯：<0.008pg/mL	>5×10^4	
氮磷检测器(NPD)	质量型，选择型	400	用偶氮苯和马拉硫磷的混合物测定：<0.4pg/s 氮 <0.2pg/s 磷	>10^5	适合于含氮和含磷化合物的分析
火焰光度检测器(FPD)	质量型，选择型	250	用十二烷硫醇和三丁基磷酸酯混合物测定：<20pg/s 硫 <0.9pg/s 磷	硫：>10^5 磷：>10^6	适合于含硫、含磷和含氮化合物的分析
脉冲 FPD(PF-PD)	质量型，选择型	400	对硫磷：<0.1pg/s 磷 对硫磷：<1pg/s 硫 硝基苯：<10pg/s 氮	磷：10^5 硫：10^3 氮：10^2	

b. 灵敏度　灵敏度（S）指单位浓度（或质量）的组分通过检测器时所产生信号的大小。以响应信号 R 对进样量 Q 作图，可得一通过原点的直线，直线的斜率即为检测器的灵敏度，如图 3-38 所示。

即
$$S=\frac{\Delta R}{\Delta Q}$$

不同类型的检测器，S 的单位也不相同。浓度敏感型检测器，S 的单位为 mV·mL·mg^{-1}（液体、固体）或 mV·mL·mL^{-1}（气体），而质量敏感型检测器 S 的单位为 mV·s·g^{-1}。

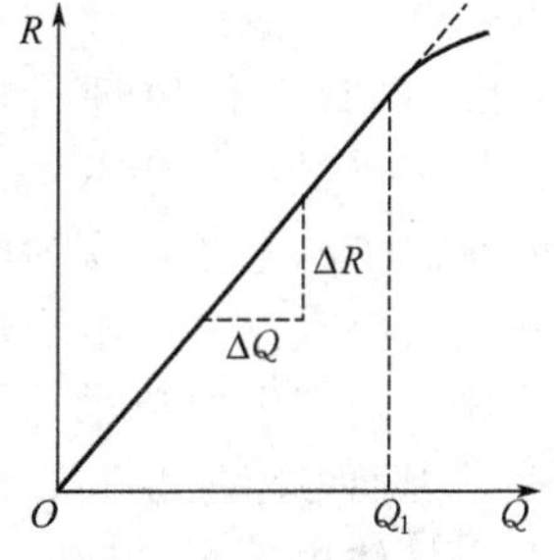

图 3-38　检测器响应曲线

c. 检出限　亦称敏感度，指检测器恰能产生 3 倍于噪声信号时，单位体积的载气或单位时间内进入检测器的组分量，检出限以 D 表示。

$$D=\frac{3N}{S} \tag{3-54}$$

式中，N 指噪声，S 为灵敏度。

d. 线性范围　检测器的线性范围是指检测器的响应信号与被测组分的量成线性关系的范围，以线性范围内最大进样量与最小进样量的比值表示。不同种类检测器的线性范围相差很大。热导检测器的线性范围约为 10^5，氢火焰检测器约为 10^7。检测器的线性范围越宽越有利于定量分析。

e. 响应时间　指进入检测器的某一组分输出信号达到 63%所需的时间。检测器的死体积越小，电路系统的滞后现象越小，响应时间就越短。显然，检测器的响应时间越短，表明检测器性能越好。

② 热导检测器　热导检测器（TCD）是最早的商品化检测器，利用被测组分和载气的热导系数不同而产生响应，亦称为热导池。它具有结构简单、性能稳定、线性范围宽、对所有物质均有响应的特点，应用相当广泛。缺点是灵敏度不高。

a. TCD 结构　热导池由池体和热敏元件等构成，分为双臂和四臂两种，如图 3-39 所示。由于灵敏度高，常用的是四臂热导池。池体由不锈钢或铜制成，具有四个大小相同、形状对称的孔道，其中只通载气的孔道称为参比池，通载气与组分混合气体的孔道称为测量池。每一孔道装有一根规格相同的热敏电阻丝(钨丝或铼钨丝)，热敏电阻的阻值与温度有关，温度越高，阻值越大。

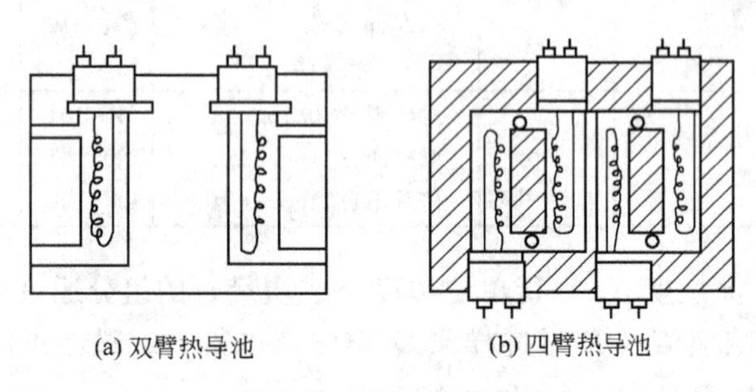

(a) 双臂热导池　(b) 四臂热导池

图 3-39　热导池结构

b. TCD 工作原理　以四臂热导池为例，四根电阻丝组成了一个惠斯通电桥，如图 3-40。其中 R_2 和 R_3 为参比池中电阻丝，作为电桥的参考臂；R_1 和 R_4 为测量池中电阻丝，作为电桥测量臂。进样前四个池中均只有载气通过，若在电桥两端通以直流电，电阻丝将被加热而升温，产生的部分热量被载气带走或传导给池体。当产生的热量与损失的热量达到平衡时，四根电阻丝的温度保持不变且相等，因而各阻值相同，此时电桥平衡，C、D 两点无信号输出。当载气与组分的混合气体进入测量池时，由于混合气体的热导系数与纯载气不同，测量池中的散热情况有所变化，使 R_1 和 R_4 的阻值发生了改变，电桥失去平衡，在 C、D 两点产生了电位差。组分的浓度越大，则输出的信号越大，得到色谱峰的面积也就越大（峰高越高）。

图中 W_1、W_2、W_3，分别为三个电位器，其中 W_3 用于调节桥电流的大小，W_1 用于零点粗调，W_3 用于零点细调。C、D 两点间串联了多个电阻，对应了不同的衰减挡，用以调节输出电位信号的大小。

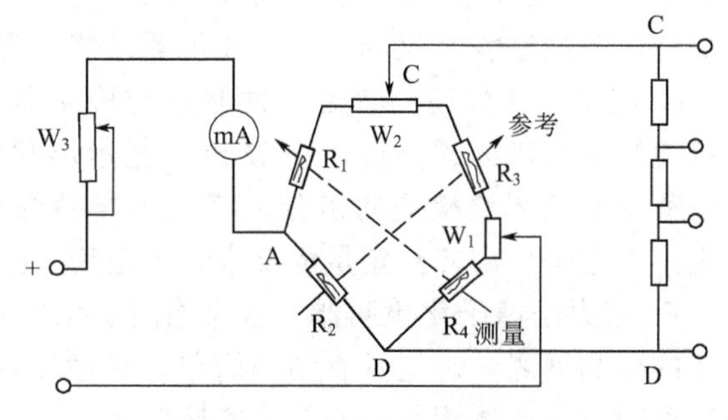

图 3-40 四臂热导测量电桥

c. 操作条件的选择 热导池检测器的灵敏度及稳定性主要受桥电流、载气及热导池温度的影响。

加大桥电流有利于提高检测灵敏度。但桥电流过大则噪声增大、基线不稳定，且容易烧坏钨丝。因此，在保证足够灵敏度的情况下，应尽量使用较低的桥电流。但若热导池长期在低桥电流下工作，会造成池内污染，此时应溶剂进行清洗。

热导池灵敏度与载气和组分的热导率之差有关，差值越大，灵敏度越高。被测组分的热导一般都比较小，故应选择热导系数大的载气，如 H_2、He。考虑到价格因素，多数采用 H_2。

载气的纯度和流速也对热导池的响应有影响。载气纯度高，灵敏度也高。在检测过程中，载气流速应保持恒定，否则将导致噪声和漂移增大。由于色谱峰的峰面积响应值反比于载气流速，因此在柱分离允许的情况下，应选用较低的载气流速。

降低池体温度有利于提高热导池灵敏度，但过低的温度会导致组分在池内冷凝，一般调节到略高于柱温。

d. TCD 使用注意事项 首先应确保热丝不被烧断。开启仪器时先通载气半小时左右，再接通检测器电源；关机时先切断桥电流，再逐步降低载气流速，等检测室温度低于 100℃后再关闭气源，防止空气进入后在高温下氧化热丝。在进行任何可能切断载气的操作前，都应先关闭检测器电源。

尽量使用高纯气源。载气中含氧会缩短热丝寿命，所以尽量不要使用聚四氟乙烯作载气输送管，因为它会渗透氧气。

根据载气的性质，桥电流不允许超过额定值。如载气选用 N_2 时，桥电流应低于 150mA；用 H_2 时，则应低于 270mA。

切勿将色谱柱连至检测器上进行老化。

当热导池被玷污后，应进行清洗。如果污染的物质仅限于高沸点成分，通常可在通载气后将检测器加热至最高使用温度加以清除。也可用溶剂或其他方法进行清洗，但最好联系仪器厂商，在仪器维修工程师的指导下进行。

e. 应用　热导检测器是一种通用型检测器，对于氢火焰离子化检测器不能直接检测的无机物的分析，TCD更是显示出独到之处。另外，热导检测器在检测过程中不破坏被检测的组分，有利于样品的收集，或与其他仪器联用。TCD能满足工业分析中峰高定量的要求，也适用于生产控制分析。

③ 氢火焰离子化检测器　氢火焰离子化检测器（FID）是气相色谱中使用最广泛的检测器之一。它具有结构简单、灵敏度高（比TCD灵敏度高约10^3倍）、线性范围宽、死体积小、响应速度快等优点。但它对无机物及某些有机物不响应或响应很小，且经检测后，样品被破坏，不能进行收集。

a. FID的结构　FID的结构如图3-41所示。氢火焰检测器的主要部件是离子室。离子室外壳由不锈钢制成，包括火焰喷嘴、极化极、收集极、点火线圈等部件，有一出口用于排出燃烧产物。

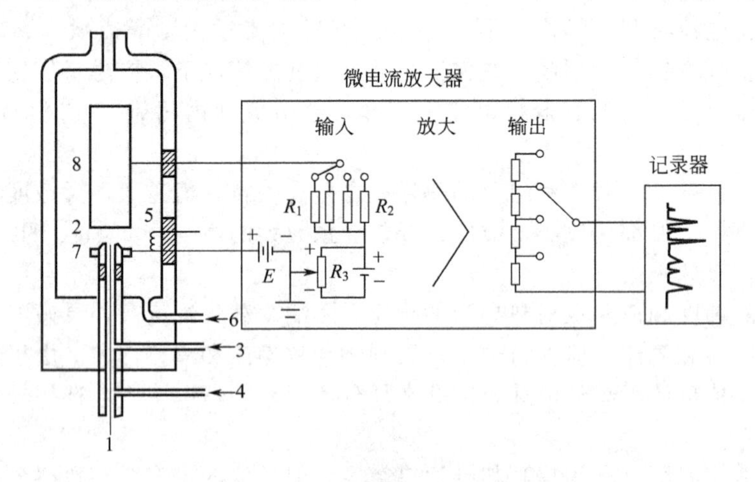

图3-41　氢焰检测器结构示意图

1—毛细管柱；2—喷嘴；3—氢气入口；4—尾吹气入口；5—点火灯丝；6—空气入口；7—极化极；8—收集极

喷嘴由石英、陶瓷或不锈钢等材料制成，应用较多的为石英。极化极可用铂金、不锈钢或镍合金制作，多为圆形，并和喷嘴在同一平面。收集极多用不锈钢制作，通常为圆筒形，它在火焰喷嘴上方与喷嘴同轴安置。工作时，以收集极为负极、极化极为正极加以直流电压（150～300V），形成一外加电场。在喷嘴附近设有点火装置，离子室下部为色谱柱流出气体、氢气及尾吹气的入口，空气由另一侧引入。

b. FID工作原理　载气及组分流出色谱柱进入FID后，在喷嘴处与氢气混合。用点火热丝点燃氢火焰，有机物在火焰中燃烧时发生化学电离，产生正负离子及电子。在极化极和收集极电场的作用下，正负离子及电子发生定向移动而产生电流。由于有机物的电离效率很低，约 50 万个碳原子中才有一个碳原子发生电离，因此产生的电流很微弱，需经微电流放大器放大后，再输送到数据处理系统。电离产生的微电流大小与进入离子室的被测组分的质量有关，质量越大，产生的微电流就越大，这便是 FID 的定量依据。

当没有有机物进入检测器时，载气中的有机杂质和流失的固定液在氢火焰中也将发生化学电离而形成微电流，此电流称为基流。为消除基流的影响，可改变 R_3 的阻值来调整反向补差电压的大小，从而使通过电阻的基流降至零，这就是所谓的“基流补偿”。

尾吹气是从色谱柱出口处直接进入检测器的一路气体。由于毛细管柱内载气流量较低，不能满足检测器的最佳操作条件。在色谱柱后增加一路载气直接进入检测器，可保证检测器在高灵敏度状态下工作。另一方面，尾吹气可消除检测器死体积的柱外效应。经分离的化合物流出色谱柱后，可能由于管道体积增大而出现体积膨胀，导致流速减缓，从而引起谱带展宽。加入尾吹气后就消除了这一问题。

c. 操作条件的选择　选择 FID 为检测器时，一般以 N_2 或 Ar 作为载气，N_2 因价格低廉而使用较多。

实验表明，氢焰经 N_2 稀释后的灵敏度高于纯氢焰。但氢气流量过低会对灵敏度有影响，而且易熄火，流量太高则噪声加大。进行微量、痕量分析时，氢气与氮气的流量比通常为 1∶1；进行常量分析时可增大氢气流速，使氮氢比下降至 0.43～0.72，此时灵敏度有所下降，但线性改善、线性范围变宽。

空气是氢火焰的助燃气。它为火焰化学反应和电离反应提供必要的氧，同时也起着把 CO_2、H_2O 等燃烧产物带走的吹扫作用。空气与氢气的流量比一般为 (10～15)∶1。流速过小，供氧量不足，响应值低；流速过大，易使火焰不稳，噪声增大。

气体中的杂质会使噪声增大、基线漂移。在作常量分析时，载气、氢气及空气的纯度在 99.9%以上即可，而痕量分析要求其纯度达 99.999%。

FID 的响应值随极化电压的增大而增大，当极化电压超过一定值后，再增大电压对响应值影响不大。一般极化电压在 100～300V。

FID 对温度变化不敏感。但氢燃烧后产生大量水蒸气，若检测器温度过低，水蒸气将发生冷凝而影响其灵敏度。一般 FID 的温度在 120℃以上。

d. FID 使用注意事项　为防止氢气与空气混合后发生爆炸，应注意以下几点：在未接上色谱柱时，不要打开氢气阀门，以免氢气进入柱箱；测定流速时，不能让氢气和空气混合，即测定氢气流速时关闭空气，测定空气流速时关闭氢气；当火焰意外熄灭时，应尽快关闭氢气阀门。

点火困难可适当增大氢气流速，待点着后再调至适当流速。检查火焰是否点燃，可将冷的扳手或不锈钢镊子对着 FID 出口，若有小水珠冷凝则说明已点着。也可稍微调节氢气流速，若产生的信号随之发生变化则说明已点着。

当 FID 受到污染时，灵敏度明显下降甚至点不着火，此时应进行清洗。清洗时拆下喷嘴，依次用不同极性的溶剂（如丙酮、氯仿和乙醇）浸泡，再用超声波处理 15min。也可用不锈钢丝穿过喷嘴中间的孔，或用酒精灯烧掉其中的油状物。喷嘴上的积炭可用细砂纸打磨除去。

e. 应用　FID 广泛应用于烃类工业、化学、化工、药物、农药、法医化学、食品和环境科学等诸多领域。FID 除用于各种常量样品的常规分析以外，由于其灵敏度高还特别适合作各种样品的痕量分析。

④ 电子捕获检测器　电子捕获检测器（ECD）是一种高选择性、高灵敏度的浓度型检测器。它仅对具有电负性的物质（如含有卤素、硫、磷、氧、氮等的物质）有响应，物质的电负性越强，灵敏度越高，检出限约为 10^{-14} g · mL^{-1}。电子捕获检测器的应用相当广泛，仅次于热导池检测器和氢火焰离子化检测器。

a. ECD 结构　电子捕获检测器的结构如图 3-42 所示，它的放大器与氢火焰离子化检测器相同，可以共用。ECD 的主体是电离室，一般采用圆筒状同轴电极结构。电离室内壁装有 β 射线放射源（^{63}Ni 或 ^{3}H），阳极由铜管或不锈钢管制成，金属池体为阴极。在阴阳两极间施加以直流或脉冲极化电压。

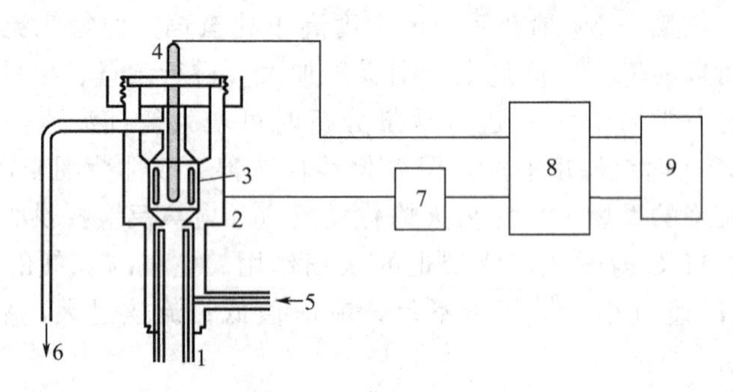

图 3-42　电子捕获检测器结构示意图

1—色谱柱；2—阴极；3—放射源；4—阳极；5—尾吹气；6—气体出口；7—直流或脉冲电源；8—微电流放大器；9—数据处理系统

b. ECD 工作原理　由色谱柱流出的载气及吹扫气进入电离室，在放射源放出的 β 射线的轰击下发生电离，产生正离子及电子。在电场作用下，正离子及电子分别向极性相反的电极运动，得到 10^{-8}～10^{-9} A 的基流。当电负性组分从柱后进入检测器时，即俘获电子，使基流下降，产生一负峰。通过放大器放大即为响应信号，信号大小与进入池中的组分量成正比。负峰不便观察和处理，通过极性转换即为正峰。

c. 操作条件的选择　可选用 N_2、Ar、He 及 H_2 作为载气，其中 N_2 和 Ar 的灵敏度较高。对于填充柱一般选用 N_2 或 Ar/CH_4 为载气；使用毛细管柱时，可用 He、H_2 为载气，尾吹气用 N_2 或 Ar/CH_4。CH_4 作为猝灭剂，防止纯 He 及纯 Ar 被激发成亚稳状态。载气及尾吹气必须严格纯化，彻底除去水和氧。氧具有强烈的吸电子性，使基流下降。

载气流速增加，基流随之增大。填充柱载气流速一般为 20～50mL/min，毛细管柱为 0.1～100mL/min。具体可根据仪器说明书，并通过实验进行选择。

为防止放射源被污染，色谱柱的固定液必须选择低流失、电负性小的。同时选用较低的柱温，以减小柱流失。

ECD 的响应受检测器温度的影响较大，因此温度波动范围应控制在±0.1～0.3℃范围内。

d. ECD 使用注意事项　ECD 都有放射源，检测器出口应用管道接到室外。严格执行放射源使用、存放管理条例。每 6 个月应测试一次有无放射性泄漏。

若基流下降、信噪比下降、基线漂移变大、线性范围变小，甚至出现负峰，说明 ECD 可能被污染，须进行净化。具体可将载气或尾吹气换成 H_2，调节流速至 30～40mL/min，气化室和柱温为室温，检测器升温至 300～350℃并保持18～24h，使污染物在高温下与 H_2 作用而除去。再将系统调回至原状态，稳定数小时即可。

e. 应用　ECD 特别适用于分析多卤化物、多环芳烃、金属离子的有机螯合物，还广泛应用于农药、大气及水质污染的检测，但是 ECD 对无电负性的烃类则不适用。

(5) 数据处理系统

检测器产生的电信号传送到数据处理系统进行相应的处理，常用的数据处理系统有色谱数据处理机和色谱工作站。

① 色谱数据处理机　色谱数据处理机中含有一个单片机，可以自动计算每个色谱峰的峰面积、峰高、保留时间等定性定量参数。在输入相关数据后，如定量方法、标样的浓度，还能直接打印出分析结果。具体使用方法参见说明书。

② 色谱工作站　色谱工作站是用微型计算机来进行数据采集、处理及仪器控制的一个系统。它由硬件和软件两个部分组成。

硬件除了计算机外，还应有色谱数据采集卡（数/模转换器），部分高档的色谱仪本身带有数/模转换装置。色谱工作站对计算机的配置要求不高，目前的主流配置均能运行色谱软件。

不同厂家的色谱工作站软件并不相同，其主要功能有色谱峰识别、基线校正、重叠峰和畸形峰解析以及组分含量计算等，同时还可以贮存测量条件及测量结果。

高档的色谱数据处理机及色谱工作站，除了处理从检测器输出的信号外，还可以对色谱仪的工作状态进行自我诊断，并且具有对色谱仪的控制功能，如进样及各种操作参数的控制等。

具体使用方法参见软件说明书。

(6) 温度控制系统

在气相色谱测定中，温度直接影响色谱柱的分离效能、检测器的灵敏度和稳定性。温度控制主要指对气化室、色谱柱和检测器三处的温度控制，尤其是对色谱柱的控温精度要求较高。

① 柱箱　色谱柱置于恒温柱箱中，恒温箱使用温度一般为室温～450℃，要求箱内温度波动在3℃以内，控制点的控温精度在±0.1～0.5℃。

分析沸点范围很宽的多组分混合物时，若采用恒定的柱温很难完成分离任务，此时可采用程序升温的方法。所谓程序升温就是指在一个分析周期里，柱温随时间由低至高发生变化，使不同沸点的组分按沸点由低到高依次流出色谱柱，在较短的时间内获得最佳的分离效果。在程序开始时，柱温较低，低沸点的组分得到分离，中等沸点的组分移动很慢，高沸点的组分则停留在柱口附近。随着柱温的升高，中、高沸点的组分也依次得到分离。目前，大部分的气相色谱仪均带有程序升温装置。

② 检测器和气化室　在气相色谱仪中，检测器和气化室也有自己独立的恒温调节装置，其温度控制及测量和色谱柱恒温箱类似。

3.3.2.3 气相色谱定性方法

混合物经气相色谱分离后，得到了一系列的色谱峰，定性分析的任务是确定每个色谱峰各代表何种组分。各种物质在一定的色谱条件下具有确定的保留值，这就是色谱定性分析的理论依据。

利用已知标准物质直接对照定性是最简单的定性方法。在一定的色谱条件下，将未知物和已知标准物质分别进样，测量它们的保留时间 t_R 并进行比较，两者一致有可能是同种物质，两者不一致则说明不是同种物质。应注意只有当操作条件保持恒定，这类测定才有意义，因为载气流速的微小波动、柱温的微小变化，都会造成保留值 t_R 发生改变。若再用另一根极性完全不同的色谱柱进行同样的比较，可以增加定性结果的可靠程度。

为了抵消操作条件的变化对保留值的影响，可采用相对保留值定性，因为相对保留值只与固定液性质、组分性质及柱温有关，与载气流速等其他操作条件无关。

当两个相邻组分的保留值接近，且操作条件不易控制稳定时，可以采用增加峰高的方法来定性。首先进样得到试样的色谱图，然后在试样中加入一种纯物质，在相同条件下再作其色谱图。如果某一组分的峰高增加了，说明试样中这个组分可能与加入的纯物质相同。此法是确认复杂样品中是否含有某一组分的最好办法之一。

此外，也可利用保留指数定性，具体方法可查阅相关文献。

应该指出的是，在同一色谱条件下，不同物质也可能具有相同的保留值。因此单靠色谱法进行定性的结果是不可靠的。气相色谱是高效的分离工具，定性鉴定不是它所长。与之相反，质谱、红外光谱、核磁共振是化合物定性分析的有效手段，但对复杂混合物的分析有困难。因此可先用气相色谱仪将复杂混合物分离成单一组分，然后用质谱、红外光谱等手段进行定性鉴定。

3.3.2.4 气相色谱定量方法

气相色谱分析的主要任务是进行定量分析，其依据为在一定操作条件下，色谱峰的峰高（或峰面积）与所测组分的数量（或浓度）成正比。因此，色谱定量分析的基本公式为

$$m_i = f_i A_i \tag{3-55}$$

或

$$w_i = f_i h_i \tag{3-56}$$

式中 m_i——组分 i 的质量；

w_i——组分 i 的浓度；

A_i——组分 i 的峰面积；

h_i——组分 i 的峰高。

f_i 叫作组分 i 的校正因子，它与检测器的性质以及被测组分的种类有关。什么时候采用 A_i，什么时候采用 h_i，将视具体情况而定。一般来说，对浓度敏感型检测器，常用峰高定量；对质量敏感型检测器，常用峰面积定量。

由式 3-55 及式 3-56 可见，采用气相色谱法进行定量分析，需要准确测量峰高或峰面积，测得定量校正因子 f_i，并选用合适的计算方法。

（1）峰高和峰面积的准确测定

峰高和峰面积是气相色谱的定量参数，其测量精度将直接影响定量分析的准确度。手工计算时，通常采用峰高乘半峰宽的方法来计算峰面积，但此法费时且精度不高。当前的气相色谱仪多带有色谱数据处理机或色谱工作站，可以自动测定色谱峰的面积，即使是不规则的峰也能给出较为准确的结果。

（2）定量校正因子

峰面积大小不仅与组分的量有关，而且还与组分的性质及检测器性能有关。同一检测器测定相同质量的不同组分时，产生的峰面积不同。因此不能直接用峰面积计算组分含量，应采用“定量校正因子”来校正峰面积。定量校正因子分为“绝对校正因子”和“相对校正因子”。

① 绝对校正因子　绝对校正因子是指单位峰面积或单位峰高所代表组分的量，即

$$f_i = \frac{m_i}{A_i} \quad 或 \quad f_i = \frac{m_i}{h_i}$$

式中 f_i——组分 i 绝对校正因子；

m_i——组分 i 的质量；

A_i——组分 i 的峰面积；

h_i——组分 i 的峰高。

显然，要准确求出各组分的绝对校正因子，一方面要准确知道进样量 m_i，并要求严格控制色谱操作条件，这在实际工作中有一定困难。因此，实际测量中通常不采用绝对校正因子，而采用相对校正因子。

② 相对校正因子　相对校正因子是指组分 i 与另一基准物 S 的绝对校正因子之比，用 f_i' 表示

$$f_i'=\frac{f_i}{f_S}=\frac{m_iA_S}{m_SA_i}$$

或
$$f_i'=\frac{f_i}{f_S}=\frac{m_ih_S}{m_Sh_i}$$

式中　f_i'——相对校正因子；

f_S——基准物质 S 的绝对校正因子；

m_S——基准物质 S 的质量；

A_S——基准物质 S 的峰面积；

h_S——基准物质 S 的峰高。

测定相对校正因子时，并不需要准确知道进样量，只要知道 i 组分的质量 m_i 与基准物质 S 的质量 m_S 之比，因此可以准确得知。

不同的检测器选择不同的基准物质。通常情况下，热导检测器以苯作基准物质，氢火焰离子化检测器用正庚烷作基准物质。

根据待测组分量的表示方法不同，相对校正因子可分为以下几种。

a. 相对质量校正因子　即组分的量以质量表示时的相对校正因子，以 f_m' 表示。这是最常用的校正因子。

$$f_m'=\frac{f_{i(m)}}{f_{S(m)}}=\frac{m_i/A_i}{m_S/A_S}=\frac{A_Sm_i}{A_im_S}$$

b. 相对摩尔校正因子　指组分的量以物质的量表示时的相对校正因子，以 f_M' 表示。

$$f_M'=\frac{f_{i(M)}}{f_{S(M)}}=f_m'\frac{M_S}{M_i}$$

式中，M_i、M_S 分别为被测物和标准物的摩尔质量。

c. 相对体积校正因子　对于气体样品，以体积计量时，对应的相对校正因子称为相对体积校正因子，以 f_V' 表示。当温度和压力一定时，相对体积校正因子等于相对摩尔校正因子。

$$f_V'=f_M'$$

③ 相对响应值 S_i'　相对响应值是物质 i 与标准物质 S 的灵敏度（响应值）之比，单位相同时，与相对校正因子互为倒数。

$$S_i'=\frac{1}{f_i'}$$

【例 3-9】 用分析天平准确称取色谱纯正戊烷 5.5639g，苯 14.8123g 并混合均匀。混合试样经色谱分离后得到 $A_{正戊烷}=6.50cm^2$，$A_{苯}=15.23cm^2$，求正戊烷相对苯的校正因子？

解：

$$f_{i/s}(f_{正戊烷/苯})=\frac{m_{正戊烷}}{m_{苯}}\times\frac{A_{苯}}{A_{正戊烷}}$$

$$=\frac{5.5639}{14.8123}\times\frac{15.23}{6.50}=0.880$$

（3）定量方法

气相色谱分析中常用的定量方法有归一化法、标准曲线法、内标法和标准加入法。按测量参数，上述四种定量方法又可分为峰面积法和峰高法。

① 归一化法　当试样中所有组分均能流出色谱柱，并在检测器上产生信号时，可用归一化法进行定量分析。

设试样中有 n 个组分，各组分的质量分别为 m_1，m_2，…，m_n，在一定条件下分别测得各组分对应的峰面积为 A_1，A_2，…，A_n，各组分峰高分别为 h_1，h_2，…，h_n，则组分 i 的质量分数 w_i 为：

$$w_{(i)}=\frac{m_i}{m}=\frac{m_i}{m_1+m_2+\cdots+m_n}=\frac{f_i'A_i}{f_1'A_1+f_2'A_2+\cdots+f_n'A_i}=\frac{f_i'A_i}{\sum f_i'A_i}$$

或 $$w_{(i)}=\frac{m_i}{m}=\frac{m_i}{m_1+m_2+\cdots+m_n}=\frac{f_{i(h)}'h_i}{f_{1(h)}'h_1+f_{2(h)}'h_2+\cdots+f_{n(h)}'h_i}=\frac{f_{i(h)}'h_i}{\sum f_{i(h)}'h_i}$$

式中 f_i'为 i 组分的相对质量校正因子。

当 f_i'为摩尔校正因子或体积校正因子时，所得结果分别为 i 组分的摩尔分数或体积分数。

归一化法的优点是简便、精确，进样量的多少与测定结果无关，操作条件（如流速，柱温）的变化对测定结果的影响较小。

归一化法的主要缺点有两个，一是试样中各组分必须全部出峰，否则不能使用该法；二是对于不需要定量的组分也要测出其校正因子，而校正因子的测定需要纯物质且测定比较麻烦。

② 内标法　当只要测定试样中某几种组分，或试样中组分不能全部出峰时，可采用内标法定量。所谓内标法就是在一定量的试样中加入一定量 m_s 的内标物，混合均匀后注入色谱仪，分别测量组分 i 和内标物 S 的峰面积，按下式计算组分 i 的含量。

$$w_i=\frac{m_i}{m_{试样}}=\frac{m_s\frac{f_i'A_i}{f_S'A_S}}{m_{试样}}=\frac{m_S}{m_{试样}}\times\frac{A_i}{A_S}\times\frac{f_i'}{f_S'}$$

式中　A_i——组分 i 的峰面积；

A_S——内标物 S 的峰面积；

f_i'——组分 i 的质量校正因子；

f_S'——内标物 S 的质量校正因子。

若用峰高代替峰面积，则

$$w=\frac{m_S h_i f'_{i(h)}}{m_{试样} h_S f'_{S(h)}}$$

式中　$f'_{i(h)}$——组分 i 的峰高校正因子。

$f'_{S(h)}$——内标物 S 的峰高校正因子。

通常以内标物为基准，故 $f_S'=1.0$，则

$$w=f_i'\frac{m_S A_i}{m_{试样} A_S} \quad 或 \quad w=f'_{i(h)}\frac{m_S h_i}{m_{试样} h_S}$$

内标法的关键是选择合适的内标物，对于内标物的要求是：

a. 内标物应是试样中不存在，且稳定易得的纯物质；

b. 内标物与样品能够互溶但不发生化学反应；

c. 内标物的性质应与待测组分性质相近，以使内标物的色谱峰位于各待测组分色谱峰之间或与之相近，而且相互分离；

d. 内标物加入量合适，使其峰面积与待测组分相近。

内标法的优点是进样量的变化，以及色谱条件的微小变化对内标法定量结果的影响不大，特别是在样品前处理前加入内标物时，可部分补偿待测组分在样品前处理时的损失。

内标法的缺点是选择合适的内标物比较困难，而且每次分析都要准确称量内标物和试样的质量，不适宜作快速分析。

③ 标准曲线法　标准曲线法也称外标法。使用该法进行测定时，用纯物质配制一系列不同浓度的标准系列，等体积准确进样，按测得的峰面积（峰高）对标准系列的浓度作图绘制标准曲线。进行试样分析时，在与标准系列严格相同的条件下定量进样，由所得峰面积（峰高）从标准曲线上查得待测组分的含量。

标准曲线法的优点是操作和计算简便，不需要测定任何组分的校正因子。绘制好标准曲线后，根据峰面积或峰高可直接从标准曲线上读出样品含量，因此特别适合于大量样品的分析。

标准曲线法的缺点是对进样量、色谱操作条件要求严格，否则将出现较大误差。

④ 标准加入法　标准加入法实质上是一种特殊的内标法，用于找不到合适的内标物时样品的测定。

首先在一定的色谱条件下将样品（其中待测组分 i 的含量为 w_i）进样，得到 i 的峰面积 A_i（或峰高 h_i），然后在该样品中准确加入一定量 i 的纯物质，此时 i 的含量为 w'，浓度增量为 Δw_i。再次进样得到待测组分 i 的峰面积 A_i'（或峰高

h_i')，可得

$$\frac{w'}{w_i}=\frac{A_i'}{A_i}$$

即

$$w_i=\frac{\Delta w_i}{\frac{A_i'}{A_i}-1} \quad 或 \quad w_i=\frac{\Delta w_i}{\frac{h_i'}{h_i}-1}$$

标准加入法无需另外的标准物质作内标物，进样量不必十分准确，操作简单，是色谱分析中较常用的定量分析方法之一。缺点是要求两次测定的色谱条件完全相同，否则将产生误差。

3.3.2.5 气相色谱基本理论及分离操作条件的选择

试样在色谱柱中分离过程的基本理论包括两个方面：一是试样中各组分在两相间的分配情况。这与各组分在两相间的分配系数，试样中的组分、固定相、流动相的分子结构和性质有关。各组分的保留值反映了其在两相的分配情况，由色谱过程中的热力学因素所控制。二是组分在色谱柱中的运动情况。这与各组分在流动相和固定相两相之间的传质阻力有关，各个色谱峰的宽度就反映了各组分在色谱柱中运动的情况。这是一个动力学因素。所以在讨论色谱柱的分离效能时，必须全面考虑这两个因素。

(1) 塔板理论

塔板理论是 1941 年由马丁（Martin）和辛格（Synge）提出的。该理论借用化工过程中蒸馏的塔板概念，把色谱柱看成是由一系列连续的、相等的水平塔板组成。在每一塔板内，一部分空间被涂在载体上的液相所占据，另一部分空间则充满载气。当欲分离的组分随载气进入色谱柱后，就在两相间进行分配，然后随着流动相按一个一个塔板的方式向前移动。

每一塔板的高度用 H 表示，称为理论塔板高度，简称板高。当色谱柱长为 L 时，组分平衡的次数，即理论塔板数 n 为

$$n=\frac{L}{H}$$

显然，当色谱柱长 L 固定时，每次分配平衡所需要的理论塔板高度 H 越小，则柱内理论塔板数 n 越多，组分在该柱内被分配于两相的次数就越多，柱效能就越高。

根据塔板理论，当理论塔板数 n 大于 50 时，色谱峰即基本对称。在气相色谱中，n 值约为 $10^3\sim10^6$，组分流出色谱柱时便可得到一趋于正态分布的色谱峰。若试样为多组分混合物，只要各组分的分配系数略有差异，经过多次分配平衡后，仍可获得良好的分离。

计算理论塔板数 n 的经验式为

$$n=5.54\times\left(\frac{t_{\mathrm{R}}}{w_{1/2}}\right)^2=16\times\left(\frac{t_{\mathrm{R}}}{w_{\mathrm{b}}}\right)^2$$

式中 n——理论板板数；

t_R——为组分的保留时间；

$w_{1/2}$——半峰宽；

w_b——峰底宽。

注意，保留时间与半峰宽、峰底宽应采用同一单位，即时间或距离。由上式可以看出，组分的保留时间越长，峰形越窄，则理论塔板数 n 越大。

由于保留时间 t_R 中包括了死时间 t_M，而 t_M 不参加柱内的分配，因此计算出的 n 和 H 并不能充分反映色谱柱的实际分离效能。在实际应用中，常常出现计算出的 n 值很大，但色谱柱的实际分离效能并不高的现象。因此常用有效塔板数 $n_{有效}$ 来衡量色谱柱的柱效能。

$$n_{有效}=\frac{L}{H_{有效}}=5.54\times\left(\frac{t_R'}{w_{1/2}}\right)^2=16\times\left(\frac{t_R'}{w_b}\right)^2$$

式中 $n_{有效}$——有效理论塔板数；

$H_{有效}$——有效理论塔板高度；

t_R'——组分调整保留时间。

由于同一根色谱柱对不同组分的柱效能是不一样的，因此在使用 $n_{有效}$ 或 $H_{有效}$ 表示柱效能时，除了应说明色谱条件外，还必须说明对什么组分而言。在比较不同色谱柱的柱效能时，应在同一色谱操作条件下，以同一种组分通过各色谱柱，测定并计算各色谱柱的 $n_{有效}$ 或 $H_{有效}$，然后再进行比较。

塔板理论是一种半经验性的理论，它提出以 n 及 H 作为柱效能指标，并且解释了流出曲线的形状。但它不能判断各组分是否能够得到分离，因为是否能得到分离取决于组分在固定相中的分配系数是否有差异，而与分配次数的多少无关。另外，塔板理论不能解释塔板高度受哪些因素影响这一本质问题，对分离操作条件的选择指导意义不大。

(2) 速率理论

1956 年，范第姆特（Van Deemter）提出了色谱过程的动力学理论——速率理论。该理论吸收了塔板理论的概念，并把影响塔板高度的动力学因素结合进去，较好地解释了影响板高的各种因素，并指明了提高与改进色谱柱效率的方向。它对毛细管色谱及高效液相色谱的发展起着指导性的作用。

范第姆特方程也称为速率理论方程，其表达式为

$$H=A+\frac{B}{u}+Cu \tag{3-57}$$

式中 H——塔板高度；

u——载气的线速度（$cm\cdot s^{-1}$）；

A、B、C——三个常数，其中 A 为涡流扩散项，B 为纵向分子扩散系数，C 为传质阻力系数。

① 涡流扩散项　A 称为涡流扩散项，亦称多路效应项。当组分随载气通过色谱柱时，碰到柱内填充颗粒将改变流动方向，因而在气相中形成紊乱的类似“涡流”的流动。由于固定相颗粒大小不一、排列不均匀，组分分子通过色谱柱时所走过的路径长短不同，因而引起色谱峰的扩张。如图 3-43，同一组分的三个分子同时进入色谱柱，分子③从固定相空隙大的部位通过，走过的路径最短，最先流出色谱柱，分子①从固定相空隙小的部位通过，走过的路径最长，最后流出色谱柱。

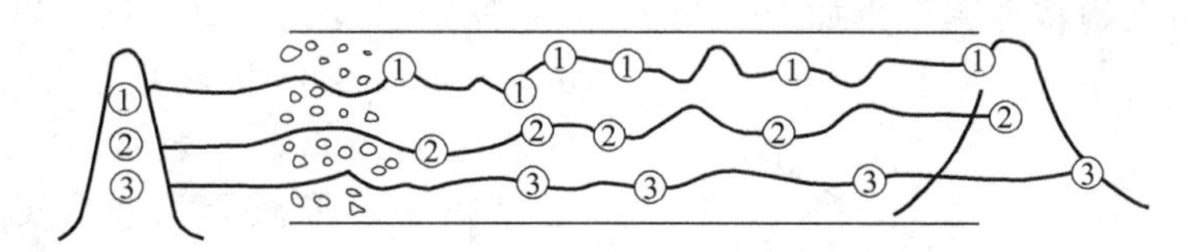

图 3-43　涡流扩散项

从数值上看，$A=2\lambda d_p$，说明涡流扩散项所引起的峰形变宽与固定相颗粒平均直径 d_p 和固定相的填充不均匀因子 λ 有关。显然，使用直径小、粒度均匀的固定相，并尽量填充均匀，可以减小涡流扩散，降低塔板高度，提高柱效。但随着 d_p 的减小，色谱柱内的压力降明显增加。对空心毛细管柱，A 项为零。

② 纵向分子扩散项　B/u 称为纵向分子扩散项。组分刚进入色谱柱时，其浓度分布呈“塞子”状，由于塞子的前后存在浓度梯度，在随载气向前移动时组分分子必然由高浓度向低浓度扩散，从而使色谱峰扩张。

$B=2\gamma D_g$，式中 γ 为弯曲因子，它反映了固定相对分子扩散的阻碍程度。填充柱的 $\gamma=0.5\sim0.7$，空心柱 $\gamma=1$。D_g 为组分在载气中的扩散系数，其随组分的性质、柱温、柱压和载气性质的不同而不同。由于组分在气相中的扩散系数 D_g 近似地与载气的摩尔质量的平方根成反比，所以实际过程中使用分子量较大的载气，如 N_2 可以减小分子扩散。当载气的线速度较大时，分子扩散项 $\frac{B}{u}$ 变得很小。所以，实际分析过程中若加快载气流速，可以减小由于分子扩散而产生的色谱峰扩张。

③ 传质阻力项　Cu 项为传质阻力项，它包括气相传质阻力项 $C_g u$ 和液相传阻力项 $C_L u$ 两项，因此 $C=C_g+C_L$。式中 C_g、C_L 分别称为气相传质阻力系数和液相传质阻力系数。

气相传质阻力是组分从气相到气液界面间进行质量交换所受到的阻力，这个阻力会使柱横断面上的浓度分配不均匀。阻力越大，所需时间越长，浓度分配就越不均匀，峰扩散就越严重。由于 $C_g u \propto (d_p{}^2/D_g)u$，所以实际过程中若采用小颗粒的固定相，以 D_g 较大的 H_2 或 He 作载气，可以减少传质阻力，提高柱效。

液相传质阻力是指试样组分从固定相的气液界面到液相内部进行质量交换达

到平衡后，又返回到气液界面时所受到的阻力。显然这个传质过程需要时间，而且在流动状态下分配平衡不能瞬间达到，其结果是进入液相的组分分子，因其在液相里有一定的停留时间，当它回到气相时，必然落后于原在气相中随载气向柱出口方向运动的分子，这样势必造成色谱峰扩张。由于$C_L u \propto (d_f^2/D_L) \cdot u$，（式中$d_f$为固定相液膜厚度；$D_L$为组分在液相中的扩散系数）。所以实际过程中若采用液膜薄的固定液则有利于液相传质，但不宜过薄，否则会减少样品的容量，降低柱寿命。组分在液相中的扩散系数D_L大，也有利于传质、减少峰扩张。

根据范第姆特方程可得如图3-44所示的H-u曲线。由图可见，当载气流速u较低时，纵向扩散项B/u是影响柱效的主要因素；随着u的增加，B/u迅速减小，传质阻力项则逐渐增大。当u大于一定值后，传质阻力项就变成了影响柱效的主要因素。在H-u曲线上有一最低点，它所对应的u就是最佳载气流速u_{opt}，采用这一流速时，塔板高度最小，柱效最高。在实际工作中，往往使载气流速稍高于最佳流速，以缩短分析时间。

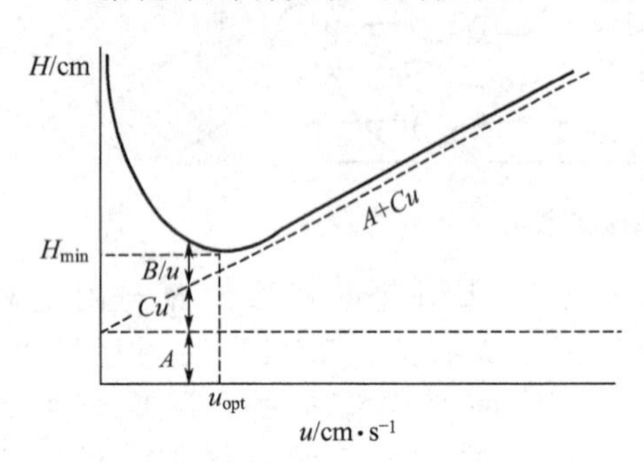

图3-44　塔板高度H与载气流速u的关系

（3）分离操作条件的选择

有效理论塔板数表示组分在色谱柱内进行分配的次数，可以用来衡量柱效，但无法判断难分离物质对是否能够得到分离；而选择性又无法说明柱效率的高低。因此，必须引入一个既能反映柱效能，又能反映柱选择性的综合性指标，用来判断难分离物质对在柱中的实际分离情况。这一指标就是分离度。

分离度又称分辨率，用字母R来表示。其定义为相邻两组分色谱峰的保留时间之差与峰底宽总和一半的比值，其表达式为

$$R=\frac{t_{R_2}-t_{R_1}}{\frac{w_{b_1}+w_{b_2}}{2}} \tag{3-58}$$

式中　t_{R_1}、t_{R_2}——分别为组分1、组分2的保留时间；

w_{b_1}、w_{b_2}——分别为两色谱峰的峰底宽度。

由式3-58可见，两组分保留时间差愈大，即两峰相距愈远，或者两峰愈窄，R值就愈大。R值愈大，两组分分离得就愈完全。当$R=1.0$时，分离程度可达98%；当$R<1$时，两峰有明显的重叠；当$R=1.5$时，分离程度可达99.7%。所以，通常用$R=1.5$作为相邻两峰得到完全分离的指标。

由于分离度总括了实现组分分离的热力学和动力学（即峰间距和峰宽）两方面因素，定量地描述了混合物中相邻两组分实际分离的程度，因而用它作为色谱

柱的总分离效能指标。分离度与柱效能（$n_{有效}$）和选择性因子三者的关系可用数学式表示为

$$n_{有效}=16R^2\left(\frac{\alpha_{2.1}}{\alpha_{2.1}-1}\right)^2$$

① 色谱柱的选择　在气相色谱分析中，混合组分能否在色谱柱中得到完全分离，在很大程度上取决于固定相的选择是否合适。因此，固定相的选择和色谱柱的制备就成为色谱分析中的关键问题。

气相色谱中所使用的固定相有液体固定相、固体固定相和合成固定相等几种，其中应用最广泛的是液体固定相。

a. 气-液色谱柱的选择　气-液色谱填充柱中的固定相由惰性的固体支持物和其表面上涂渍的高沸点有机物液膜构成。液膜称为固定液，它直接对各组分起分离作用；固体支持物称为担体，又称载体，它不直接起分离作用，但会影响柱效。因此，气-液色谱柱的选择主要就是固定液和担体的选择。

a）固定液　固定液种类繁多，约有 1000 多种，它们具有不同的性质和用途。为了便于选择和使用，一般根据固定液的极性进行分类。

极性的大小通常用相对极性 P 来表示。此法规定非极性固定液角鲨烷的相对极性 $P=0$，强极性固定液 β,β'-氧二丙腈的相对极性 $P=100$。然后选择一对物质正丁烷-丁二烯或环己烷-苯进行实验，分别测定它们在氧二丙腈、角鲨烷及欲测极性固定液的色谱柱上的相对保留值。将其取对数，得

$$q=\lg\frac{t_R'(丁二烯)}{t_R'(正丁烷)}$$

则待测固定液的相对极性 P_x 为

$$P_x=100-\frac{100(q_1-q_x)}{q_1-q_2}$$

式中，下标 1、2 和 x 分别表示氧二丙腈、角鲨烷和被测固定液。

这样测得固定液的相对极性均在 0～100 之间。通常又将其分为五级，每 20 个单位为一级。相对极性级数在 0～+1 间的为非极性固定液；+1～+2 为弱极性固定液；+3 为中等极性固定液；+4～+5 为强极性固定液。表 3-11 为一些常用固定液。

另外，也可采用麦氏常数来对固定液进行分类，它能够反映分子间的全部作用力。对比大量固定液的麦氏常数，许多固定液是相似的。在实际工作中，选出了 12 种常用固定液，如表 3-12。一般说来，麦氏常数和越大者，固定液的极性就越大。这 12 种固定液在较宽的温度范围内稳定，并占据了固定液的全部极性范围，实验室只需贮存少量标准固定液就可以满足大部分分析任务的需要。麦氏常数的内容可参考相关文献，其数值可从气相色谱手册中查找。

表 3-11 常用固定液

类别	固定液	最高使用温度/℃	常用溶剂	相对极性	分析对象
非极性	十八烷	室温	乙醚	0	低沸点碳氢化合物
	角鲨烷	140	乙醚	0	C_8 以前碳氢化合物
	阿皮松(L. M. N)	300	苯、氯仿	+1	各类高沸点有机化合物
	硅橡胶(SE-30)	300	丁醇+氯仿(1+1)	+1	各类高沸点有机化合物
中等极性	癸二酸二辛酯	120	甲醇、乙醚	+2	烃、醇、醛酮、酸酯各类有机物
	邻苯二甲酸二壬酯	130	甲醇、乙醚	+2	烃、醇、醛酮、酸酯各类有机物
	磷酸三苯酯	130	苯、氯仿、乙醚	+3	芳烃、酚类异构物、卤化物
	丁二酸二乙二醇聚酯	200	丙酮、氯仿	+4	
极性	苯乙腈	常温	甲醇	+4	卤代烃、芳烃和 $AgNO_3$ 一起分离烷烯烃
	二甲基甲酰胺	20	氯仿	+4	低沸点碳氢化合物
	有机皂-34	200	甲苯	+4	芳烃、特别对二甲苯异构体有高选择性
	B,β′-氧二丙腈	<100	甲醇、丙酮	+5	分离低级烃、芳烃、含氧有机物
氢键型	甘油	70	甲醇、乙醇	+4	醇和芳烃、对水有强滞留作用
	季戊四醇	150	氯仿+丁醇(1+1)	+4	醇、酯、芳烃
	聚乙二醇-400	100	乙醇、氯仿	+4	极性化合物:醇、酯、醛、腈、芳烃
	聚乙二醇 20M	250	乙醇、氯仿	+4	极性化合物:醇、酯、醛、腈、芳烃

表 3-12 十二种常用固定液

固定液名称	型号	麦氏常数和	最高使用温度/℃	溶剂	分析对象
角鲨烷	SQ	0	150	乙醚、甲苯	气态烃、轻馏分液态烃
甲基硅油或甲基硅橡胶	SE-30 OV-101	205～229	350 200	氯仿、甲苯	各种高沸点化合物
苯基(10%)甲基聚硅氯烷	OV-3	423	350	丙酮、苯	各种高沸点化合物、对芳香族和极性化合物保留值增大 OV-17+QF-1 可分析含氯农药
苯基(25%)甲基聚硅氧烷	OV-7	592	300	丙酮、苯	
苯基(50%)甲基聚硅氧烷	OV-17	827～884	300	丙酮、苯	
苯基(60%)甲基聚硅氧烷	OV-22	1075	300	丙酮、苯	
三氟丙基(50%)甲基聚硅氧烷	QF-1 OV-210	1500～1520	250	氯仿 二氯甲烷	含卤化合物、金属螯合物、甾类
β-氰乙基(25%)甲基聚硅氧烷	XE-60	1785	275	氯仿 二氯甲烷	苯酚、酚醚、芳胺、生物碱、甾类
聚乙二醇-20000	PEG-20M	2308	225	丙酮、氯仿	选择性保留分离含 O、N 官能团及 O、N 杂环化合物
聚己二酸二乙二醇酯	DEGA	2764	250	丙酮、氯仿	分离 C_1～C_{24} 脂肪酸甲酯,甲酚异构体
聚丁二酸二乙二醇酯	DEGS	3504	220	丙酮、氯仿	分离饱和及不饱和脂肪酸酯,苯二甲酸酯异构体
1,2,3-三(2-氰乙氧基)丙烷	TCEP	4145	175	氯仿、甲醇	选择性保留低级含 O 化合物,伯、仲胺,不饱和烃、环烷烃等

固定液一般按照“相似相溶”的规律进行选择。所谓相似相溶，是指待分离组分与固定液的极性相似时，溶解度较大。此时分子间作用力强，选择性高，分离效果好。具体选择方法为：

分离非极性物质，一般选用非极性固定液。试样中各组分按沸点由低到高的顺序流出色谱柱。若非极性样品中含有极性组分，当沸点相近时，极性组分先出峰。

分离极性物质，一般按极性强弱来选择对应极性的固定液。试样中各组分按极性出峰，极性小的先流出，极性大的后流出。

分离非极性和极性混合物时，一般选用极性固定液。这时非极性组分先出峰，极性组分后出峰。

对于能形成氢键的试样，如醇、酚、胺和水的分离，一般选用氢键型固定液。此时试样中各组分按与固定液分子间形成氢键能力大小的顺序流出色谱柱。

对于复杂的难分离组分，一般可选用两种或两种以上的混合固定液，以增加分离效果。

样品极性未知时，可先选用最常用的几种固定液，如 SE-30，DC-710，PEG-20M 和 DEGS 进行初步试验，根据分离效果再从 12 种固定液中选择合适的固定液。

对于毛细管柱气相色谱，由于其柱效非常高，三种毛细管柱即可完成大部分分析任务，即甲基硅橡胶柱（非极性）、三氟丙基甲基聚硅烷柱（中等极性）和聚乙二醇柱（中强极性），此时固定液的选择较为简单。

b）担体　担体也称作载体，它是一种化学惰性、多孔性的固体颗粒。其作用是提供一个具有较大表面积的惰性表面，使固定液能在它的表面上形成一层薄而均匀的液膜。所谓化学惰性，即无吸附性、无催化性，且热稳定性要好。为了能涂渍更多的固定液又不增加液膜厚度，要求载体比表面积要大，孔径分布均匀，另外还要求载体机械强度好，不易破碎。由范氏方程的涡流扩散项可知，均匀、细小的担体有利于提高柱效，但同时也使柱压降增大。

常用的担体大致可分为无机担体和有机聚合物担体两大类。前者有硅藻土型担体和玻璃微球担体；后者包括含氟担体以及其他各种聚合物担体。硅藻土型担体使用最为广泛，按其制造方法的不同，又可分为红色硅藻土担体和白色硅藻土担体。

选择适当的担体能提高柱效，有利于混合物的分离。选择担体的大致原则是：

Ⅰ. 固定液用量＞5%（质量分数）时，一般选用硅藻土白色担体或红色担体。当固定液用量＜5%（质量分数）时，一般选用表面处理过的担体。

Ⅱ. 腐蚀性样品可选氟担体；而高沸点组分可选用玻璃微球担体。

Ⅲ. 担体粒度一般选用 60～80 目或 80～100 目；高效柱可选用 100～

120 目。

担体主要是起承担固定液的作用，它的表面应是化学惰性的。但实用中的担体总是呈现出不同程度的催化活性，特别是当固定液的液膜厚度较小，分离极性物质时，担体对组分有明显的吸附作用。其结果是造成色谱峰严重地不对称，所以担体在使用前必须先经过处理。担体的预处理主要有酸洗、碱洗、硅烷化、釉化、物理钝化、涂减尾剂等。

c）合成固定相　合成固定相又称聚合物固定相，包括高分子多孔微球和键合固定相。

高分子多孔微球是一种合成有机固定相，从化学性质上可分为极性和非极性两种，由苯乙烯等为单体与交联剂二乙烯基苯交联共聚而成，若聚合时引入不同极性的基团，即可得到不同极性的聚合物。高分子多孔微球可以在活化后直接用于分离，也可以作为担体在其表面上涂渍固定液后再用于分离。由于高分子多孔微球颗粒均匀，所以在装柱时容易填充均匀，柱效高、重现性好。由于不需要液膜，所以不会造成固定液流失，这样有利于程序升温，可用于宽沸点范围试样的分离。高分子多孔微球特别适用于有机物中痕量水的分析，也可用于多元醇、脂肪酸、腈类和胺类的分析，不但峰形对称，而且一般不出现拖尾现象。

化学键合固定相，又称化学键合多孔微球固定相。这是一种以表面孔径度可人为控制的球形多孔硅胶为基质，利用化学反应把固定液键合于担体表面上制成的键合固定相。这种键合固定相大致可以分为硅氧烷型、硅脂型以及硅碳型等三种类型。与载体涂渍固定液制成的固定相比较，化学键合固定相主要有以下优点：具有良好的热稳定性，适合于作快速分析，对极性组分和非极性组分都能获得对称峰，耐溶剂。化学键合固定相在气相色谱中常用于分析 C_1～C_3 烷烃、烯烃、炔烃、CO_2、卤代烃及有机含氧化合物等。

d）气-液色谱填充柱的制备　色谱柱分离效能的高低，与固定液的涂渍和色谱柱的填充情况密切相关。气-液色谱填充柱的制备包括以下几个步骤。

ⅰ. 柱管的准备　色谱柱柱形、内径、长度都会影响分离效果，一般直形优于U形、螺旋形，但后者体积小，为一般仪器常用。柱内径一般为 3～4mm，柱长 1～2m。

在选定色谱柱后，需要对柱子进行试漏清洗。试漏的方法是将柱子一端堵住，全部浸入水中，另一端通入气体，在高于使用时操作压力下，不应有气泡冒出，否则应更换柱子。柱子的清洗方法应根据柱的材料来选择。若使用的是不锈钢柱，可以用 50～100g·L^{-1}的热 NaOH 水溶液抽洗 4～5 次，以除去管内壁的油渍和污物，然后用自来水冲洗至中性，烘干后备用。若使用的是玻璃柱，可注入洗涤剂浸泡洗涤两次，然后用自来水冲洗至呈中性，再用蒸馏水洗二次（洗净的玻璃柱内壁不应挂有水珠），在 110℃烘箱中烘干后使用。对于铜柱，则需要使用 w=10%的盐酸溶液浸泡、抽洗，直至抽洗液中没有铜锈或其他浮杂物为止，再用自来水冲洗至呈中性，烘干备用。对经常使用的柱管，在更换固定相时，只要倒出原来装填的固定相，用水清洗后，再用丙酮、乙醚等有机溶剂冲洗2～3次，然后烘干，即可重新装填新的固定相。

ⅱ. 固定液的涂渍　固定液的用量要视担体的性质及其他情况而定。通常将固定液与担体的质量比称为液载比。液载比的大小会直接影响担体表面固定液液膜的厚度，因而也将影响柱的分离效果。理论和实践都证明，液载比低可以提高柱的分离效果。但液载比不能太低，如果担体表面不能全部被固定液覆盖，则担体会出现吸附现象，出现峰的拖尾。因此，固定液不是越少越好，若用量太少，柱的容量也小，进样量也就要减少。一般常用的液载比是5%左右。

固定液的涂渍是一项重要的操作，它要求固定液能均匀地涂敷在载体表面，形成一层牢固的液膜，其方法如下：

在确定液载比后，先根据柱的容量，称取一定量的固定液和载体分别置于两个干燥烧杯中，然后在固定液中加入适当的低沸点有机溶剂（所用的溶剂应能够与固定液完全互溶，并易挥发。常用的溶剂有乙醚、甲醇、丙酮、苯、氯仿等)。溶剂用量应刚好能浸没所称取的载体，待固定液完全溶解后，倒入一定量经预处理和筛分过的载体，在通风橱中轻轻晃动烧杯，让溶剂均匀挥发，以保证固定液在载体表面上均匀分布。然后在通风橱中或红外灯下除去溶剂，待溶剂挥发完全后，过筛，除去细粉，即可准备装柱。

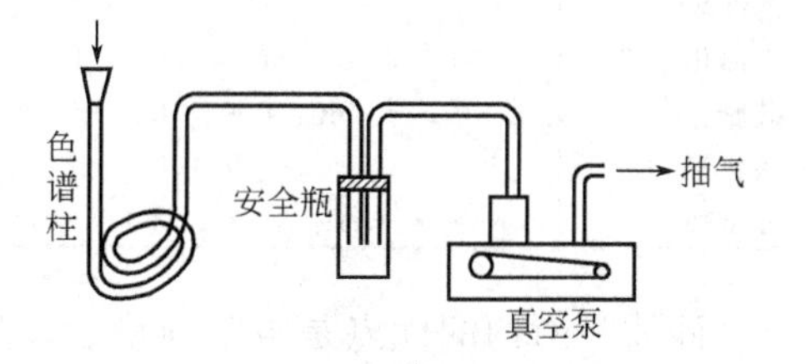

图 3-45　泵抽装柱示意图

对于一些溶解性差的固定液，如硬脂酸盐类、氟橡胶、山梨醇等，则需要采用回流法涂渍。

ⅲ. 色谱柱的装填　如图3-45所示，将已洗净烘干的色谱柱的一端塞上玻璃棉，包以纱布，接入真空泵。在柱的另一端放置一专用小漏斗，在不断抽气下，通过小漏斗加入涂渍好的固定相。在装填时，应不断用小木棍轻敲柱管，使固定相填充均匀紧密，直至填满。取下柱管，将柱入口端塞上玻璃棉，并标上记号。

为了制备性能良好的填充柱，在操作中应遵循以下几条原则：第一，尽可能筛选粒度分布均匀的载体和固定相；第二，保证固定液在载体表面涂渍均匀；第三，保证固定相在色谱柱内填充均匀；第四，避免载体颗粒破碎和固定液的氧化作用等。

ⅳ. 色谱柱的老化。新装填好的色谱柱不能马上用于测定，需要先进行老化处理。色谱柱老化的目的有两个，一是彻底除去固定相中残存的溶剂和某些易挥发性杂质；二是促使固定液更均匀、牢固地涂布在载体表面上。

老化方法是：将色谱柱接入气路中，将色谱柱的出气口（接真空泵的一端）

直接通大气，不要接检测器，以免柱中逸出的挥发物污染检测器。开启载气，在稍高于操作柱温下（老化温度可选择为实际操作温度以上30℃），以较低流速连续通入载气一段时间（老化时间因载体和固定液的种类及质量而异，2～72h不等）。然后将色谱柱出口端接至检测器上，开启记录仪，继续老化。待基线平直、稳定、无干扰峰时，说明柱的老化工作已完成，可以进样分析。

b. 气-固色谱柱的选择

当待测组分为永久性气体时，由于其在固定液中的溶解度很小，不能得到有效的分离。若采用固体吸附剂为固定相，它对气体的吸附性能往往有所差别，可取得满意的分离效果。

与气液色谱中的固定液相比，固体固定相的种类较少，主要有强极性的硅胶、中等极性的氧化铝、非极性的活性炭及特殊作用的分子筛。使用时，可根据它们对组分吸附能力的不同进行选择。常用的固体吸附剂见表3-13。

表3-13　常用的固体吸附剂

吸附剂	主要化学成分	最高使用温度/℃	性质	分离特征
活性炭	C	<300	非极性	永久性气体、低沸点烃类
石墨化炭黑	C	>500	非极性	气体及烃类
硅胶	$SiO_2 \cdot xH_2O$	<400	氢键型	永久性气体及低级烃
氧化铝	Al_2O_3	<400	弱极性	烃类及有机异构物
分子筛	$x(MO) \cdot y(Al_2O_3) \cdot z(SiO_2) \cdot nH_2O$	<400	极性	特别适宜分离永久气体

固体吸附剂的优点是吸附容量大，热稳定性好，无流失现象，且价格便宜。其缺点是色谱峰易出现拖尾，进样量越多、柱子越长，拖尾就越严重。另外，重现性差、柱效低，吸附活性中心易中毒。由于在高温下常具有催化活性，因而不宜分析高沸点和有活性组分的试样。吸附剂在使用前需要先进行活化处理，然后再装入柱中制成填充柱使用。

② 载气种类及其流速的选择　选择何种气体为载气，首先要考虑使用何种检测器。使用热导池检测器时，选用 H_2 或 He 作载气能提高灵敏度。使用氢火焰离子化检测器时，选用 N_2 作载气灵敏度较高。其次要考虑所选的载气要有利于提高柱效能、加快分析速度。在使用较低载气流速时，一般选用分子量较大的 N_2 作载气；在使用较高载气流速时，可选用分子量较小的 H_2 或 He 作载气。

由范第姆特方程可得最佳载气流速 u_{opt}，采用这一流速时，柱效最高。但最佳流速都比较小，实际工作中往往采用比 u_{opt} 稍大的流速，以缩短分析时间。对于填充柱，N_2 的流速通常选择为 $10 \sim 12cm \cdot s^{-1}$，$H_2$ 为 $15 \sim 20cm \cdot s^{-1}$。

③ 柱温的选择　柱温是气相色谱的重要操作参数，它直接影响色谱柱的使用寿命、柱的选择性、柱效能和分析速度。柱温低有利于分配，有利于组分的分离，但柱温过低，被测组分可能在柱中冷凝，或者传质阻力增加，使色谱峰扩

张，甚至拖尾。柱温高，可以缩短分析时间并提高柱效，但分配系数变小不利于分离，柱温过高会造成固定液流失。最佳柱温一般通过实验来选择，选择原则是：在使最难分离的组分有尽可能好的分离前提下，采用适当低的柱温，但应以保留时间适宜，峰形不拖尾为度。柱温一般选各组分沸点平均温度或稍低些。表3-14列出了各类组分适宜的柱温和固定液配比，以供参考。

表3-14 柱温的选择

样品沸点范围	固定液配比/%	柱温/℃
气体、气态烃、低沸点化合物	15～25	室温或<50
100～200℃的混合物	10～15	100～150
200～300℃的混合物	5～10	150～200
300～400℃的混合物	<3	200～250

当被分析组分的沸点范围很宽时，可采用程序升温。采用程序升温后，可以改善分离效果、缩短分析时间，峰形也能得到很大的改善。

④ 气化室温度的选择　合适的气化室温度既能保证样品迅速且完全气化，又不引起样品分解。一般气化室温度比柱温高30～70℃或比样品组分中最高沸点高30～50℃，就可以满足分析要求。温度是否合适，可通过实验来检查。检查方法是：重复进样时，若出峰数目变化，重现性差，则说明气化室温度过高；若峰形不规则，出现平头峰或宽峰则说明气化室温度太低；若峰形正常，峰数不变，峰形重现性好则说明气化室温度合适。

⑤ 进样量与进样技术　在进行气相色谱分析时，进样量要适当。若进样量过大，所得到的色谱峰峰形不对称程度增加，峰变宽，分离度变小，保留值发生变化，峰高峰面积与进样量不成线性关系，无法定量。若进样量太小，又会因检测器灵敏度不够，不能检出。色谱柱最大允许进样量可以通过实验确定。方法是：其他实验条件不变，仅逐渐加大进样量，直至所出峰的半峰宽变宽或保留值改变时，此进样量就是最大允许进样量。对于内径3～4mm，柱长2m，固定液用量为5%的色谱柱，液体进样量为0.1～10μL，检测器为FID时进样量应小于1μL。

进样时，要求速度快，这样可以使样品在气化室气化后随载气以浓缩状态进入柱内，而不被载气所稀释，因而峰的原始宽度就窄，有利于分离。反之若进样缓慢，样品气化后被载气稀释，使峰形变宽，并且不对称，则既不利于分离也不利于定量。进样时间应控制在1s以内。

为保证分离效果，使分析结果有较好的重现性，在直接进样时要注意以下操作要点：

a. 用注射器取样时，先用丙酮或乙醚抽洗5～6次，再用被测试液抽洗5～6次，注意推下去时要快，拉起时要慢。然后缓缓抽取多于需要量的试液，此时若有空气带入注射器内，可将针尖朝上，用手指轻轻弹击针管，使气泡升至液体上

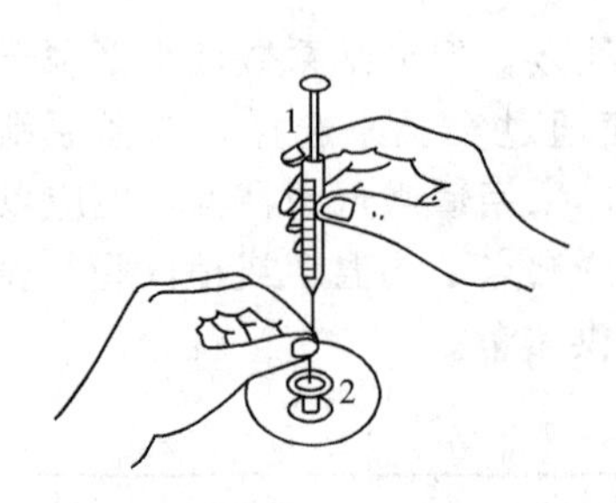

图 3-46 微量注射器进样姿势
1—微量注射器；2—进样口

方，将多余的样品推出针管，同时排出气泡。再用滤纸吸去针杆处所沾的试液。

b. 取样后应立即进样，进样姿势见图 3-46。进样时要求注射器垂直于进样口，左手扶着针头防止弯曲，右手拿注射器（应防止汽化室的高气压将针芯吹出），迅速刺穿硅橡胶垫，平稳、敏捷地推进针筒（针头尽可能刺深一些，且深度一定，针头不能碰到气化室内壁），用右手食指平稳、轻巧、迅速地将样品注入，完成后立即拔出。

c. 进样时要求操作稳当、连贯、迅速。进针位置及速度、针尖停留时间和拔出速度都会影响进样的重现性。

3.3.3 高效液相色谱分析

3.3.3.1 概述

高效液相色谱（HPLC）又称高压液相色谱、高速液相色谱或现代液相色谱。与经典液相色谱法相比，高效液相色谱法具有高压、高速、高效及高灵敏度的特点。

3.3.3.2 高效液相色谱法的主要类型

高效液相色谱法按分离机理的不同，可分为液-固吸附色谱法、液-液分配色谱法、离子交换色谱法、空间排阻色谱法等。

（1）液-固吸附色谱

也称液-固色谱，其流动相为不同极性的溶剂，固定相为固体吸附剂，在吸附剂表面存在分散的活性吸附中心。当样品分子随流动相进入色谱柱时，它与流动相分子在吸附剂表面发生竞争性吸附。这种竞争性吸附还存在于不同样品分子之间，同一分子的不同官能团之间。由于样品分子结构不同，吸附能力有差异，经过多次吸附-解吸后，样品中各组分得到了分离。

在液固色谱中，固定相可分为极性和非极性两大类。极性固定相主要有硅胶（酸性）、氧化镁和硅酸镁分子筛（碱性）等。非极性固定相有高强度多孔微粒活性炭和近来开始使用的 5～10μm 的多孔石墨化炭黑，以及高交联度苯乙烯-二乙烯基苯共聚物的单分散多孔微球（5～10μm）和聚合物包覆固定相。其中应用最为广泛的固定相是极性固定相硅胶。

对于液固色谱的流动相，极性大的组分可选用极性较强的流动相，极性小的则选用极性较弱的流动相。常用的流动相可参见相关资料。

液固色谱法适用于分离相对分子质量中等的油溶性物质，对具有不同官能团的化合物和异构体有较高的选择性。

（2）液-液色谱

液-液色谱的固定相和流动相都是液体，此类色谱利用样品中各组分在固定相和流动相中溶解度的不同而进行分离。根据固定相和流动相相对极性的不同，又可分为正相分配色谱和反相分配色谱。前者固定相的极性大于流动相的极性，后者固定相的极性小于流动相的极性。

液-液分配色谱中，流动相与固定相之间应互不相溶，两者之间有一个分界面，但在色谱分离过程中由于固定液在流动相中仍有微量溶解，并且流动相通过色谱柱时产生机械冲击，造成固定液不断流失。为了解决这一问题，通过化学反应将不同有机基团共价键合到硅胶担体表面的游离羟基上，形成单一、牢固的单分子薄层而构成固定相。采用化学键合相的液相色谱法称为键合相色谱法。键合固定相的优点是：固定相的均一性和稳定性好，在使用中不易流失，色谱柱使用周期长，柱效高，重现性好，可以在担体表面键合各种不同的官能团，适用于各类样品的分离分析，选择性好。目前键合固定相色谱法已获得了日益广泛的应用，在高效液相色谱法中占有极其重要的地位。

根据键合固定相与流动相相对极性的强弱，可将键合相色谱法分为正相键合相色谱法和反相键合相色谱法。在正相键合相色谱法中，键合固定相的极性大于流动相的极性，适用于分离极性与强极性化合物。在反相键合相色谱法中，键合固定相的极性小于流动相的极性，适用于分离非极性至中等极性的组分，以及离子型化合物，如有机酸、碱及盐等，其应用范围比正相键合相色谱法广泛得多。

① 分离原理　反相键合相色谱的固定相，是将硅胶载体经酸活化处理后，与含十八烷基（C_{18}）、辛烷基（C_8）或苯基的硅烷化试剂反应，生成表面具有烷基或苯基的非极性固定相。流动相以水为主要溶剂，加入一定量与水相溶的极性调整剂，常用的如甲醇-水，乙腈-水等，极性较固定相强。当待分离的有机分子进入色谱柱时，分子中的非极性部分与固定相疏水基团进行缔合，使它停留在固定相中；同时，待分离分子的极性部分又受到极性流动相的作用，具有离开固定相、随流动相不断移动的趋势。有机分子极性越弱，其在固定相中停留时间越长，保留值就越大，反之保留值越小。

正相键合相色谱使用的是极性键合固定相，以极性有机基团如胺基（$—NH_2$）、腈基（—CN）、醚基（—O—）等键合在担体表面制成。而流动相是非极性或弱极性的溶剂，如烷烃。正相键合相色谱的分离机理属于分配色谱，极性弱的组分先出峰，极性强的组分后出峰。

② 固定相　常用的担体有全多孔型担体和表层多孔型担体。前者直径小于10μm，由nm级的硅胶微粒堆聚成5μm或略大的全多孔小球。表层多孔型担体又称为薄壳型微珠担体，由直径为30～40μm的玻璃微珠表面堆聚一层厚度约为1～2μm的多孔硅胶。此类担体具有机械强度好、表面硅羟基反应活性高、表面积和孔结构易于控制的特点。

在键合反应前，为增加硅胶表面参与键合反应的硅醇基数量以增大键合量，通常用 2mol·L^{-1}盐酸溶液浸渍硅胶过夜，使其表面充分活化并除去表面含有的金属杂质。

通过相应的化学反应，各种键合官能团与硅胶表面的硅羟基反应生成 —Si—O—C— 、 —Si—C— 、 —Si—N< 或 —Si—O—Si—C— 键，形成了如图 3-47 的结构（以十八烷基键合相为例）。

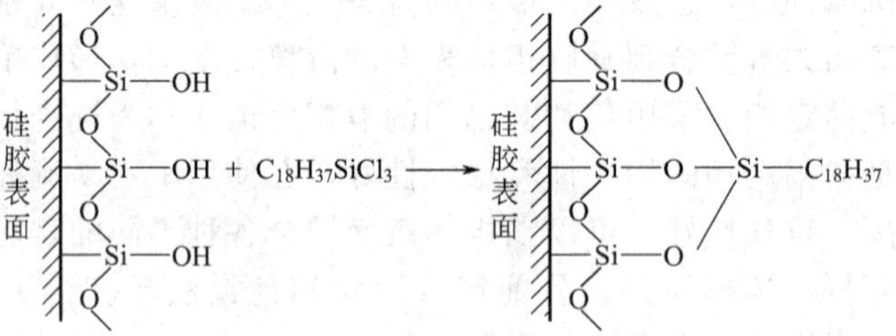

$$\text{硅胶表面}\begin{cases}\text{—Si—OH}\\\text{—Si—OH}\\\text{—Si—OH}\end{cases} + C_{18}H_{37}SiCl_3 \longrightarrow \text{硅胶表面}\begin{cases}\text{—Si—O}\\\text{—Si—O—Si—}C_{18}H_{37}\\\text{—Si—O}\end{cases}$$

图 3-47 担体表面的键合反应

常用键合固定相的类型及应用范围如表 3-15 所示，其中十八烷基键合相（ODS）应用最为广泛。

应当注意，反相烷基键合相色谱在使用时，流动相的 pH 应控制在 2～8。pH 过低时键合的硅烷会因水解而从柱上洗脱下来，pH 过高又会造成基体硅胶的溶解。

表 3-15 键合固定相的类型及应用范围

类　型	键合官能团	性质	色谱分离方式	应用范围
烷基 C_8、C_{18}	$—(CH_2)_7—CH_3$ $—(CH_2)_{17}—CH_3$	非极性	反相、离子对	中等极性化合物，溶于水的高极性化合物，如：小肽、蛋白质、甾族化合物（类固醇）、核碱、核苷、核苷酸、极性合成药物等
苯基 $—C_6H_5$	$—(CH_2)_3—C_6H_5$	非极性	反相、离子对	非极性至中等极性化合物，如：脂肪酸、甘油酯、多核芳烃、酯类（邻苯二甲酸酯）、脂溶性维生素、甾族化合物（类固醇）、PTH 衍生化氨基酸
酚基 $—C_6H_5OH$	$—(CH_2)_3—C_6H_5OH$	弱极性	反相	中等极性化合物，保留特性相似于 C_8 固定相，但对多环芳烃、极性芳香族化合物、脂肪酸等具有不同的选择性

续表

类　型	键合官能团	性质	色谱分离方式	应用范围
醚基 —CH—CH2 (O环氧)	$-(CH_2)_3-O-CH_2-CH-CH_2$ (环氧O)	弱极性	反相或正相	醚基具有斥电子基团，适于分离酚类、芳硝基化合物，其保留行为比 C_{18} 更强（k'增大）
二醇基 —CH(OH)—CH2(OH)	$-(CH_2)_3-O-CH_2-CH(OH)-CH_2(OH)$	弱极性	正相或反相	二醇基团比未改性的硅胶具有更弱的极性，易用水润湿，适于分离有机酸及其齐聚物，还可作为分离肽、蛋白质的凝胶过滤色谱固定相
芳硝基 $-C_6H_5-NO_2$	$-(CH_2)_3-C_6H_5-NO_2$	弱极性	正相或反相	分离具有双键的化合物，如芳香族化合物、多环芳烃
腈基 —CN	$-(CH_2)_3-CN$	极性	正相（反相）	正相相似于硅胶吸附剂，为氢键接受体，适于分析极性化合物，溶质保留值比硅胶柱低；反相可提供与 C_8，C_{18}，苯基柱不同的选择性
胺基 $-NH_2$	$-(CH_2)_3-NH_2$	极性	正相（反相、阴离子交换）	正相可分离极性化合物，如芳胺取代物，脂类，甾族化合物，氯代农药；反相分离单糖、双糖和多糖等碳水化合物，阴离子交换可分离酚、有机羧酸和核苷酸
二甲胺基 $-N(CH_3)_2$	$-(CH_2)_3-N(CH_3)_2$	极性	正相、阴离子交换	正相相似于胺基柱的分离性能；阴离子交换可分离弱有机碱
二胺基 $-NH(CH_2)_2NH_2$	$-(CH_2)_3-NH-(CH_2)_2-NH_2$	极性	正相、阴离子交换	正相相似于胺基柱的分离性能；阴离子交换可分离有机碱

③ 流动相　气相色谱法中的流动相（即载气）种类较少，而液相色谱除了改变固定相外，还可以通过改变流动相来提高选择性。

a. 正相键合相色谱的流动相　正相键合相色谱中，流动相的主体成分为己烷或庚烷，通常还加入乙醚、氯仿、二氯甲烷等以改善分离的选择性。

b. 反相键合相色谱的流动相　反相键合相色谱中，流动相以水为底溶剂，加入甲醇、乙腈或四氢呋喃等以调节极性、离子强度以及 pH。

实际工作中通常将两种或两种以上的溶剂按一定比例混合，通过调整以适应分离复杂样品的需要。

(3) 离子交换色谱　离子交换色谱的固定相为离子交换树脂，流动相为水溶液。它利用待测样品中各组分离子与离子交换树脂的亲和力不同而进行分离。离子交换色谱法主要用来分离离子或可离解的化合物，它不仅应用于无机离子的分离，还可用于有机物的分离。

(4) 空间排阻色谱　该法根据被分离组分分子的线团尺寸进行分离。其固定相是多孔性填料凝胶，故此法又称为凝胶色谱法，也称为分子排阻色谱法。该法适用于分离相对分子质量较大的化合物（2000 以上），在合适的条件下，也可分离相对分子质量小至 100 的化合物。但不能用来分离大小相似、相对分子质量接近的分子，例如异构体等。

3.3.3.3　高效液相色谱仪

高效液相色谱仪种类很多，从仪器功能上可分为分析型和制备型；从仪器结构上又可分为整体型和模块型两种。高效液相色谱仪都具备储液器、高压泵、梯度洗提装置、进样器、色谱柱、检测器、恒温器、数据处理系统等主要部件。此外，还可根据需要配置自动进样系统、流动相在线脱气装置和自动控制系统等装置。典型的高效液相色谱仪结构如图 3-48 所示。

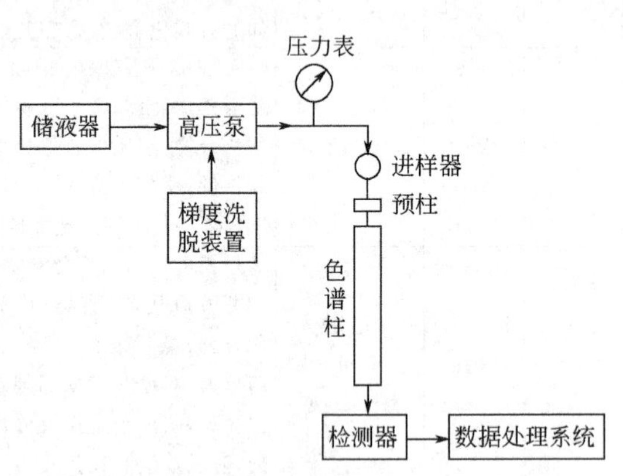

图 3-48　典型的高效液相色谱仪结构示意图

高效液相色谱仪在工作过程中，高压输液泵将储液器中的流动相输送至色谱柱，样品通过进样器导入，并随流动相进入色谱柱得到分离，然后依次流经检测器，产生的信号由数据处理机或色谱工作站处理及保存。

(1) 储液器

储液器主要用来储存流动相，一般以不锈钢、玻璃、聚四氟乙烯或特种塑料聚醚醚酮（PEEK）为材料，容积通常为 0.5～2L。

溶剂在放入贮液罐之前必须经过 0.45μm 滤膜过滤，除去溶剂中的机械杂质，以防输液管道或进样阀产生阻塞现象。

储液器放置位置要高于泵体，以便保持一定的输液静压差。使用过程中储液器应密闭，以防溶剂蒸发引起流动相组成的变化，还可防止空气中 O_2、CO_2 重新溶解于已脱气的流动相中。

(2) 高压输液泵

输液泵是高效液相色谱仪的核心部件之一，用以将流动相以稳定的流速或压力输送到色谱分离系统。由于色谱柱中填料的颗粒非常细小，流动相具有一定的黏度，因此阻力很大。为了达到快速、高效的分离，必须使用高压泵。高压泵要求能在高压下连续工作，通常耐压 40～50MPa，能连续工作 8～24h；还要满足流量恒定无脉动、流量范围广且流速可调、更换溶剂方便和耐腐蚀等要求。

商品化的输液泵有恒压泵和恒流泵两大类。恒压泵又称气动放大泵，其输出压力恒定。当系统阻力不变时可保持恒定流量，当系统阻力发生变化时，流量随之发生变化。这类泵的优点是输出无脉动，对检测器的噪声低，通过改变气源压力即可改变流速。缺点是流速不够稳定，随溶剂黏度不同而改变。恒压泵在高效液相色谱仪发展初期使用较多，现在主要用于液相色谱柱的制备。恒流泵在一定操作条件下可输出恒定体积流量的流动相。目前常用的恒流泵有往复泵和注射泵，其特点是泵的内体积小，用于梯度洗脱较为理想，两者又以往复泵应用最多。往复泵有两类，即活塞型和隔膜型。前者的活塞直接和流动相接触；后者的活塞是通过某种介质推动隔膜，隔膜再压缩或吸入流动相。表 3-16 列出了几种常见高压输液泵的基本性能。

高压输液泵一般由不锈钢或聚四氟乙烯制成，密封材料由加了填料的聚四氟乙烯制造，也有用精密陶瓷做泵的。

表 3-16　几种高压输液泵的性能比较

名　称	恒流或恒压	脉冲	更换流动相	梯度洗脱	再循环	价格
气动放大泵	恒压	无	不方便	需两台泵	不可以	高
螺旋传动注射泵	恒流	无	不方便	需两台泵	不可以	中等
单柱塞型往复泵	恒流	有	方便	可以	可以	较低
双柱塞型往复泵	恒流	小	方便	可以	可以	高
往复式隔膜泵	恒流	有	方便	可以	可以	中等

（3）管道过滤器

高压输液泵的活塞和进样阀阀芯的机械加工精度非常高，微小的机械杂质进入流动相，都会导致上述部件的损坏。同时机械杂质在柱头的积累，会造成柱压升高，使色谱柱不能正常工作。因此在高压输液泵的进口和它的出口与进样阀之间，应设置过滤器。常见的溶剂过滤器和管道过滤器的结构，见图 3-49。

过滤器的滤芯是用不锈钢烧结材料制成的，孔径为 2～3μm，耐有机溶剂的侵蚀。若发现过滤器堵塞（发生流量减小的现象），可将其浸入稀 HNO_3 溶液中，在超声波清洗器中用超声波振荡 10～15min，即可将堵塞的固体杂质洗出。若清洗后仍不能达到要求，则应更换滤芯。

（4）梯度洗脱装置

在进行多组分复杂样品的分离时，经常会碰到前面一些组分分离不完全，而后面一些组分分离度太大，且出峰很晚、峰型较差。为了使保留值相差很大的多种组分在适宜的时间内全部洗脱并达到相互分离，通常使用梯度洗脱技术。具体可见 3.3.3.4 中梯度洗脱技术部分。

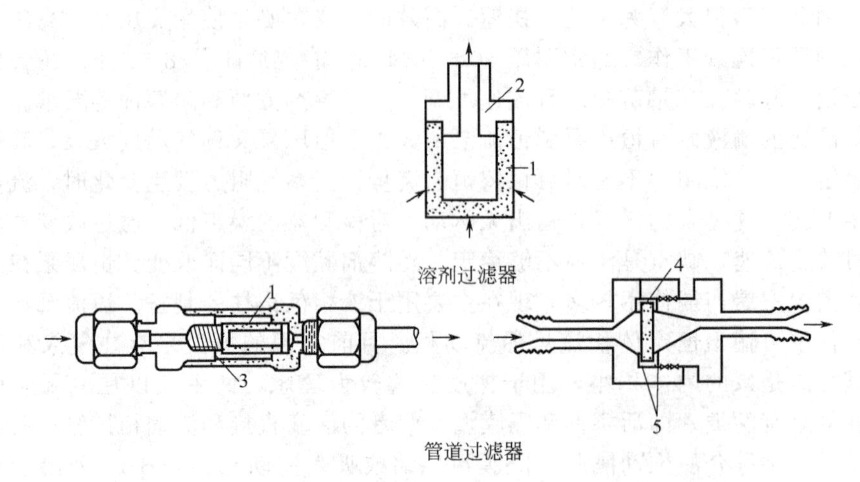

图 3-49　过滤器

1—过滤芯；2—连接管接头；3—弹簧；4—过滤片；5—密封垫

（5）进样装置

进样装置的作用是将待测试液准确送入色谱柱的装置。进样方式及试样体积对柱效影响很大，要求进样装置密封性好，死体积小，重复性好，保证柱中心进样，进样引起的分离系统压力和流量的波动要小。常用的进样装置有注射器进样、六通阀进样及自动进样器进样。注射器进样与气相色谱相类似，现已较少使用。

① 六通阀进样器　六通阀进样是普遍采用的进样方式，具有耐高压、重复性好和操作方便等优点。六通阀包括阀体、阀芯和定量管等三部分。阀体采用不锈钢材料，旋转密封部分由合金陶瓷材料制成，耐磨、密封性好。定量管是一根毛细管，有 1μL、5μL、10μL、20μL 等规格，更换不同体积的定量管，可调整进样量。也可采用较大体积的定量管进少量试样，进样量由注射器控制，试样不充满定量管，而只是填充其一部分的体积。高效液相色谱六通阀外形见图3-50，其工作原理见图 3-51。

图 3-50　高效液相色谱六通阀

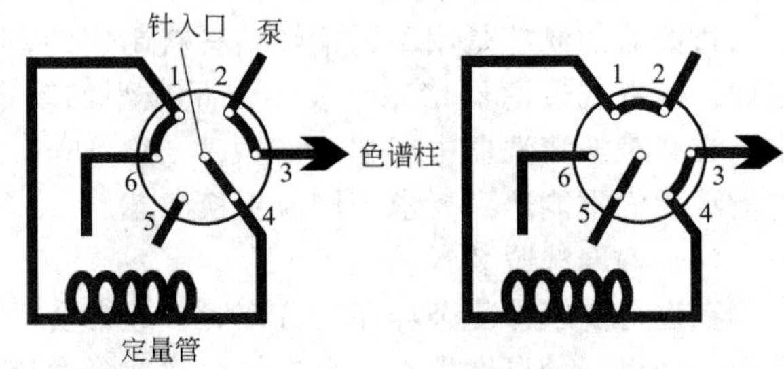

图 3-51　HPLC 六通阀进样器

进样时先将阀柄置于采样位置（LOAD），用平头微量注射器注入试液，进样量大于定量管的容积，试液充满定量管后从 6 处溢出。然后将进样器阀柄旋转至进样位置（INJECT），流动相进入定量管，携带样品进入色谱柱得到分离。

在达到一定进样次数后（一般为几万次），需更换转子密封圈。

② 自动进样器　自动进样器由计算机自动控制定量阀，按预先编制的注射样品操作程序进行工作。取样、进样、复位、样品管路清洗和样品盘的转动，全部按预定程序自动进行，一次可进行几十个或上百个样品的分析。

自动进样器的进样量可连续调节，进样重复性高，适合于大量样品的分析，节省人力，可实现自动化操作。

（6）色谱柱　色谱是一种分离分析手段，担负分离作用的色谱柱是色谱仪的心脏，柱效高、选择性好、分析速度快是对色谱柱的一般要求。

① 色谱柱的结构　常用的柱材料为内部抛光的直形不锈钢柱管。标准填充柱柱管内径主要有 4.6mm 和 3.9mm 两种规格，也有 4mm、5mm 等其他内径的。

随着柱技术的发展，细内径柱逐步受到人们的重视，内径 2mm 柱已作为常用柱，细内径柱可获得与粗柱基本相同的柱效，而溶剂的消耗量却大为下降，这在一定程度上除减少了实验成本以外，也降低了废弃流动相对环境的污染和流动相溶剂对操作人员健康的损害。目前，1mm 甚至更细内径的高效填充柱都有商品出售，特别是在与质谱联用时，为减小溶剂用量，常采用内径为 0.5mm 以下的毛细管柱。

细内径柱与常规柱相比，还有如下优点：若注射相同量的试样到细内径柱上，则产生较窄的峰宽从而使峰高增大（色谱柱不应过载），峰高的增大又使检测器的灵敏度提高。这种增强效应对痕量分析非常重要，因为在痕量分析中试样总量受到限制。

色谱柱的柱长与填料的粒度有关，一般在 5～50cm。

② 柱填料　高效液相色谱柱中所装填固定相的基体材料如硅胶、氧化铝、有机聚合物微球等，其粒度一般在 3～10μm，其理论塔板数可达 5000/m 到 16000/m。对于一般的分析任务，只需要 500 塔板数即可，对于较难分离物质可采用高达 2 万理论塔板数的柱子。实际过程中一般用 10～30cm 左右的柱长就能满足复杂混合物分析的需要。

上述各种基体表面活化后，可与硅烷偶联剂或专用化学试剂反应，制成各种不同性能与用途的固定相。

③ 保护柱　所谓保护柱，是安装在分析柱前的一短填充柱，它可以收集、阻断来自进样装置的机械和化学杂质，起到保护和延长分析柱寿命的作用。虽然使用保护柱会使分析柱损失一定的柱效，但更换一根分析柱不仅浪费（柱子失效往往只在柱端部分），又费事，而保护柱对色谱系统的影响基本上可以忽略不计。

所以，即使损失一点柱效也是可取的。

保护柱由柱套和可更换的柱芯两部分组成。柱套一般为不锈钢制成，其自身是一个由 PEEK 材料制作的标准通用连接接头，两端可方便地与分析柱与进样装置连接。保护柱柱芯内通常填充和分析柱相同的固定相，但也可装填不同的填料，如较粗颗粒的硅胶或聚合物。保护柱价格较低，属于消耗品，通常分析50～100 次样品后，柱压力降即呈现增大的趋势，此时应进行更换。图 3-52 为保护柱及其连接示意图。

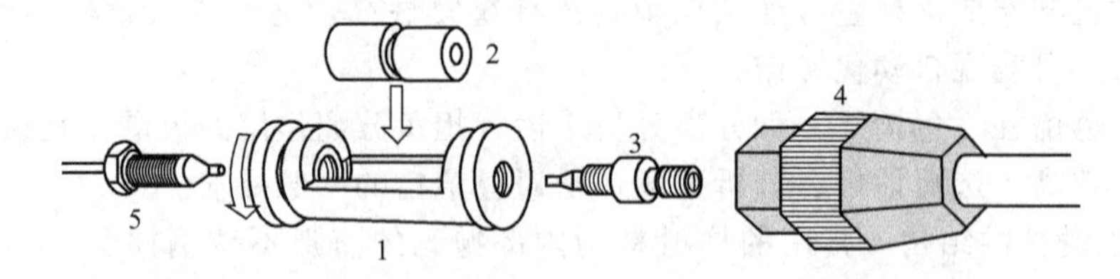

图 3-52　保护柱及其与分析柱的连接示意图
1—保护柱套；2—保护柱芯；3—PEEK 标准通用接头；
4—分析柱接头；5—连接六通进样阀接头

④ 柱的连接　色谱柱通过柱两端的接头分别与进样器及检测器连接。在色谱柱管的上下两端要安装过滤片，过滤片一般用多孔不锈钢烧结材料，其孔径小于填料颗粒直径。出口端的过滤片起挡住填料的作用，入口端的过滤片既可防止填料倒出，又可保护填充床在进样时不被损坏。其连接方式见图 3-53。

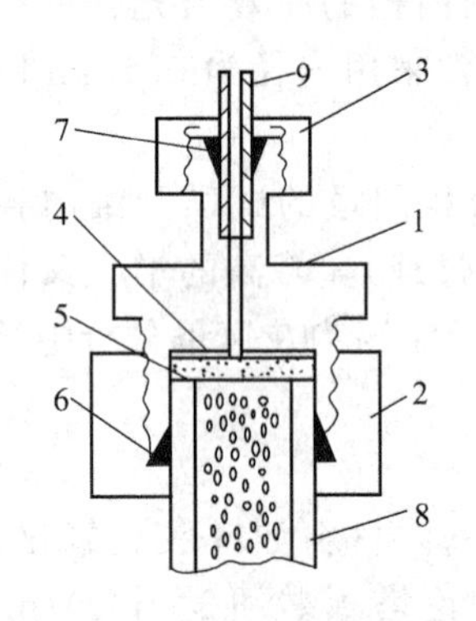

图 3-53　色谱柱连接示意图
1—柱接头；2—连接柱螺帽；3—螺帽；4—滤膜；5—不锈钢烧结片；6,7—卡套；8—色谱柱管；9—连接管

应注意的是色谱柱在装填料之前是没有方向性的，但填充完毕的色谱柱是有方向的，即载液的流动方向应与柱的填充方向（装柱时填充液的流向）一致。色谱柱的管外都以箭头显著地标示了该柱的使用方向（与气相色谱不同，气相色谱柱两头标明接检测器或进样器），安装和更换色谱柱时一定要使流动相能按箭头所指方向流动。

⑤ 色谱柱恒温装置　在高效液相色谱分析中，温度的影响往往容易被忽略。提高柱温有利于降低溶剂黏度和提高样品溶解度，改变分离度，同时也是保留值重复稳定的必要条件，对需要高精度测定保留体积的样品分析而言尤为重要。

常用的色谱柱恒温方式有水浴式、电加热式和恒温箱式三种，可实现从室温至 80℃柱温的精确控制。

(7) 检测器

检测器是高效液相色谱仪的另一核心部件，用于检测色谱柱后流出物中组成和浓度的变化。一个理想的检测器应具有灵敏度高、重现性好、响应快、线性范围宽、适用范围广、对流动相流量和温度波动不敏感、死体积小等特性。但目前没有任何一种检测器满足上述全部要求，实际工作中只能根据样品的特性选择合适的检测器。

从适用性的角度出发，高效液相色谱检测器可分为两类，即通用型检测器和专用型检测器。通用型检测器对所有物质均有响应，如差示折光检测器（RID）。这类检测器由于对流动相也有响应，且易受操作条件影响，噪声和漂移都较大，灵敏度较低。专用型检测器则有选择地对某些物质有响应，如紫外检测器（UVD）、电导检测器（ECD）和荧光检测器（FLD）等。这类检测器一般对流动相不敏感，受操作条件影响小，灵敏度较高。近年来出现的蒸发激光散射检测器（ELSD）是一种高灵敏度的通用型质量检测器。

常用检测器及其性能指标如表 3-17 所示。

表 3-17 检测器性能指标

检测器 / 性能	可变波长紫外吸收	RID（差示折光）	FLD（荧光）	CD（电导）	ELSD（蒸发激光散射）
测量参数	吸光度(AU)	折射率(RIU)	荧光强度(AU)	电导率/(μS/cm)	质量(ng)
池体积/μL	1～10	3～10	3～20	1～3	—
类型	选择型	通用型	选择型	选择型	通用型
线性范围	10^5	10^4	10^3	10^4	～10
最小检出浓度/(g/mL)	10^{-10}	10^{-7}	10^{-11}	10^{-3}	—
最小检出量	约 1ng	约 1μg	约 1pg	约 1mg	0.1～10ng
噪声(测量参数)	10^{-4}	10^{-7}	10^3	10^{-3}	10^{-3}
用于梯度洗脱	可以	不可以	可以	不可以	可以
对流量敏感性	不敏感	敏感	不敏感	敏感	不敏感
对温度敏感性	低	10^{-4}℃	低	2%/℃	不敏感

① 紫外检测器（UVD） 紫外检测器是高效液相色谱仪中应用最为广泛的检测器，其灵敏度高，检测限可达 $10^{-9}g \cdot L^{-1}$，而且对温度和流速波动不敏感，适合于梯度洗脱。

紫外检测器的依据是比尔定律，即对于给定的检测池，在一定波长下，检测到样品的吸光度与样品浓度成正比。

紫外检测器分为固定波长、可变波长及光电二极管阵列检测三种类型。

a. 固定波长紫外检测器 常用的固定波长紫外检测器以低压汞灯作为光源。低压汞灯谱线简单，波长 254nm 的紫外光占全部辐射能的 90%以上，谱线宽度仅 2nm，因此以 254nm 作为工作波长。此检测器对芳香族化合物具有较高的灵敏度。但许多物质在254nm处吸收较弱，甚至无吸收，所以此类检测器使用局限性很大。

b. 可变波长紫外检测器　此类紫外检测器采用氘灯作光源，波长在190～600nm范围内连续可调。因此可根据待测试样的紫外吸收特征选择合适的工作波长，提高了检测的灵敏度。其结构与紫外-可见分光光度计相类似，包括光源、分光系统、流通池和检测系统四大部分，如图3-54所示。

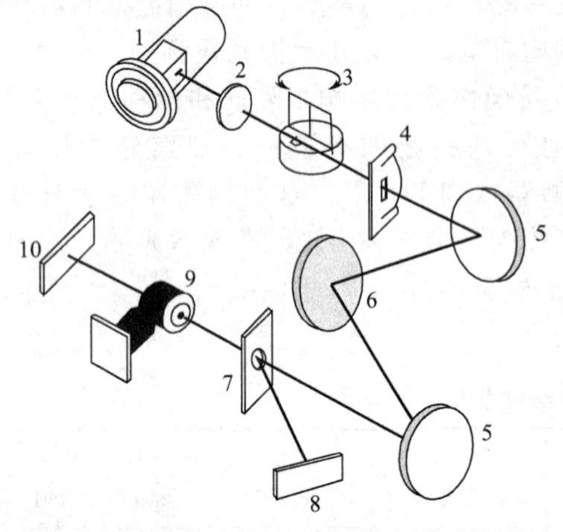

图3-54　紫外-可见光检测器光学系统图
1—光源；2—聚光透镜；3—滤光片；4—入口狭缝；5—平面反射镜；6—光栅；7—光分束器；8—参比光电二极管；9—流通池；10—样品光电二极管

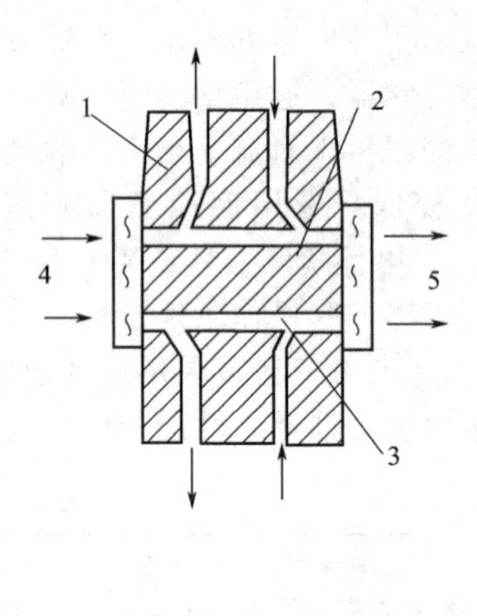

图3-55　紫外检测器流通池图
1—流通池；2—测量臂；3—参比臂；4—入射光；5—出射光

在紫外检测器中，与紫外-可见分光光度计完全不同的部件是流通池。一般标准池体积为5μL～8μL，光程长为5mm～10mm，内径小于1mm，结构有H型及Z型，以H型为常用，其示意图见图3-55。

c. 光电二极管阵列检测器　光电二极管阵列检测器（PDAD）是上世纪80年代出现的新型紫外检测器，它与普通紫外检测器的区别主要在于进入流通池的不再是单色光，获得的检测信号不再是单一波长上的，而是在全部紫外波段上的色谱信号。PDAD得到的也不是一般意义上的色谱图，它可绘制出随时间（t）变化进入检测器液流的光谱吸收曲线，即A-λ-t三维立体色谱图（图3-56）。因此它不仅可以进行定量检测，还可进行定性分析。

虽然紫外检测器的使用相当广泛，但它并非通用型检测器。因为紫外检测器只能对工作波长范围内具有吸收作用的物质进行检测，在此范围内无吸收或吸收不大的物质则不能检测。而且在测定波长范围内有吸收作用的溶剂，就不能作为流动相，这使得流动相的选择受到一定的限制。

② 差示折光检测器　差示折光检测器（RID），又称折光指数检测器，是一

种通用型检测器，通过连续检测参比池和测量池中溶液的折射率之差来测定试样浓度。

在理想情况下，溶液的折射率等于溶剂（流动相）和溶质（样品）各自的折射率乘以其物质的量浓度之和。当样品浓度低时，溶有样品的流动相和流动相本身之间折射率之差，指示出样品在流动相中的浓度。原则上凡是与流动相折射率有差别的样品都可用差示折光检测器来检测，其检测限可达（$10^{-6}\sim10^{-7}$）g/mL。

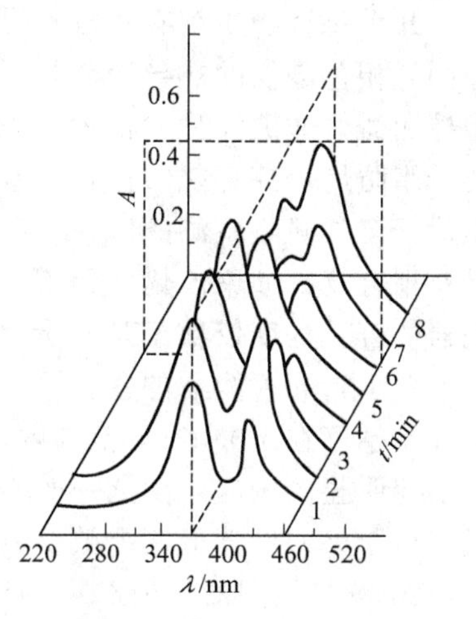

图 3-56　A-λ-t 三维色谱图

差示折光检测器按工作原理可分成反射式、偏转式和干涉式等几种。其中干涉式造价昂贵而使用较少；偏转式池体较大（约 10μL），可适用于各种溶剂折射率的测定，一般只在制备色谱和凝胶渗透色谱中使用；反射式池体积很小，一般为 5μL 左右，可获得较高灵敏度，应用较多。但当测定不同折射率范围的样品时（通常折射率分为 1.31～1.44 和 1.40～1.60 两个区间），需要更换流通池。图 3-57 为反射式差示折光检测器的光路示意图。

由钨丝光源 SL 发射出的光经遮光板 M_1、红外滤光片 F(用于阻止红外光通过，保证系统工作的热稳定性）及遮光板 M_2 后，形成两束能量相同的平行光，再经透镜 L_1 分别聚焦至测量池和参比池上。透过空气-三棱镜界面、三棱镜-液体界面的平行光，由池底镜面折射后反射出来（如图 3-58 所示），再经透镜 L_2 聚焦在光敏电阻 D 上，将光信号转变成电信号。信号经放大后，送入数据处理系统。此检测器就是通过测定经流动相折射后反射光的强度变化，来检测试样中组分的浓度的。

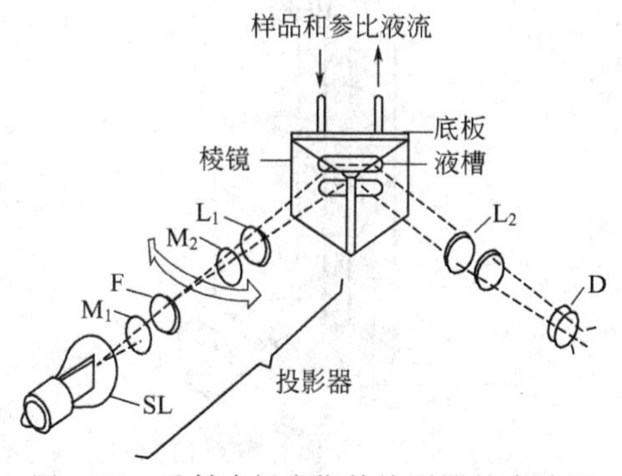

图 3-57　反射式折光指数检测器的光路图

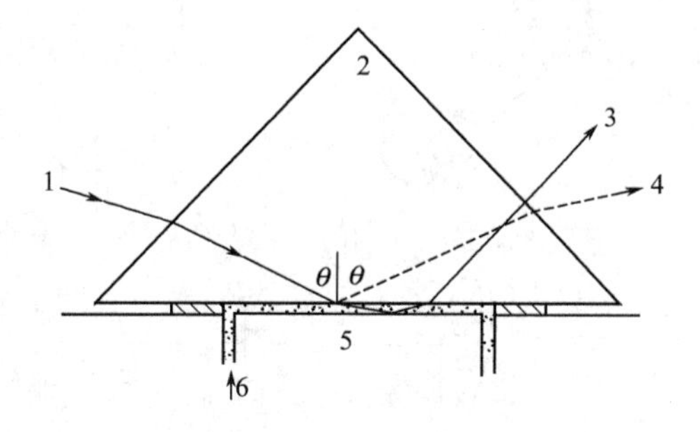

图 3-58　检测池的剖面图

1—入射光；2—棱镜；3—反射光；4—杂散光；5—散射面；6—流动相

3 检测与测定

几乎每种物质都有各自不同的折射率，因此都可用差示折光检测器来检测。如同气相色谱仪的热导检测器一样，它是一种通用型的检测器，也属于浓度敏感型检测器，非破坏型检测器。它对没有紫外吸收的物质，如高分子化合物、糖类、脂肪烷烃等都能够检测。差示折光检测器还适用于流动相紫外吸收本底大，不适于紫外吸收检测的体系。在凝胶色谱中差示折光检测器是必不可少的，尤其是对聚合物，如聚乙烯、聚乙二醇、丁苯橡胶等分子量分布的测定。差示折光检测器的普及程度仅次于紫外检测器。

差示折光检测器的主要缺点有三。一是对温度的变化很敏感，使用时要求温度控制精度在±0.001℃范围内；二是对流动相敏感，流动相组成的任何变化都会引起明显的响应，因此一般不宜做梯度洗脱；第三，差示折光检测器灵敏度较低，比紫外检测器低两个数量级，不宜用作痕量分析。

③ 荧光检测器（FLD） 荧光检测器是一种高灵敏度、高选择性的检测器，它通过检测样品在紫外光激发下所辐射出荧光的强度来确定样品的浓度。

许多物质，特别是具有对称共轭结构的有机芳环分子受紫外光激发后，能够辐射出比紫外光波长长的光，即荧光。荧光的波长比分子吸收的紫外光波长长，通常在可见光范围内。若激发紫外光强度一定且溶液的厚度不变，在被测溶质浓度较低时，溶质受激发而产生的荧光强度与被测溶质的浓度成正比。

图 3-59 是一种荧光检测器的光路示意图。激发光光源常用氙灯，发出的光经透镜、激发光单色器后，分离出一定波长的激发光并聚集在流通池上，流通池中的溶质受激发产生荧光。为避免激发光的干扰，只测量与激发光成 90°方向的荧光，因此激发光光路和荧光发射光路相互垂直。荧光通过透镜聚光，再经发射单色器选择出所需检测波长的光，通过光电倍增管将光能转变成电信号，经放大后送入微处理机。

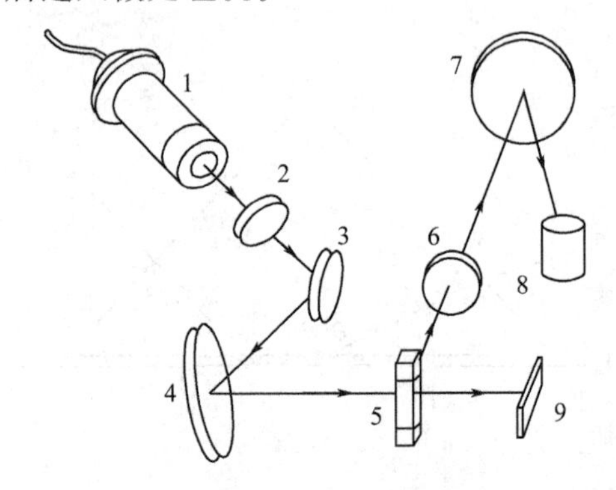

图 3-59 荧光检测器光路图

1—氙灯；2,6—透镜；3—反射镜；4—激发光单色器；5—样品流通池；7—发射单色器；8—光电倍增管；9—光二极管（UV 吸收检测）

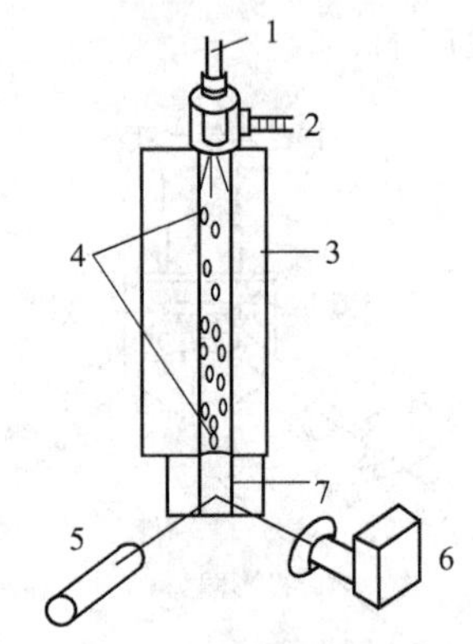

图 3-60 蒸发激光散射检测器

1—色谱柱；2—喷雾气体；3—蒸气漂移管；4—样品液滴；5—激光光源；6—光二极管检测器；7—散射室

荧光检测器的灵敏度比紫外检测器要高 2 个数量级，适用于对痕量组分的检测。荧光检测器可用于梯度洗脱，但线性范围较窄，约为 10^3。应注意测定中不能使用可熄灭、抑制或吸收荧光的溶剂作流动相。此检测器现已在生物化工、临床医学检验、食品检验、环境检测中获得广泛的应用。

④ 蒸发激光散射检测器（ELSD） 蒸发激光散射检测器是一种灵敏度高、对所有物质都有响应的质量型检测器。其工作原理示意图见图 3-60。

样品流出色谱柱，进入检测器后，被高速载气分散成微小、均匀的雾状液滴并进入漂移管。漂移管由于受热将流动相不断蒸发，样品分子形成雾状颗粒悬浮在溶剂蒸气中，进而随着载气进入光散射室。在光散射室，激光光源发出的激光束通过样品分子的雾状颗粒而发生散射，散射光用光二极管检测器接收，转换成电信号，信号的强弱与光散射室中的样品量成正比。蒸气状的溶剂通过光路时，光线反射到检测器上形成无漂移的稳定信号，即得到基线。

蒸发激光散射检测器的响应值与样品的质量成正比，对几乎所有样品的响应基本一致，因此可以在没有标准品的情况下进行检测。而且它消除了溶剂的干扰和因温度变化引起的基线漂移，特别适用于梯度洗脱。

（8）数据处理系统

检测器产生的电信号传送到数据处理系统，目前广泛使用色谱数据处理机和色谱工作站来记录和处理色谱分析的数据。其组成及使用与气相色谱工作站类似。具体参见说明书。

（9）高效液相色谱仪的日常维护

① 贮液器

a. 完全由 HPLC 级溶剂组成的流动相不必过滤，其他溶剂在使用前都应用 0.45μm 的滤膜过滤后才可使用，以保持贮液器的清洁；

b. 过滤器使用 3～6 个月后或出现阻塞现象时要及时更换新的，以保证仪器正常运行和溶剂的质量；

c. 用普通溶剂瓶作流动相贮液器时应不定期废弃瓶子（如每月一次），商品化的专用贮液器也应定期用酸、水和溶剂清洗（最后一次应选用 HPLC 级的水或有机溶剂）。

② 高压输液泵

a. 用高质量试剂和 HPLC 级溶剂；

b. 过滤流动相和溶剂；

c. 溶剂使用前必须先经过脱气；

d. 每天开始使用时放空排气，工作结束后从泵中洗去缓冲液；

e. 不让水或腐蚀性溶剂滞留泵中；

f. 定期更换垫圈；

g. 需要时加润滑油；

h. 平时应常备泵密封垫、单向阀、泵头装置、各式接头、保险丝等部件和工具。

③ 进样器

a. 对六通阀而言，保持清洁和良好的装置可延长阀的使用寿命；

b. 进样前应使样品混合均匀，以保证结果的精密度；

c. 样品瓶应清洗干净，无可溶解的污染物；

d. 为了防止缓冲盐和其他残留物留在进样系统中，每次工作结束后应冲洗整个系统；

e. 平时应注意用甲醇在装载状态及进样分析状态清洗；如出现漏液现象，原因极可能为转子密封垫磨损或污染，一般须申请维修或更换配件；

f. 自动进样器的针头应有钝化斜面，侧面开孔；针头一旦弯曲应该换上新针头，不能弄直了继续使用；吸液时针头应没入样品溶液中，但不能碰到样品瓶底。

④ 色谱柱

a. 在进样阀后加流路过滤器，挡住来源于样品和进样阀垫圈的微粒；

b. 在流路过滤器和分析柱之间加上“保护柱”，收集、阻断来自进样装置的机械和化学杂质。保护柱是易耗品，实验室应有备用保护柱。

c. 色谱柱应避免突然变化的高压冲击；

d. 色谱柱应在要求的 pH 范围和柱温范围下使用，不得注射强酸强碱性样品。应使用不损坏柱的流动相；

e. 进样前应将样品进行必要的净化，以免进样后对色谱柱造成损伤；

f. 每次工作结束后，应用强溶剂冲洗色谱柱。

g. C18 柱绝对不能进蛋白样品、血样、生物样品；

h. 长时间不用仪器，应该将柱子取下用堵头封好保存，注意不能用纯水保存柱子，而应该用有机相（如甲醇）保存，因为纯水易长霉。

3.3.3.4 高效液相色谱实验技术

(1) 溶剂处理技术

① 溶剂的纯化　高效液相色谱分析中，除甲醇有专供液相色谱分析用的“色谱纯”试剂外，其余多为分析纯及优级纯。一般情况下，分析纯或优级纯试剂即可满足分析要求，必要时可进行脱水、重蒸等处理。

正相色谱流动相的主体成分为己烷或庚烷，加入乙醚、氯仿、二氯甲烷等作为改性剂。这些改性剂中通常都会含有微量水分，使用前可用分子筛干燥除去。

反相色谱流动相以水为底溶剂，加入甲醇、乙腈或四氢呋喃作为改性剂。这里所使用的水应为高纯水或二次蒸馏水。分析纯乙腈中含有少量的丙酮、丙烯腈、丙烯醇和噁唑等化合物，对紫外检测器干扰严重，可使用活性炭或酸性氧化铝吸附纯化。四氢呋喃因易被氧化而加入了抗氧剂，长期放置可能会产生易爆的过氧化物，使用前应用10%的KI溶液进行检验，若有黄色的I_2生成则说明有过氧化物存在。蒸馏可除去抗氧剂，但存放过程中又会被氧化，因此应尽量使用新蒸馏的四氢呋喃。氯仿中含有的乙醇、二氯甲烷中含有的HCl可以用水萃取除去，然后用无水硫酸钙干燥。

另外，为了防止不溶物堵塞流路或色谱柱入口处的微孔垫片，流动相应用G_4微孔玻璃漏斗进行过滤，最好用0.45μm的微孔滤膜过滤。滤膜分有机溶剂专用和水溶液专用两种。

② 流动相的脱气　溶剂在使用前必须先脱气。因为流动相在色谱柱内压力很大（2～20MPa），溶于其中的空气受到了压缩，当流经检测器时因压力下降而形成气泡，造成基线漂移、噪声增大、灵敏度下降；另一方面，溶解在流动相中的气体可能与流动相、固定相或样品发生反应。溶解氧还会造成荧光猝灭，影响荧光检测器的检测。常用的脱气方法有吹氦脱气法、超声波脱气法、加热回流法、抽真空脱气法及在线真空脱气等。

吹氦脱气法被认为是较好的脱气方法，可以去除流动相中痕量的氧气，适用于所有的溶剂。脱气时，将氦气以60mL/min的流速缓缓通入储液器里的流动相中，氦气分子将溶解的气体分子置换和顶替出去。氦气在流动相中的溶解度很小，而且不与其他物质发生反应，对分析检测没有影响。但氦气价格昂贵，使其应用受到了影响。

超声波脱气简便易行，脱气时将配制好的流动相连同容器放入超声波清洗器中，用超声波振荡10～15min即可。该法脱气效果略差，但因操作简便且能满足一般分析测定的需要，应用较为广泛。

加热回流法效果较好，但费时费事。抽真空脱气会引起混合溶剂组成的变化，对于多元溶剂体系，每种溶剂应预先脱气后再进行混合，以保证混合后的比例不变。

经以上几种方法脱气后，流动相在放置的过程中又会有新的空气溶解于其中，在储液器后串接在线真空脱气装置可避免这一状况。

在线真空脱气装置的核心部分是一段由多孔性合成树脂膜构成的输液管，输液管置于一真空容器中。流动相通过输液管时，由于真空泵的作用，膜外压力小于膜内压力，溶于流动相的气体即从流动相逸出而被排除。单流路真空脱气装置的工作原理见图3-61。串接膜过滤器，可实现流动相在进入输液泵前的连续真空脱气，而多流路真空脱气装置则可同时对多个流动相溶剂进行脱气。

（2）梯度洗脱技术

梯度洗脱用于复杂样品的分离，它可以提高柱效，缩短分析时间，改善检测器的灵敏度。

液相色谱的梯度洗脱与气相色谱的程序升温类似，区别在于前者改变流动相的组成，后者改变温度。所谓梯度洗脱，是使流动相中含有两种或两种以上不同

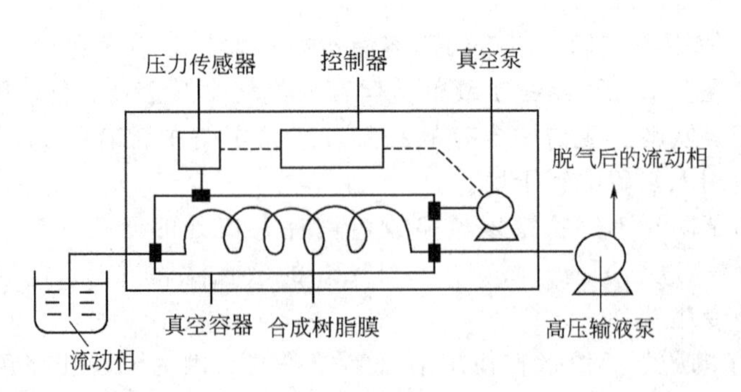

图 3-61 真空脱气装置

极性的溶剂，在分离过程中按一定的程序连续或间断改变流动相中溶剂的配比和极性，通过流动相极性的变化来改变被分离组分的分离因素，以提高分离效果。应用梯度洗脱可以缩短分离时间，增加分辨能力，提高最小检测量及定量分析的精度。梯度洗脱装置依据梯度装置所能提供的流路个数可分为二元梯度、三元梯度等，依据溶液混合的方式又可分为高压梯度和低压梯度。

高压梯度亦称内梯度，大多数高效液相色谱仪皆配有高压梯度装置。它采用两个高压泵分别按设定比例输送两种不同溶液至混合器，在高压状态下将两种溶液进行混合，然后以一定的流量输出。其主要优点是，只要通过梯度程序控制器控制每台泵的输出，就能获得任意形式的梯度曲线，而且精度很高，易于实现自动化控制。其主要缺点是必须使用两台高压输液泵，因此仪器价格比较昂贵，故障率也相对较高。

低压梯度亦称外梯度，将两种溶剂或多元溶剂按一定比例输入泵前的一个比例阀中，混合均匀后以一定的流量输出。其主要优点是只需一个高压输液泵，且成本低廉、使用方便。

实际过程中多元梯度泵的流路可以部分空置，如四元梯度泵也可以只进行二元梯度操作。

3.3.3.5 定性与定量

液相色谱分离过程中影响溶质迁移的因素较多，同一组分在不同色谱条件下的保留值相差很大，因此与气相色谱相比，液相色谱定性的难度更大。一般利用其分离效能高的特点，与质谱等其他分析仪器联用，进行定性分析。

液相色谱定量方法与气相色谱相类似，也有归一化法、外标法和内标法等，具体参见“气相色谱分析”部分。

复习思考题

1. 通常作为溶剂的酸有哪几种？在使用中各应注意些什么？
2. 用非水滴定法滴定下列物质，哪些宜用酸性溶剂，哪些宜用碱性溶剂，为什么？
   醋酸钠　乳酸钠　水杨酸　苯甲酸　苯酚　吡啶

3. 测定含有 Bi^{3+}，Pb^{2+} 混合溶液中的 Pb^{2+}，Bi^{3+} 是否有干扰？试拟出测定 Pb^{2+} 的简要方案。

4. 影响氧化还原反应速度的主要因素有那些？如何加速反应完成？

5. 在莫尔法中，重铬酸钾指示剂的浓度是怎样确定的？其浓度大小对滴定终点的确定有什么影响？

6. 为什么佛尔哈德法只能在酸性溶液中进行？

7. 在测定 Ba^{2+} 时，如果 $BaSO_4$ 中带有少量 $BaCl_2$ 共沉淀，测定结果偏高还是偏低？

8. 在萃取操作中，每次用与水相等体积的有机溶剂进行萃取，试分析萃取率 E 与萃取次数 n 之间的关系 $\left(E=\left(1-\frac{1}{(1+D)^n}\right)\times 100\%\right)$。如某萃取体系分配比 $D=10$，试计算用与水相等体积的有机溶剂进行萃取，需萃取多少次才能达到萃取率 $E=99.9\%$？

9. 原子吸收分光光度法的基本原理是什么？

10. 使用空心阴极灯应注意哪些问题？

11. 简述火焰原子化和石墨炉原子化过程，并比较两者的特点。

12. 背景吸收和基体效应都与试样的基体有关，试分析它们的不同之处。

13. 试以塔板高度 H 作指标讨论气相色谱操作条件的选择。

14. 简要说明热导池检测器的工作原理，有哪些因素影响热导池检测器的灵敏度？

15. 简要说明氢焰检测器的工作原理，如何选择其操作条件？

16. 有哪些常用的色谱定量方法？试比较它们的优缺点及适用情况。

17. 从分离原理、仪器构造及应用范围上比较高效液相色谱法与气相色谱法的异同点。

18. 试说明键合固定相的类型及应用范围。

19. 何谓梯度洗脱？它与气相色谱中的程序升温有何异同之处？

20. 高效液相色谱进样技术与气相色谱进样技术有何不同？

练习题

一、选择题

1. 测定硅酸盐中 Al_2O_3 的含量时，应先将试样进行（　　）处理。

(A) 水溶解　　(B) 酸溶解

(C) 碱溶解　　(D) 碱熔融

2. 分离苯甲酸和对-苯二甲酸混合物时，一般采用(　　)。

(A) 蒸馏　　(B) 萃取

(C) 重结晶　　(D) 升华

3. 非水滴定测定苯胺的纯度时，可选用的溶剂是(　　)。

(A) 水　　(B) 苯　　(C) 乙二胺　　(D) 冰乙酸

4. 在非水酸碱滴定中，常使用高氯酸的冰醋酸溶液，标定此溶液的基准物为(　　)。

(A) 硼砂　　(B) 苯甲酸

(C) 邻苯二甲酸氢钾　　(D) 碳酸钠

5. 在EDTA配位滴定中的金属（M）、指示剂（In）的应用条件中不正确的是(　　)。

(A) 在滴定的pH值范围内，金属-指示剂的配合物的颜色与游离指示剂的颜色有明显差异

(B) 指示剂与金属离子形成的配合物应易溶于水

(C) MIn应有足够的稳定性，且$K'_{MIN}>K'_{MY}$

(D) 应避免产生指示剂的封闭与僵化现象

6. 已知几种金属浓度相近，$\lg K_{MgY}=8.7$，$\lg K_{MnY}=13.87$，$\lg K_{FeY}=14.3$，$\lg K_{AlY}=16.3$，$\lg K_{BiY}=27.91$，则在pH＝5时，测定Al^{3+}不干扰测定的是(　　)。

(A) Mg^{2+}　　(B) Mn^{2+}　　(C) Fe^{2+}　　(D) Bi^{3+}

7. 在EDTA滴定中，下列有关掩蔽剂的应用叙述，不正确的是(　　)。

(A) 当铝、锌离子共存时，可用NH_4F掩蔽Zn^{2+}，而测定Al^{3+}

(B) 测定钙、镁时，可用三乙醇胺掩蔽少量Fe^{3+}、Al^{3+}

(C) Bi^{3+}、Fe^{2+}共存时，可用盐酸羟胺掩蔽Fe^{3+}的干扰

(D) 钙、镁离子共存时，可用NaOH掩蔽Mg^{2+}

8. 下列物质中，可以用高锰酸钾返滴定法测定的是(　　)。

(A) Cu^{2+}　　(B) Ag^{+}　　(C) $CaCO_3$　　(D) MnO_2

9. 间接碘量法中，有关注意事项下列说法不正确的是(　　)。

(A) 氧化反应应在碘量瓶中密闭进行，并注意暗置避光

(B) 滴定时，溶液酸度控制为碱性，避免酸性条件下I^-被空气中的氧所氧化

(C) 滴定时应注意避免I_2的挥发损失，应轻摇快滴

(D) 淀粉指示剂应在近终点时加入，避免较多的I_2被淀粉吸附，影响测定结果的准确度

10. 在沉淀重量分析中，加入过量沉淀剂的作用是(　　)。

(A) 减少重量分析过程中产生的误差

(B) 起到酸效应作用

(C) 起到盐效应作用

(D) 起到配位效应作用

11. 在干燥失重实验测水含量时，控制温度和加热时间的作用是(　　)。

(A) 减少重量分析过程中产生的误差

(B) 防止被测物发生分解

(C) 防止被测物发生爆炸

(D) 防止被测物分解出有害气体

12. 在拟定氧化还原滴定操作中，不属于滴定操作应涉及的问题

是(　　)。

(A) 滴定条件的选择和控制

(B) 被测液酸碱度的控制

(C) 滴定终点确定的方法

(D) 滴定过程中溶剂的选择

13. 在拟定用莫尔法测定可溶性氯化物时，不属于测定条件控制应涉及的问题是(　　)。

(A) 反应酸度应控制在pH6.5～10.5范围内

(B) 干扰离子非常多，可分为三类

(C) 指示剂 K_2CrO_4 的加入量应控制

(D) 由于干扰物多，因此可改用电位法确定终点

14. 在拟定样品水不溶物检验的操作规程时，不属于操作规程涉及的问题是(　　)。

(A) 称取一定量的试样，加一定体积的沸蒸馏水溶解试样

(B) 将溶液趁热过滤到用已恒重的玻璃滤埚内

(C) 在烘箱内干燥至恒重

(D) 称量并换算出被测物的水不溶物的质量百分数

15. 原子吸收分光光度法是基于从光源辐射出的待测元素的特征谱线光通过样品蒸气时，被蒸气中待测元素的(　　)所吸收。

(A) 原子　(B) 基态原子　(C) 激发态原子　(D) 分子

16. 原子吸收光谱分析仪中单色器位于(　　)。

(A) 空心阴极灯之后　(B) 原子化器之后

(C) 原子化器之前　(D) 空心阴极灯之前

17. 空心阴极灯的主要操作参数是(　　)。

(A) 灯电流　(B) 灯电压　(C) 阴极温度　(D) 内充气体压力

18. 在原子吸收光谱分析中，要求标准溶液和试液的组成尽可能相似，且在整个分析过程中操作条件应保不变的分析方法是(　　)。

(A) 内标法　(B) 标准加入法

(C) 归一化法　(D) 标准曲线法

19. 原子吸收光谱分析中的物理干扰用下述哪种方法消除?

(A) 释放剂　(B) 保护剂　(C) 标准加入法　(D) 扣除背景

20. 在气相色谱分析中，当用非极性固定液来分离非极性组分时，各组分的出峰顺序是(　　)。

(A) 按质量的大小，质量小的组分先出

(B) 按沸点的大小，沸点小的组分先出

(C) 按极性的大小，极性小的组分先出

(D) 无法确定

21. 在气-液色谱中，色谱柱使用的上限温度取决于(　　)

(A) 试样中沸点最高组分的沸点　(B) 试样中各组分沸点的平均值

(C) 固定液的沸点　(D) 固定液的最高使用温度

22. 下列气相色谱操作条件中，正确的是(　　)。

(A) 载气的热导系数尽可能与被测组分的热导系数接近

(B) 使最难分离的物质在能很好分离的前提下，尽可能采用较低的柱温

(C) 实际选择载气流速时，一般低于最佳流速

(D) 检测室温度应低于柱温，而汽化温度愈高愈好

23. (　　) 应对色谱柱进行老化。

(A) 每次安装了新的色谱柱后

(B) 色谱柱每次使用后

(C) 分析完一个样品后，准备分析其他样品之前

(D) 更换了载气或燃气

24. 毛细管气相色谱分析时常采用“分流进样”操作，其主要原因是(　　)

(A) 保证取样准确度　(B) 防止污染检测器

(C) 与色谱柱容量相适应　(D) 保证样品完全气化

25. 影响氢焰检测器灵敏度的主要因素是(　　)。

(A) 检测器温度　(B) 载气流速

(C) 三种气的配比　(D) 极化电压

26. 所谓检测器的线性范是指(　　)。

(A) 检测曲线呈直线部分的范围

(B) 检测器响应呈线性时，最大和最小进样量之比

(C) 检测器响应呈线性时，最大和最小进样量之差

(D) 最大允许进样量与最小检测量之比

27. 色谱分析中，归一化法的优点是(　　)。

(A) 不需准确进样　(B) 不需校正因子

(C) 不需定性　(D) 不用标样

28. 下列液相色谱检测器中属于通用型检测器的是(　　)。

(A) 紫外吸收检测器　(B) 示差折光检测器

(C) 热导池检测器　(D) 氢焰检测器

二、填空题

1. 原子吸收光谱分析中，为实现最大吸收值的测量，必须使________中心与________中心完全重合。

2. 在火焰原子吸收中，通常把能产生1%吸收的被测元素的浓度称为________。

3. 待测元素与共存物质作用生成难挥发的化合物，使测量吸光度____________，这种干扰在原子吸收光谱分析中称为____________。

4. 原子吸收光谱分析的标准加入法可以消除_________的干扰，但它不能消除_________的影响。

5. 一个组分的色谱峰，其峰位置（即保留值）可用于______________，峰高或峰面积可用于____________________。

6. 气-固色谱中，各组分的分离是基于组分在吸附剂上的________和_________能力的不同；而在气-液色谱中，分离是基于在固定液中____________和____________能力的不同。

7. 在一定温度下，组分在两之间的分配达到平衡时浓度比称之为__________________。

8. 由于检测器对不同物质的________不同，所以在用气相色谱进行定量分析时需引入_______来对不同物质的峰面积与峰高进行校正。

9. 当被分析组分的沸点范围很宽时，以_____________的方法进行气相色谱分析就很难得到满意的分析结果，此时宜采用_____________的办法。

10. 色谱峰越窄，表明理论塔板数就越_________，理论塔板高度就越_________，柱效能越_________。

11. 高效液相色谱仪最基本的组件是__________、__________、__________、__________和__________。

12. 折光指数检测器，又称___________检测器，是一种___________检测器，它是通过连续监测___________和___________中溶液的折射率之差来测定试样浓度。

13. 反相键合相色谱法常用的固定相是__________，流动相主体是__________。

三、计算题

1. 苯酚试样0.7500g，溶解后于500mL容量瓶中稀释混匀。吸取25.00mL，加入20.00mL的$KBrO_3$-KBr溶液，反应完后加入KI，析出的I_2用$Na_2S_2O_3$标准滴定溶液滴定，消耗8.50mL。空白实验消耗$Na_2S_2O_3$标准滴定溶液30.00mL，已知1.00mL溶液相当于1.570mg苯酚。则试样中苯酚的含量为多少？已知$M_{C_6H_5OH}=94.11g/mol$。

2. 氰化钾试样0.5120g溶于水后，用0.1000mol/L $AgNO_3$溶液38.34mL滴定至终点。计算试样中KCN的含量。($M_{KCN}=65.12g/mol$)

3. 合金钢0.4829g溶解后，将Ni^{2+}沉淀为$NiC_8H_{14}O_4N_4$，烘干后的质量为0.2671g。计算合金钢中Ni的含量。($M_{Ni2+}=58.69g/mol$、$M_{NiC8H14O4N4}=288.92g/mol$)

4. 称取含磷样品0.1000g，溶解后把磷沉淀为$MgNH_4PO_4$，此沉淀过滤洗涤再溶解，最后用 0.01000mol/L 的 EDTA 标准溶液滴定，消耗 20.00mL，样品中 P_2O_5 的质量分数为多少？已知 $M_{MgNH_4PO_4}=137.32g/mol$，$M_{P_2O_5}=141.95g/mol$。

5. 称取软锰矿样品 0.3216g，分析纯的 $Na_2C_2O_4$ 0.3685g，置于同一烧杯中，加入硫酸并加热，待反应完全后用 $c_{1/5\ KMnO_4}=0.1200mol/L$ $KMnO_4$ 溶液滴定，消耗 11.26mL，试计算样品中 MnO_2 的含量为。已知 $M_{Na_2C_2O_4}=134.0g/mol$，$M_{MnO_2}=86.94g/mol$。

6. 原子吸收法测定硅酸盐试样中的 Ti。称取 1.000g 试样，经溶解处理后，转移至 100mL 容量瓶中，稀释至刻度，吸取 10.0mL 该试液于 50mL 容量瓶中，用去离子水稀释到刻度，测得吸光度为 0.238。取一系列不同体积的钛标准溶液（质量浓度为 10.0μg/mL）于 50mL 容量瓶中，同样用去离子水稀释至刻度。测量各溶液的吸光度如下，计算硅酸盐试样中钛的含量。

V/mL	1.00	2.00	3.00	4.00	5.00
A	0.112	0.224	0.338	0.450	0.561

7. 称取含镉试样 2.5115g，经溶解后移入 25mL 容量瓶中稀释至标线。依次分别移取此样品溶液 5.00mL，置于四个 25mL 容量瓶中，再向此四个容量瓶中依次加入浓度为 0.5μg/mL 的镉标准溶液 0.00、5.00mL、10.00mL、15.00mL，并稀释至标线，在火焰原子吸收光谱仪上测得吸光度分别为 0.06、0.18、0.30、0.41。求样品中镉的含量。

8. 用原子吸收法测定某矿石中 Pb 的含量，用 Mg 作内标，加入如下不同的铅标准溶液（质量浓度为 10μg/mL）及一定量的镁标准溶液（质量浓度为 10μg/mL）于 50mL 容量瓶中稀释至刻度。测得 A_{Pb}/A_{Mg} 如下：

V_{Pb}/mL	2.00	4.00	6.00	8.00	10.00
V_{Mg}/mL	5.00	5.00	5.00	5.00	5.00
A_{Pb}/A_{Mg}	0.447	0.885	1.332	1.796	2.217

现取矿样 0.538g，经溶解处理后，转移到 100mL 容量瓶中稀释至刻度。吸取 5.00mL 试液放入 50mL 容量瓶中，再加入 Mg 标准溶液 5.00mL，稀释至刻度。测得试样中 A_{Pb}/A_{Mg} 为 1.183。计算该矿石中 Pb 的含量。

9. 在一定条件下分析只含有二氯乙烷、二溴乙烷和四乙基铅的样品。得到如下数据：

组分	二氯乙烷	二溴乙烷	四乙基铅
峰面积	1.50	1.01	2.82
f_i'	1.00	1.65	1.75

试计算各组分的质量分数。

10. 用内标法测定燕麦敌含量。称取 8.12g 试样，加入内标物正十八烷 1.88g，测得样品峰面积 $A_i=68.00\text{cm}^2$，已知燕麦敌对内标物的相对校正因子 $f_{i/s}'=2.40$。求燕麦敌的质量分数。

11. 用外标法对某样品进行测定，进样量为 2μL，测得标准溶液和样品溶液的色谱峰面积如下表所示，请计算样品组分的浓度（mg/mL）。

溶液浓度/$mg\cdot mL^{-1}$	峰面积/cm^2	溶液浓度/$mg\cdot mL^{-1}$	峰面积/cm^2
0.200	1.43	0.800	5.73
0.400	2.86	1.000	7.16
0.600	4.29	样品	4.10

12. 测定二甲苯氧化母液中二甲苯的含量时，由于母液中除二甲苯外，还有溶剂和少量甲苯、甲酸，在分析二甲苯的色谱条件下不能流出色谱柱，所以常用内标法进行测定，以正壬烷作内标物。称取试样 1.528g，加入内标物 0.147g，测得色谱数据如下表所示。

组分	A/cm^2	f'/m	组分	A/cm^2	f'/m
正壬烷	90	1.14	间二甲苯	120	1.08
乙苯	70	1.09	邻二甲苯	80	1.10
对二甲苯	95	1.12			

计算母液中乙苯和二甲苯各异构体的质量分数。

4 检验结果误差分析

4.1 异常值的判断与处理

4.1.1 判断异常值的原则

在一组测定值中，或在协同试验中得到的一批测定值中，有时会发现一个或几个测定值明显地离群，比其余的测定值明显地偏大或偏小，此称为离群值。离群值可能是由于试验条件改变、实验环境的波动以及系统误差等因素造成的异常值，也可能是由于随机误差引起的测定值极端波动而产生的极值。若为前者，表明离群值与其余的测定值非属于同一总体，应判为异常值，或者另行进行专门研究；若为后者，尽管极值明显地偏大或偏小，但在统计上仍处在合理的误差限内，仍与其余测定值属于同一总体，不能将其判为异常值。

在实际工作过程中，测定值同时受到多种因素的影响，分析人员往往不易或无法直观地判明离群值究竟是极值还是异常值，从而也就无法决定其取舍。统计检验的目的，就是要借助数理统计的方法来判明离群值的性质，舍弃测定值中的异常值，以保证测定值的可靠性。

本节所介绍的异常值检验方法都是建立在随机样本测定值遵从正态分布和小概率原理的基础上的。根据测定值的正态分布特性，出现大偏差测定值的概率是很小的，比如，出现偏差大于两倍标准差的测定值的概率只有约5%，平均每20次测定中出现一次，出现偏差大于三倍标准差的测定值的概率更小，只有约0.3%，平均每1000次测定中出现3次，而通常只进行少数几次测定，在正常的情况下，根据小概率原理，是不会出现这样大偏差的测定值的，如果出现了，表明测试过程中出现了异常情况，在这种异常情况下得到的大偏差测定值只能被认为异常值。用来作为判别异常值标准的两倍或二倍以上标准差，称为统计上允许的合理误差限。因此，凡是其偏差超过统计上允许的合理误差限的离群值，则判为异常值。在统计上，将偏差大于三倍标准差的测定值，称为高度异常的异常值。高度异常的异常值应予舍弃。统计检验时，指定为检出高度异常的异常值的显著性水平$\alpha=0.01$，称为舍弃水平，又称为剔除水平。在统计上将偏差大于两倍标准差的测定值，称为异常值。异常值是否舍弃与如何处理，需视具体情况而定。统计检验时指定为检出异常值的显著性水平α，称为检出水平。检出水平一般取$\alpha=0.05$或$\alpha=0.10$。

4.1.2 异常值的检验方法

异常值的检验可分为两类：一类是标准差事先已知的场合，另一类是标准差未知的场合，需利用待检验的一组测定值本身来估计标准差。

4.1.2.1 标准差已知的场合

(1) 二倍和三倍差（2σ 和 3σ）检验法

当标准差 σ 已知时，可用本检验法来检验一组测定值中的异常值。根据正态分布，出现偏差大于二倍标准差（2σ）和三倍标准差（3σ）的测定值的概率，分别小于5%和0.3%，是一个小概率事件。如果离群值的偏差大于二倍或三倍标准差，则有理由将该离群值判为异常值。若不知道 σ 而样本容量大于30时，可直接由样本值计算的标准差 s 代替 σ 来进行检验。本检验法没有考虑样本容量的影响。

【例 4-1】 测定某铜化合物中的锡，得到20个测定值，分别为：0.82、0.94、0.86、0.88、0.79、0.99、1.05、1.00、1.01、1.13、1.15、1.16、1.35、1.21、1.22、1.26、1.19、1.39、1.55和1.59μg/g，根据长期测定积累的资料，已知标准差 $\sigma=0.16$。试问该组测定值中是否存在异常值？

解：若测定中存在异常值，它必然出现在测定值的两端，为此应将上述数据首先由小到大排列好。

0.79、0.82、0.86、0.88、0.94、0.99、1.00、1.01、1.05、1.13、1.15、1.16、1.19、1.21、1.22、1.26、1.35、1.39、1.55、1.59

根据测定值计算平均值 $\bar{x}=1.127$

$$d=x_{20}-\bar{x}=1.59-1.127=0.463$$

$$3\sigma=0.16\times3=0.48$$

因 $d<3\sigma$，所以测定值 $x_{20}=1.59$ 不是异常值，不应弃去。

如果用 2σ 法检验 $2\sigma=0.16\times2=0.32$，$d>2\sigma$，所以测定值 $x_{20}=1.59$ 是异常值，应弃去。什么时候用 3σ 检验，什么时候用 2σ 检验，要根据实际问题具体分析。

(2) 奈尔（Nair）检验法

若 $x_1\leqslant x_2\leqslant\cdots\leqslant x_n$ 为按大小顺序排列的一个样本值，它遵从 $N(\mu\sigma^2)$。当标准差已知，可用奈尔检验法来检验一组测定值中的异常值，检验时使用统计量

$$R_n=\frac{|x_d-\bar{x}|}{\sigma} \tag{4-1}$$

式中 x_d 是待检验的可疑测定值。当计算的 R_n 值大于相应显著性水平 σ 下的奈尔检验法的临界值 $R_{\alpha,n}$ 时（参见表4-1），则在显著性水平 α 下判 x_d 为异常值。

表 4-1 奈尔检验法的临界值表（单侧）

n \ R \ α	0.10	0.05	0.025	0.01	0.005	n \ R \ α	0.10	0.05	0.025	0.01	0.005
						26	2.602	2.829	3.039	3.298	3.481
						27	2.616	2.843	3.053	3.310	3.493
3	1.497	1.738	1.955	2.215	2.396	28	2.630	2.856	3.065	3.322	3.505
4	1.696	1.941	2.163	2.431	2.618	29	2.643	2.869	3.077	3.334	3.516
5	1.835	2.080	2.304	2.574	2.764	30	2.656	2.881	3.089	3.345	3.527
6	1.939	2.184	2.408	2.679	2.870	31	2.668	2.892	3.100	3.356	3.538
7	2.022	2.267	2.490	2.761	2.952	32	2.679	2.903	3.111	3.366	3.548
8	2.091	2.334	2.557	2.828	3.019	33	2.690	2.914	3.121	3.376	3.557
9	2.150	2.392	2.613	2.884	3.074	34	2.701	2.924	3.131	3.385	3.566
10	2.200	2.441	2.662	2.931	3.122	35	2.712	2.934	3.140	3.394	3.575
11	2.245	2.484	2.704	2.973	3.163	36	2.722	2.944	3.150	3.403	3.584
12	2.284	2.523	2.742	3.010	3.199	37	2.732	2.953	3.159	3.412	3.592
13	2.320	2.557	2.776	3.043	3.232	38	2.741	2.962	3.167	3.420	3.600
14	2.352	2.589	2.806	3.072	3.261	39	2.750	2.971	3.176	3.428	3.608
15	2.382	2.617	2.834	3.099	3.287	40	2.759	2.980	3.184	3.436	3.616
16	2.409	2.644	2.860	3.124	3.312	41	2.768	2.988	3.192	3.444	3.623
17	2.434	2.668	2.883	3.147	3.334	42	2.776	2.996	3.200	3.451	3.630
18	2.458	2.691	2.905	3.168	3.355	43	2.784	3.004	3.207	3.458	3.637
19	2.480	2.712	2.926	3.188	3.374	44	2.792	3.011	3.215	3.465	3.644
20	2.500	2.732	2.945	3.207	3.392	45	2.800	3.019	3.222	3.472	3.651
21	2.519	2.750	2.963	3.224	3.409	46	2.808	3.026	3.229	3.479	3.657
22	2.538	2.768	2.980	3.240	3.425	47	2.815	3.033	3.235	3.485	3.663
23	2.555	2.784	2.996	3.256	3.440	48	2.822	3.040	3.242	3.491	3.669
24	2.571	2.800	3.011	3.270	3.455	49	2.829	3.047	3.249	3.498	3.675
25	2.587	2.815	3.026	3.284	3.468	50	2.836	3.053	3.255	3.504	3.681

现以例 4-1 的数据为例，用奈尔检验法来检验异常值，检验时，取检出水平 $\alpha=0.05$，舍弃水平取 $\alpha=0.01$。$\bar{x}=1.127$ 时，统计

$$R_{20}=\frac{x_{20}-\bar{x}}{\sigma}=\frac{1.59-1.127}{0.16}=2.894$$

查奈尔检验法的临界值表，$R_{0.01,20}=3.207$。$R_{20}<R_{0.01,20}$，说明测定值 1.59 不是异常值。不应舍去。用奈尔检验法同用 2σ 与 3σ 检验法检验的结论

是一致的。

4.1.2.2 标准差未知的场合

(1) 格鲁布斯(Grubbs)法

若 $x_1 \leqslant x_2 \leqslant \cdots \leqslant x_n$ 为按大小顺序排列的一个样本值，它遵从 $N(\mu\sigma^2)$。若不存在异常值，用 n 个测定值计算的标准差 $s_n^2=\frac{1}{n-1}\sum_{i=1}^{n}(x_i-\overline{x_n})^2$ 与用 $(n-1)$ 个测定值计算的标准差 $s_{(n-1)}^2=\frac{1}{n-2}\sum_{i=1}^{n-1}(x_i-\overline{x_{(n-1)}})^2$，都可用来估计 σ^2，两者都是 σ^2 的一致而有效的估计值。因此，其比值 $s_n^2/s_{(n-1)}^2$ 应近似为 1。反之若有异常值，由于标准差对异常值反应灵敏，舍弃异常值之后，由其余 $(n-1)$ 个测定值计算的标准差 $s_{(n-1)}^2$ 减小很多，因此两方差的比值将比 1 大得很多。若记

$$G=\frac{|x_d-\bar{x}_n|}{s_n} \tag{4-2}$$

式中 x_d 为待检验的可疑的测定值，$\bar{x}_n$ 与 s_n 为由包括可疑测定值在内的全部 n 个测定值计算的平均值与标准差。则

$$\frac{s_n^2}{s_{(n-1)}^2}=\frac{\frac{(n-2)}{(n-1)}}{\left[1-\frac{n}{(n-1)^2}G^2\right]} \tag{4-3}$$

由上式可见，$s_n^2/s_{(n-1)}^2$ 大于某个数，就等价于 G 大于另一个数，而计算 G 比计算 $s_n^2/s_{(n-1)}^2$ 要容易和方便得多，因此，用 G 作统计量进行检验，也就等效于用 $s_n^2/s_{(n-1)}^2$ 来作统计检验。若计算的统计量 G 大于格鲁布斯检验法的临界值表，参见表 4-2 中显著性水平 α 下的临界值 $G_{\alpha n}$，其概率为 α 是一个小概率事件，因此，有理由判 x_d 为异常值。

【例 4-2】 用原子吸收分光光度法测定粉煤灰中的铁，5 次测定的测定值为 4.06、4.05、4.05、4.09 和 4.17，试用格鲁布斯法检验测定值 4.17 是否为异常值？

解： 由测定值计算平均值 $\bar{x}$ 与标准差 s

$$\bar{x}=\frac{4.06+4.05+4.05+4.09+4.17}{5}=4.084$$

$$s=\sqrt{\frac{1}{5-1}(0.024^2+0.034^2+0.034^2+0.006^2+0.086^2)}=0.0508$$

$$G=\frac{4.17-4.084}{0.0508}=1.693$$

查格鲁布斯法检验临界值表，$G_{0.05,5}=1.672$。$G>G_{0.05,5}$，表明测定值 4.17 是异常值。

表 4-2 格鲁布斯检验法的临界值表（单侧）

n \ α	0.10	0.05	0.025	0.01	0.005	n \ α	0.10	0.05	0.025	0.01	0.005
						31	2.577	2.759	2.924	3.119	3.253
						32	2.591	2.773	2.938	3.135	3.270
3	1.148	1.153	1.155	1.155	1.155	33	2.604	2.786	2.952	3.150	3.286
4	1.425	1.463	1.481	1.492	1.496	34	2.616	2.799	2.965	3.164	3.301
5	1.602	1.672	1.715	1.749	1.764	35	2.628	2.811	2.979	3.178	3.316
6	1.729	1.822	1.887	1.944	1.973	36	2.639	2.823	2.991	3.191	3.330
7	1.828	1.938	2.020	2.097	2.139	37	2.650	2.835	3.003	3.204	3.343
8	1.909	2.032	2.126	2.221	2.274	38	2.661	2.846	3.014	3.216	3.356
9	1.977	2.110	2.215	2.323	2.387	39	2.671	2.857	3.025	3.228	3.369
10	2.036	2.176	2.290	2.410	2.482	40	2.682	2.866	3.036	3.240	3.381
11	2.088	2.234	2.355	2.485	2.564	41	2.692	2.877	3.046	3.251	3.393
12	2.134	2.285	2.412	2.550	2.636	42	2.700	2.887	3.057	3.261	3.404
13	2.175	2.331	2.462	2.607	2.699	43	2.710	2.896	3.067	3.271	3.415
14	2.213	2.371	2.507	2.659	2.755	44	2.719	2.905	3.075	3.282	3.425
15	2.247	2.409	2.549	2.705	2.806	45	2.727	2.914	3.085	3.292	3.435
16	2.279	2.443	2.585	2.747	2.852	46	2.736	2.923	3.094	3.302	3.445
17	2.309	2.475	2.620	2.785	2.894	47	2.744	2.931	3.103	3.310	3.455
18	2.335	2.504	2.651	2.821	2.932	48	2.753	2.940	3.111	3.319	3.464
19	2.361	3.532	2.681	2.854	2.968	49	2.760	2.948	3.120	3.329	3.474
20	2.385	2.557	2.709	2.884	3.001	50	2.768	2.956	3.128	3.336	3.483
21	2.408	2.580	2.733	2.912	3.031	51	2.775	2.964	3.136	3.345	3.491
22	2.429	2.603	2.758	2.939	3.060	52	2.783	2.971	3.143	3.353	3.500
23	2.448	2.624	2.781	2.963	3.087	53	2.790	2.978	3.151	3.361	3.507
24	2.467	2.644	2.802	2.987	3.112	54	2.798	2.986	3.158	3.368	3.516
25	2.486	2.663	2.882	3.009	3.135	55	2.807	2.992	3.166	3.376	3.524
26	2.502	2.681	2.841	3.029	3.157	56	2.811	3.000	3.172	3.383	3.531
27	2.519	2.698	2.859	3.049	3.178	57	2.818	3.006	3.180	3.391	3.539
28	2.534	2.714	2.876	3.068	3.199	58	2.824	3.013	3.186	3.397	3.546
29	2.549	2.730	2.893	3.085	3.218	59	2.831	3.019	3.193	3.405	3.553
30	2.563	2.745	2.908	3.103	3.236	60	2.837	3.025	3.199	3.411	3.560

数学上证明，在一组测定值中只有一个异常值的情况下，格鲁布斯检验法在各种检验法中是最优的。但在一组测定值中有一个以上的异常值时，方差 $s_{(n-1)}^2$ 中包括了另一个异常值在内，使之变大，而比值 $s_n^2/s_{(n-1)}^2$ 不一定大，使得一些异常值检验不出来，犯“判多为少”或“判有为无”错误的可能性增大。

（2）极差检验法

由于可用极差 R 来估计标准偏差 s，因此也可以用极差作为检验标准，进行异常值的检验。用极差检验异常值时，使用统计量

$$t_R=\frac{|x_d-\bar{x}|}{R} \tag{4-4}$$

当计算的统计量值 t_R 大于极差检验法临界值 $t_{0.05,n}$ 时，参见表 4-3，则将 x_d 判为异常值。极差检验法的优点是计算简便，但检验时犯“判多为少”和“判有为无”错误的可能性较大。

表 4-3 极差检验法临界值表（$\alpha=0.05$）

n	3	4	5	6	7	8	9	10	11	12	13	14	15	20
t_R	1.53	1.05	0.86	0.76	0.69	0.64	0.60	0.58	0.56	0.54	0.52	0.51	0.50	0.46

现以例 4-2 的数据为例，用极差法检验测定值 4.17 是否为异常值。根据测定值计算统计量值

$$t_R=\frac{x_d-\bar{x}}{R}=\frac{4.17-4.084}{0.12}=0.717$$

查极差检验法临界值表，$t_{0.05,5}=0.86$。$t_R<t_{0.05,5}$ 表明测定值 4.17 不是异常值。这一结论与其他检验法的结论是不一致的。

不同检验方法的检验功效不同，适用场合亦不同。当离群值落在合理误差限上限附近时，用不同检验方法进行检验，有时会得到不同的检验结论。出现这种情况时，从检验功效的角度看，若只有一个异常值，以格鲁布斯法的检验结论为准。从技术上考虑，对于这样的离群值不要轻率地决定其取舍，为慎重起见，最好再进行必要的补充实验。

一个离群值是否被判为异常值，同统计检验时采用的检验标准有关。在多个实验室协同试验时，若各实验室以各自实验室的室内标准差作为判断异常值的标准，由于不同实验室检验异常值时所采用的判断标准不一致，技术水平高的实验室的室内标准差小，检出异常值的数目较多，而技术水平差的实验室，由于室内标准差大，检出异常值的数目反而较少，结果使汇总的数据质量下降，这是很不合理的。正确的做法是，应统一各实验室的检验标准，以各实验室的室内标准差的统计平均值，作为各实验室检验与判断异常值的标准。

若一组测定值中存在一个以上的离群值，在进行检验时，检验顺序也是一个值得注意的问题。不管这些离群值是都同位于测定值的一侧还是分别位于测定值的两侧，在检验时，总是先人为地暂时舍去绝对偏差较大的离群值，检验绝对偏差较小的离群值。如果所检验的离群值为异常值，则原先暂时舍去的绝对偏差较大的离群值也必然为异常值；若所检验的离群值不是异常值，再逐个对绝对偏差较大的离群值进行检验。

4.1.3 实验室间异常值的检验

若有 m 个实验室对同一试样各进行 n 测定，得到 m 个测定平均值，按大小顺序排列为 $x_1 \leqslant x_2 \leqslant \cdots \leqslant x_m$，如果存在离群值，可用单因素多水平方差分析与多重比较或按下述方法进行统计检验。检验实验室间的异常值时，使用下列统计量

$$T=\frac{|\bar{x}_{\mathrm{d}}-\bar{x}|}{\overline{s_{\bar{x}}}} \tag{4-5}$$

式中 $\overline{s_{\bar{x}}}$ 是实验室间测定平均值的标准差，$\overline{s_{\bar{x}}}=\bar{s}/\sqrt{n}$，$\bar{s}$ 是并合标准差，即各实验室的室内标准差的统计平均值，按下式计算

$$\bar{s}^2=\sum_{i=1}^{m}\frac{s_i^2}{m} \tag{4-6}$$

当计算的统计量值大于检验实验室间异常值的临界值 T_0 时，参见表 4-4，表明 $\bar{x}_{\mathrm{d}}$ 与其他实验室的平均值有显著性差异，判 $\bar{x}_{\mathrm{d}}$ 为异常值。表 4-4 中的 f 是计算 s 的总自由度，m 是参与检验的平均值的数目。

表 4-4 检验实验室间异常值的临界表

f	被检验的测定值的数目 m																	
	$\alpha=0.01$									$\alpha=0.05$								
	3	4	5	6	7	8	9	10	12	3	4	5	6	7	8	9	10	12
10	2.78	3.10	3.32	3.48	3.62	3.73	3.82	3.90	4.04	2.01	2.27	2.46	2.60	2.72	2.81	2.89	2.96	3.08
11	2.72	3.02	3.24	3.39	3.52	3.63	3.72	3.79	3.93	1.98	2.24	2.42	2.56	2.67	2.76	2.84	2.91	3.03
12	2.67	2.96	3.17	3.32	3.45	3.55	3.64	3.71	3.84	1.96	2.21	2.39	2.52	2.63	2.72	2.80	2.87	2.98
13	2.63	2.92	3.12	3.27	3.38	3.48	3.57	3.64	3.76	1.94	2.19	2.36	2.50	2.60	2.69	2.76	2.83	2.94
14	2.60	2.88	3.07	3.22	3.33	3.43	3.51	3.58	3.70	1.93	2.17	2.34	2.47	2.57	2.66	2.74	2.80	2.91
15	2.57	2.84	3.03	3.17	3.29	3.38	3.46	3.52	3.65	1.91	2.15	2.32	2.45	2.55	2.64	2.71	2.77	2.88
16	2.54	2.81	3.00	3.14	3.25	3.34	3.42	3.49	3.60	1.90	2.14	2.31	2.43	2.53	2.62	2.69	2.75	2.86
17	2.52	2.79	2.97	3.11	3.22	3.31	3.38	3.45	3.56	1.89	2.13	2.29	2.42	2.52	2.60	2.67	2.73	2.84
18	2.50	2.77	2.95	3.08	3.19	3.28	3.35	3.42	3.53	1.88	2.11	2.28	2.40	2.50	2.58	2.65	2.71	2.82
19	2.49	2.75	2.93	3.06	3.16	3.25	3.33	3.39	3.50	1.87	2.11	2.27	2.39	2.49	2.57	2.64	2.70	2.80
20	2.47	2.73	2.91	3.04	3.14	3.23	3.30	3.37	3.47	1.87	2.10	2.26	2.38	2.47	2.56	2.63	2.68	2.78
24	2.42	2.68	2.84	2.97	3.07	3.16	3.23	3.29	3.38	1.84	2.07	2.23	2.34	2.44	2.52	2.58	2.64	2.74
30	2.38	2.62	2.79	2.91	3.01	3.08	3.15	3.21	3.30	1.82	2.04	2.20	2.31	2.40	2.48	2.54	2.60	2.69
40	2.34	2.57	2.73	2.85	2.94	3.02	3.08	3.13	3.22	1.80	2.02	2.17	2.28	2.37	2.44	2.50	2.56	2.65
60	2.29	2.52	2.68	2.79	2.88	2.95	3.01	3.06	3.15	1.78	1.99	2.14	2.25	2.33	2.41	2.47	2.52	2.61
120	2.25	2.48	2.62	2.73	2.82	2.89	2.95	3.00	3.08	1.76	1.96	2.11	2.22	2.30	2.37	2.43	2.48	2.57
∞	2.22	2.43	2.57	2.68	2.76	2.83	2.88	2.93	3.01	1.74	1.94	2.08	2.18	2.27	2.33	2.39	2.44	2.52

【例 4-3】 今有 6 个实验室进行协同试验，用容量法测定未知溶液中的氨，各进行了 4 次平行测定。测定结果列于表 4-5，试问各实验室测得的平均值之间是否有显著性差异？

表 4-5 未知溶液中氨的测定结果

实验室	测定结果				平均值	标准差
1	48.0	47.6	48.5	47.9	48.000	0.324
2	52.3	51.8	52.9	52.5	52.375	0.396
3	51.9	50.8	51.2	51.6	51.375	0.415
4	49.8	49.0	49.5	49.8	49.525	0.327
5	50.7	50.9	49.9	50.3	50.450	0.384
6	43.2	44.9	43.5	44.2	43.950	0.658

解： 根据测定值计算

$$\bar{x}=\frac{1}{6\times4}\sum_{i=1}^{6}\sum_{j=1}^{4}x_{ij}=49.279$$

$$\bar{s}=\sqrt{\frac{1}{6}\sum_{i=1}^{6}s_i^2}=0.432 \qquad \overline{s_{\bar{x}}}=\frac{\bar{s}}{\sqrt{4}}=0.216$$

$$T=\frac{\bar{x}-\overline{x_6}}{\overline{s_{\bar{x}}}}=\frac{49.279-43.950}{0.216}=24.67$$

在本例中，$m=6$，$n=4$，$f=6\times(4-1)=18$，查表 4-4，$T_{0.01}=3.08$。$T>T_{0.01}$，表明实验室 6 的测定平均值$\bar{x}_6$和其他实验室测得的平均值之间有显著性差异，判为异常值。舍弃 $\bar{x}_6$之后，重新计算平均值与标准差，再对实验室 1 的测定平均值 $\bar{x}_1$用同样方法进行检验，发现 $\bar{x}_1$与其他实验室测得的平均值之间也有显著性差异。按照上述同样方法继续对其他实验室的测定平均值进行检验，发现实验室 4 和 5 的测定平均值 $\bar{x}_4$和 $\bar{x}_5$与其他实验室测得的平均值之间也有显著性差异。经连续检验，在 6 个实验室中，须剔除 4 个实验室的测定平均值，剔除的数据太多，显然存在问题。在进行异常值的连续检验与剔除时，应注意的是，如果连续剔除的数据过多，应考虑数据的分布是否满足正态或近似正态的要求，有必要对测定数据的分布类型进行检验。

上题如用格鲁布斯法进行检验，计算统计量

$$G=\frac{\bar{x}-\bar{x}_3}{s_{\bar{x}}}=\frac{49.279-43.950}{3.015}=1.767$$

查格鲁布斯检验法的临界值表，$G_{0.05,6}=1.822$。$G<G_{0.05,6}$，表明实验室 3 的测定平均值 $\bar{x}_3$与其他实验室测得的平均值之间没有显著性差异。各实验室测定平均值之间的差异相当大，为什么判别不出来？这是因为在作统计判断时，所谓有

无显著性差异，都是相对于实验误差而言的。在本例的情况下，由各实验室平均值求得的标准差 $s=3.015$，既包括了实验室内的随机误差，又包括了实验室之间的系统差异性，而实验室间的系统误差要比实验室内的随机误差大得多，室间标准差大，从而降低了室间异常值检验的灵敏度，以致与其他实验室平均值之间差异如此显著的实验室 3 的平均值 $\bar{x}_3$ 也检验不出来。

【例 4-4】 5 个实验室进行协同试验，用气相色谱法测定一溴二氯甲烷，各进行了 9 次平行测定。测定结果列于表 4-6 中，试问各实验室测得的平均值之间是否有显著性差异。

表 4-6　一溴二氯甲烷测定结果

实验室	A	B	C	D	E
1	198.7	200.2	192.9	191.3	195.6
2	196.2	200.5	195.1	196.5	196.2
3	198.6	199.2	195.9	196.4	195.4
4	198.3	194.1	200.5	199.8	198.1
5	197.5	193.1	196.6	201.4	196.5
6	194.8	193.4	196.4	191.3	196.1
7	196.0	195.8	196.0	198.9	197.0
8	194.9	196.9	193.2	195.0	197.8
9	197.2	195.7	193.9	196.0	197.6
$\bar{x}$	196.0	196.5	195.6	196.3	196.7
s	1.51	2.85	2.29	3.48	0.98

解：根据表中测定值，计算的总平均值为 196.41，并合标准差为

$$\bar{s}=\sqrt{\frac{\sum_{i=1}^{5} s_i^2}{5}}=2.40$$

实验室 C 的测定平均值 195.6，显然是在实验误差之内，不能作为异常值剔除。从表中的实际测定值也可以看到，195.6 位于测定值 193.1～200.5 范围内，说明它也不能作为异常值剔除。方差分析的结果也表明，5 个实验室测定平均值之间不存在显著性差异。然而，将各测定平均值作为独立的测定值看待，由表中的数据计算的总平均值和标准差分别为 $\bar{x}=196.41$ 与 $s_{\bar{x}}=0.50$，用格鲁布斯法检验，统计量值

$$G=\frac{\bar{x}-\bar{x}_{\mathrm{d}}}{s_{\bar{x}}}=\frac{196.41-195.6}{0.50}=1.620$$

查表 4-2，$G_{0.10,5}=1.602$，$G>G_{0.10,5}$，表明尽管实验室 C 的测定平均值 195.6

与其他实验室的测定平均值之间的差异是如此之小，仍将在显著性水平 $\alpha=0.10$ 下作为异常值而被剔除。为什么会是这样？这是因为在本例中，室内测定值的波动性比室间测定值的波动性大得多，而室内测定值的波动性通过求平均值得到"平滑"，使各实验室的测定平均值彼此接近，室间标准差变小，导致统计量值 G 变大，超过统计检验的临界值 $G_{0.10,5}$，从而使实验室 C 的测定平均值作为异常值而被剔除。

由例 4-3 与例 4-4 可知，用格鲁布斯法检验室间平均值中的异常值，并不总是可行的。那么，在什么情况下可以将各实验室的平均值当作独立测定值看待，用格鲁布斯法来检验其中的异常值？当各实验室的测定是等精度测定，且各实验室之间的系统误差已经随机化时，在多个实验室进行的测定，也就等效于在同一实验室内进行多次测定。只有在这种情况下，将各实验室的测定平均值当作独立测定值看待，用格鲁布斯法检验各实验室测定平均值中的异常值才是合理的。但从技术上考虑，各实验室之间的系统误差已经随机化这一条件事实上常常并不能满足，因此，将格鲁布斯法用于室间平均值检验时必须慎重。

4.1.4 异常值的处理

对于测定中的异常值的处理，必须持慎重态度，不能贸然从事。从统计的角度看，用不同的检验方法检验同一组测定数据，得到的检验结论有时并不一致，从技术上考虑，异常值是了解整个分析过程的重要情报。异常值有时很可能反映了实验中出现的某一新现象，这种"异常值"正是深化人们对客观事物认识的向导，如果我们随意地将这些"异常值"舍去，从而失去了深入了解和发现新事物的一次机会，是非常可惜的。对于任何异常值，都必须首先从技术上寻找原因，在技术上有异常原因者，应予舍弃。在技术上找不出原因，而在统计检验中又是高度异常的异常值时，应做深入细致地研究，找出为什么会出现统计检验中高度异常的原因，不要轻易舍弃。

此外，我们所研究的对象，有些相对说来是比较稳定的，而且还与其他组分的含量有关，因为一旦生产工艺和所加物料确定后，产品的某些性能和指标就存在某种相互关联性，因此在判断测量结果时，也可以通过产品检验中的其他指标来确认测量结果是否是异常值。这种判断一般是从两方面进行的。一方面通过长期的数据积累，某些指标的波动是有规律可循的，例如某企业生产的盐酸，其铁含量总在 0.0005%左右波动，若有一天在报出的结果中，其他含量均未变化，而只有铁含量为 0.001%，则应判定为异常值。因为若铁含量超标，则主含量盐酸也应发生波动才属正常。还有如煤的灰分，炼焦用煤的灰分也是在一定范围内波动，某天报出焦煤的灰分为百分之四十几，则一定属于异常值。另一方面是在积累大量数据的基础上，找到测试结果间的某些联系，并应用在分析结果的判断上（因有些测定需要两人或多人完成）。例如在北京炼焦化学厂的焦煤测定中，当煤的胶质层指数为 20mm（Y 值）、硫分为 1.34%、挥发分为 23.8%、灰分为 5.5%时，复核人员就可以让做灰分的人员重新检验分析结果，因为在此份报告中，焦煤的其他几项指标均属正常值，但灰分结果明显偏低，可能是测定异常值，需要重做。

用标准物质进行人员技术考核或标定仪器、校正分析方法时，出现了离群值，在统计上检验有显著性差异，判为异常值。但若异常值仍在标准物质证书所给出的标准值的置信范围内，将这种异常值舍弃也是不合适的，可以保留这些异常的测定值，并在数据统计处理结果中加以必要的说明，这种做法可能更为合理。

在实际测定中，有时还遇到这种情况，测定三个数据，其中两个数值相等，另一个数值不等，但其与其他两个数值的差异在仪器的精度范围之内，这种数据也是不应舍弃的。

对于化学分析来说，以估计总体参数（平均值和标准差）为目的，对于测定值中的异常值，一般都要予以舍弃。如需要保留，需在数据处理结果中说明原因。

4.2　重复性和再现性

重复性是指在同一实验室，由同一分析人员，用同一分析仪器、方法，对同一批次试样，进行两次重复测定时，两次重复测定值按指定概率的容许差。

重复性限 r 定义为：一个数值 r，在重复性条件下，两次测试结果之差的绝对值不超过此数的概率为 95%。

$$r=1.96\sqrt{2}S_r=2.83S_r \tag{4-7}$$

式中，1.96 是置信度为 95%时的置信系数，$\sqrt{2}S_r$ 是两次重复测定值之差的标准差，S_r 是单次测定的标准差，即重复测定的误差 S_E。

重复性限 r 用来检查室内重复测定的精密度是否符合要求。若两次重复测定值之差小于 r，则认为两次重复测定的精密度合格，可用两次重复测定的平均值报出结果；若两次重复测定值之差大于 r，说明测定的精密度不合格，不能以两次重复测定的平均值报出结果，应寻找原因后再重复测定。

如果进行多次重复测定，衡量重复测定的精密度的重复性限为

$$r_n=\frac{k_n}{2.83}r \tag{4-8}$$

式中，k_n 为对测定次数的校正系数，参见表 4-7。

表 4-7　k_n 系数表

n	2	3	4	5	6	7	8	9	10	15	20
k_n	2.83	3.40	3.74	3.98	4.16	4.31	4.44	4.55	4.65	5.00	5.24

在 n 次重复测定中，若最大值与最小值之差值小于重复性限 r_n，则认为两次重复测定的精密度合格，可用 n 次重复测定的平均值报出结果；若其差值大于 r，说明其中至少有一个测定值是异常值。

再现性是指在任意两个实验室，由不同分析人员，不同仪器，在不同或相同的时间内，用同一分析方法，对同一量进行两个单次测定值按指定概率的容许差。它反映了实验室间的系统误差与在重复测定条件下不会存在的其他随机误差，是实验室间测定波动性的量度。

再现性限 R 的定义为：一个数值 R，在再现性条件下，两次测试结果之差的绝对值不超过此数的概率为 95%。

$$R=1.96\sqrt{2}S_R=2.83S_R \tag{4-9}$$

式中，1.96 是置信度为 95%时的置信系数，$\sqrt{2}S_R$是实验室间各一次测定值之差的标准差，S_R 是实验室间测定的标准差。

再现性限 R 用来检查实验室间测定的精密度是否符合要求。若实验室间各测定一次的测定值之差小于容许差 R，则认为测定的精密度合格，可用他们的平均值报出结果；若测定值之差大于 R，说明测定的精密度不合格，不能以它们的平均值报出结果。

若两个实验室分别进行 n_1，n_2 次重复测定，再现性限 R_n

$$R_n=\sqrt{R^2-r^2\left(1-\frac{1}{2n_1}-\frac{1}{2n_2}\right)} \tag{4-10}$$

若两个实验室测定的两个平均值之差小于 R_n，则认为测定的精密度合格，可以它们的平均值报出结果；若其差值大于 R_n，说明测定的精密度不合格，不能以它们的平均值报出结果。

再现性限 R 也可用来检查同一实验室多次重复测定的精密度是否符合要求。若重复测定 n 次，则再现性

$$R_n=\frac{1}{\sqrt{2}}\sqrt{R^2-r^2\left(\frac{n-1}{n}\right)} \tag{4-11}$$

若对标准样品进行 n 次重复测定，测得的平均值与标准值之差小于 R_n，则认为测定的精密度合格；若其差值大于 R_n，说明测定的精密度不合格，应检查原因，重新进行测定。

【例 4-5】 由 6 个实验室对试样中某一组分各进行 4 次重复测定，测得的结果统计列于表 4-8，试用表中数据计算测定的重复性与再现性。

表 4-8 测定结果的平均值与标准偏差

实验室	1	2	3	4	5	6
平均值	27.86	26.98	26.80	26.73	27.06	26.95
标准偏差	0.38	0.41	0.65	0.21	0.14	0.22

解：(1) 由表中各实验室测定的标准偏差数据，可计算出并合方差

$$S_r^2=\frac{\sum_{i=1}^{6}S_i^2}{6}=\frac{0.38^2+0.41^2+0.65^2+0.21^2+0.14^2+0.22^2}{6}=0.141183333$$

(2) 利用变差平方和公式计算出实验室间的变差平方和

$$Q_g=\sum_{i=1}^{m}\frac{T_i^2}{n}-\frac{T^2}{mn}=\sum_{i=1}^{m}n\bar{x}_i^2-\frac{1}{mn}\left(\sum_{i=1}^{m}n\bar{x}_i\right)^2$$

$$=4\times(27.86^2+26.98^2+\cdots+26.95^2)-\frac{[4\times(27.86+26.98+26.80+26.73+27.06+26.95)]^2}{6\times4}$$

$$=17581.516-17578.17627$$

$$=3.3397333$$

(3) 由自由度 $f_g=m-1=5$，方差估计值为

$$S_g^2=\frac{Q_g}{F_g}=\frac{3.3397333}{5}=0.667946666$$

(4) 根据预期方差组成，$S_g^2=4S_l^2+S_r^2$，实验室间的方差估计值

$$S_l^2=\frac{0.667946666-0.14118333}{4}=0.131690833$$

故

$$r=2.83\sqrt{S_r^2}=2.83\sqrt{0.141183333}=2.83\times0.3757=1.06$$

$$R=2.83\sqrt{S_l^2+S_r^2}$$

$$=2.83\sqrt{0.13169+0.14118}=2.83\times0.5224=1.48$$

4.3　误差分析

用化学分析法和仪器分析法测定试样中某组分的含量一般都不是只经过一次测量而完成的，而是要经过几个操作步骤才能完成。每个操作步骤都存在误差，这些误差对最后的分析结果均有影响。

4.3.1　系统误差分析

在分析测试中系统误差的大小和方向往往是恒定的，因此这类误差的数值可以通过实验来确定，然后对分析结果进行校正。校正的方法是根据分析结果的计算方法来确定。即根据分析步骤中的系统误差计算影响分析结果的总的系统误差，然后对分析结果进行校正。

如果分析结果的计算公式是各测量值相加或相减，

$$R=A+B-C \tag{4-12}$$

其中 R 为计算得的分析结果；A、B 和 C 为各操作步骤相应的测量值。假设操作步骤 A、B 和 C 均有系统误差，他们相应的数值分别为 E_A、E_B 和 E_C，在最后对分析结果所产生的系统误差 E_R 为

$$E_R = E_A + E_B - E_C \tag{4-13}$$

已知 E_R 则可计算得到已校正系统误差的分析结果 R'

$$R' = R - E_R \tag{4-14}$$

如果分析结果的计算公式是各测量值相乘或相除

$$R = \frac{AB}{C} \tag{4-15}$$

则分析结果的系统误差 E_R 为：

$$\frac{E_R}{R} = \frac{E_A}{A} + \frac{E_B}{B} - \frac{E_C}{C} \tag{4-16}$$

同样可以计算得到已校正系统误差的分析结果 R'。

如果分析结果计算公式中同时有加减乘除的关系，那么，应该先计算加减部分的综合系统误差，再计算乘除部分的综合系统误差。

【例 4-6】 有人用一架分析天平称量，作重量法分析。称取试样为 1.5620g，空坩埚质量为 15.2514g，含试样沉淀物的坩埚质量为 15.8045g。后对此天平的砝码进行准确校准，发现所有的砝码中面值为 500mg 的片码较标准片码轻 1.0mg；面值为 200mg 的片码较标准片码轻 0.4mg，问这次重量法分析中称量带来的系统误差为多少？

解：

$$R = \frac{A-B}{C} \times 100\%$$

其中 $A=15.8045$g，由于称量用了 500mg 和 200mg 的片码，故

$$E_A = 0.0010 + 0.0004 = 0.0014 \text{ (g)}$$

则坩埚的实际质量为 15.8045－0.0014＝15.8031（g）

同理，$B=15.2514$g，称量用了 200mg 的片码，$E_B=0.0004$（g），

则空坩埚的实际质量为 15.2514－0.0004＝15.2510（g）；

$C=1.5620$g，称量用了 500mg 的片码，$E_C=0.0010$（g），

则试样的实际质量为 1.5620－0.0010＝1.5610（g）

根据公式，待测物的含量 $R = \frac{A-B}{C} \times 100\% = \frac{15.8045-15.2514}{1.5620} \times 100\% = 35.14\%$

称量带来的系统误差为：

$$\frac{E_R}{R} = \frac{E_A - E_B}{A-B} - \frac{E_C}{C} = \frac{0.0014-0.0004}{15.8045-15.2514} - \frac{0.0010}{1.5620} = 0.0011677$$

所以 $E_R = 0.0011677 \times 35.14\% = 0.041\%$

故称量带来的系统误差为 0.041%。

已校正系统误差的分析结果 $R'=R-E_R=35.41\%-0.041\%=35.37\%$

或者 $R'=\frac{A'-B'}{C'}\times100\%=\frac{15.8031-15.2510}{1.5610}\times100\%=35.37\%$

应该指出，在分析测试中应尽量找到产生系统误差的原因，并将它消除，而避免用以上方法进行校正。当系统误差无法避免又难以测定时，较好的办法是在完全相同的条件下，平行作一标样分析，最后对试样的分析结果进行校正。

4.3.2 随机误差的分析

在各个分析步骤中随机误差总是存在的，它的大小无法测得，因此不能用校正系统误差的方法进行校正。但随机误差有它的特性，这就是出现大小相等方向相反的随机误差的概率相等；绝对值大的误差出现概率小，绝对值小的误差出现的概率大；以及当测量次数接近无穷大，则随机误差的算术平均值趋近于零。正因为随机误差是不可避免的，但又无法校正，故在分析测试中，多次测量的结果，它们之间不完全相等，有限次数测量结果的平均值也不能恰好等于真值。但应用统计学的方法，我们可以用标准偏差来衡量随机误差的大小，也可以根据标准偏差进一步评定真值的存在范围。

假设在分析测试中要通过几个独立的测量步骤，每个测量步骤的测得值为 x_1，x_2，x_3，…，x_n，它们相应的标准偏差分别为 σ_1，σ_2，σ_3，…，σ_n，令 y 为最后通过测得值所计算的分析结果

$$y=F(x_1,x_2,x_3,\cdots,x_n) \tag{4-17}$$

它的标准偏差为 σ_y 可计算如下

$$\sigma_y^2=\left(\frac{\partial F}{\partial x_1}\right)^2\sigma_1^2+\left(\frac{\partial F}{\partial x_2}\right)^2\sigma_2^2+\cdots+\left(\frac{\partial F}{\partial x_n}\right)^2\sigma_n^2 \tag{4-18}$$

式 4-18 为统计学中误差传播定律的表达式。

对于分析测试中常用的分析结果的计算式，特列于表 4-9。由于分析测试中往往测定次数 n 有限，可用标准偏差 s 代替上面公式中的 σ。

表 4-9 σ_y^2 的计算方法

分析结果 y 的计算式	σ_y^2 的计算式
$x_1\pm x_2$	$\sigma_1^2+\sigma_2^2$
x_1x_2	$\sigma_1^2x_2^2+\sigma_2^2x_1^2$
$a+bx^n$	$(nkx^{n-1})^2\sigma^2$
x_1/x_2	$\left(\frac{x_1}{x_2}\right)^2\left(\frac{\sigma_1^2}{x_1^2}+\frac{\sigma_2^2}{x_2^2}\right)$
$\ln(x_1+x_2)$	$\frac{\sigma_1^2+\sigma_2^2}{(x_1+x_2)^2}$
$\ln(x_1/x_2)$	$\frac{\sigma_1^2}{x_1^2}+\frac{\sigma_2^2}{x_2^2}$

4.3.3 误差传递应用举例

4.3.3.1 滴定分析法

滴定分析的计算公式为

$$y=\frac{kfV}{w}\times100\% \tag{4-19}$$

式中，k 为换算因子；f 为标准滴定溶液的浓度，假设他没有误差；V 为滴定时用去的标准滴定溶液的体积；w 为试样质量，此时由测量体积和称量质量所带来的分析结果的 y 的标准偏差 s_y 为

$$\left(\frac{s_y}{y}\right)^2=\left(\frac{s_V}{V}\right)^2+\left(\frac{s_w}{w}\right)^2 \tag{4-20}$$

由此可知，在滴定分析中，分析结果的相对标准偏差的平方为测量用去标准溶液的毫升数的相对标准偏差与称量试样的相对标准偏差的平方和。如果配制的标准滴定溶液的浓度也有标准偏差 s_f，则分析结果的相对标准偏差应按下式计算

$$\left(\frac{s_y}{y}\right)^2=\left(\frac{s_f}{f}\right)^2+\left(\frac{s_V}{V}\right)^2+\left(\frac{s_w}{w}\right)^2 \tag{4-21}$$

【例 4-7】 一滴定分析，用去标液的体积为 25.00mL，其测量体积的标准偏差 s 为 0.05mL，称量试样重为 0.2000g，其称量的标准偏差为 0.4mg，标液浓度的相对标准偏差为 0.1%，试计算分析结果的相对标准偏差。

解：根据题意，$\frac{s_f}{f}=0.1\%, s_V=0.05\text{mL}, V=25.00\text{mL}$，

$s_w=0.4\text{mg}, w=0.2\times1000=200\text{mg}$，

代入公式 4-21，

$$\frac{s_y}{y}=\sqrt{\left(\frac{s_f}{f}\right)^2+\left(\frac{s_V}{V}\right)^2+\left(\frac{s_w}{w}\right)^2}=\sqrt{(0.1\%)^2=\left(\frac{0.05}{25.00}\right)^2+\left(\frac{0.4}{200}\right)^2}=0.3\%$$

即分析结果的相对标准偏差为千分之三。

4.3.3.2 标准加入法

在化学分析和仪器分析中，常用到标准加入法。假设待测物的浓度为 x，它相应的物理量的测量值为 B。然后再加入已知标准量 a 的待测物，此时相应的物理量的测量值为 A。如果 x 与 B 之间存在线性关系，即可写成

$$\frac{B}{x}=\frac{A}{x+a} \tag{4-22}$$

可得 $x=a\frac{B}{A-B}$

设 A 和 B 的标准偏差分别为 s_A 和 s_B，且两者的相对标准偏差相等，则

$$\frac{s_A}{A}=\frac{s_B}{B}=V_m \tag{4-23}$$

根据误差传播定律可导得

$$\left(\frac{s_x}{x}\right)^2=\frac{1}{(A-B)^2}s_A^2+\frac{A^2}{B^2(A-B)^2}s_B^2=\frac{2A^2}{(A-B)^2}V_m^2 \tag{4-24}$$

所以，

$$\left(\frac{s_x}{x}\right)^2=\frac{2\left(1+\frac{a}{x}\right)^2}{\left(\frac{a}{x}\right)^2}V_m^2 \tag{4-25}$$

由式 4-25 可知，在标准加入法中，欲减小分析结果的相对偏差，则 a 值大些好，但 a 值太大，将带来其他误差，如试液体积的改变，杂质的引入等。综合考虑各因素，一般认为 $\frac{a}{x}=2$ 较好，即加入的标准物质的量等于待测物含量的两倍较适宜。

4.3.3.3 气相色谱法

气相色谱法的原理是根据欲测物的色谱峰的峰面积来求得欲测物的含量，归一化法的计算公式可以写为

$$C_i=\frac{a_iA_i}{\sum a_jA_j}\times 100\% \tag{4-26}$$

式中，C_i 为 i 组分的含量；A_i 为 i 组分色谱峰的峰面积，a_i 为将 i 组分峰面积换算为含量的校正因子。上式是假定试样中共含有 j 种组分，它们的色谱峰面积为 A_j（$j=1,2,\cdots,n$），相应的校正因子为 a_j（$j=1,2,\cdots,n$），并假定试样中所有的 j 种组分均可以通过色谱柱分离并得到相应的色谱峰。

在此情况下，测量组分 i 色谱峰面积的相对标准偏差和组分含量的相对标准偏差之间的关系如下

$$\frac{s_{C_i}}{C_i}=(1-C_i)-\frac{s_{A_i}}{A_i} \tag{4-27}$$

从式 4-27 可知，当测量色谱峰面积的相对标准偏差 $\frac{s_{A_i}}{A_i}$ 为恒值时，欲测组分 i 的百分含量越高，则它的相对标准偏差 $\frac{s_{C_i}}{C_i}$ 越小。

【例 4-8】 用气相色谱法测定试样中欲测物的含量，测量色谱峰面积的相对标准偏差为 2%，试问试样中欲测物含量为 10%时，它的相对标准偏差为多少？如试样中欲测物含量为 1%时，它的相对标准偏差又是多少？

解：根据题意，已知

$$\frac{s_{A_i}}{A_i}=2\%$$

当 $C_i=10\%$ 时　$\frac{s_{C_i}}{C_i}=(1-10\%)\times 2\%=1.8\%$

当 $C_i=1\%$时 $\frac{s_{C_i}}{C_i}=(1-1\%)\times 2\%=1.98\%$

4.3.3.4 分光光度法

在分光光度法中常用纯溶剂调至透射比为 100%，再测定含待测物试液的吸光度，用标准曲线法求得试液中欲测物浓度。令 $E=\ln(I_0/I)$，根据比耳定律得：

$$\frac{\mathrm{d}E}{E}=-\frac{\mathrm{d}I}{EI} \tag{4-28}$$

此时设测量 I_0 的误差可以忽略，则

$$\frac{\mathrm{d}E}{E}=-\frac{\mathrm{d}I}{I_0Ee^{-E}} \tag{4-29}$$

已知 $E=kc$，$T=I/I_0$，式 4-29 可以写为

$$\frac{\mathrm{d}c}{c}=-\frac{1}{\mathrm{e}^{-E}E}\mathrm{d}T \tag{4-30}$$

由此可知，浓度测得值的相对误差与测得的吸光度 E 及测量透光度 T 的误差有关。并由上式可知，当 $E=1.0$，即 $T=0.368$ 时，sc/c 有一最小值，即

$$\left(\frac{s_c}{c}\right)_{\min}=\mathrm{e}\,\frac{s_I}{I}=2.72\,\frac{s_I}{I_0} \tag{4-31}$$

一般分光光度计的透光度标尺均为等刻度，它的精度可达 0.001，故用此类分光光度计能达到的最大测量精度为 0.001e，即 0.27%，如测量 T 的精度为 0.005，在可达到的最大测量精度为 1.4%。以上未考虑到调 $T=0$ 及 $T=1$ 的误差，如果同时考虑这两种误差，并假定它们相等，那么测量最大精度在 $T=0.388$处，

$$\left(\frac{s_c}{c}\right)_{\min}=3.38\,\frac{s_I}{I_0}$$

复习思考题

1. 定量分析中误差的来源是什么？有哪些类型？
2. 基本概念：极差、偏差、相对平均偏差、标准偏差、变异系数、公差、总体标准偏差。
3. 什么是异常值？异常值有哪些检验方法？各种检验方法的适用条件如何？
4. 出现异常值一般有哪些方法进行处理？
5. 什么是重复性，如何评价？什么是再现性？如何评价？
6. 如何校正系统误差？举例说明。
7. 随机误差具有什么特点？如何规避？

练习题

一、选择题

1. 精密度好并不表明（　　）

(A) 系统误差小　　(B) 随机误差小
(C) 平均偏差小　　(D) 标准偏差小
2. 下列有关随机误差的论述中不正确的是（　　）
(A) 随机误差是由一些不确定的偶然因素造成的
(B) 小误差出现的概率大，大误差出现的概率小
(C) 随机误差可以通过实验方案设计的优化加以消除
(D) 随机误差出现正误差和负误差的概率相等
3. 系统误差（　　）
(A) 导致分析结果的相对标准偏差增大
(B) 导致分析结果的平均值偏离真值
(C) 导致分析结果的总体平均值偏大
(D) 导致分析结果的总体标准偏差偏大
4. 下列措施中，可以减小随机误差的是（　　）
(A) 对照试验　　(B) 空白试验
(C) 标准加入法　　(D) 增加平行测定次数
5. 下列论述中错误的是（　　）
(A) 随机误差呈正态分布
(B) 随机误差大，系统误差也一定大
(C) 系统误差一般可以通过测定加以校正
(D) 随机误差小，是保证准确度的先决条件
6. 下列情况中引起随机误差的是（　　）
(A) 重量法测定二氧化硅时，试液中硅酸沉淀不完全
(B) 使用腐蚀了的砝码进行称重
(C) 读取滴定管读数时，最后一位数字估测不准
(D) 所用试剂中含有被测组分
7. 随机误差出现在（$-1.0\sigma, +1.0\sigma$）区间里的概率是（　　）
(A) 48.3%　(B) 58.3%　(C) 68.3%　(D) 78.3%
8. 随机误差出现在（-0.674σ，$+0.674\sigma$）区间里的概率是（　　）
(A) 25.0%　(B) 50.0%　(C) 75.0%　(D) 100.0%
9. 测量值 x 在（$u-3.0\sigma, u+3.0\sigma$）区间的概率是（　　）
(A) 50.0%　(B) 68.3%　(C) 95.0%　(D) 99.7%

10. 根据以往经验，用某一方法测定矿样中锰的质量分数时，标准偏差（即 σ）是 0.10%。某分析工作人员拟对质量分数为 9.56% 的含锰矿样的标样进行测定。测定值大于 9.76% 的概率为（　　）

(A) 95.5%　(B) 47.7%　(C) 4.50%　(D) 2.25%

11. 分析铁矿中铁的质量分数，得六次平行测定得结果是 20.48%、

20.55%、20.58%、20.60%、20.53%、20.50%。这组数据的平均值、中位数、标准偏差和变异系数是（　　）

（A）20.54%、20.54%、0.046%、0.22%

（B）20.54%、20.55%、0.046%、0.22%

（C）20.54%、20.53%、0.037%、0.22%

（D）20.54%、20.54%、0.046%、0.12%

12. 已知某标准样品中含锰的质量分数为20.45%，某分析工作人员对此标准样品平行测定5次，得测量平均值为20.54%。测量结果的绝对误差和相对误差分别是（　　）

（A）+0.012%，0.44%　　（B）+0.09%，0.44%

（C）+0.09%，0.046%　　（D）+0.09%，0.022%

13. 对某试样中含镍的质量分数进行测定，得四次平行测定的结果为47.64%、47.69%、47.52%、47.55%。置信度为95%时平均值的置信区间为（　　）

（A）47.60±0.08%　　（B）47.60±0.28%

（C）47.60±0.13%　　（D）47.60±0.15%

14. 由两种不同分析方法分析同一试样，得到两组数据，判断这两种方法之间是否存在系统误差，可以采用（　　）

（A）Q检验法　　（B）F检验法

（C）标准偏差检验法　　（D）F检验法和t检验法

15. 分析过程中，出现下面的情况，分析是什么性质的误差，如何改进？

（1）过滤时使用了定性滤纸，最后灰分增大；

（2）滴定管读数时，最后一位估计不准；

（3）试剂中含有少量被测组分。

二、计算题

1. 测定某样品中的含氮量，六次平行测定的结果是20.48%，20.55%，20.58%，20.60%，20.53%，20.50%。

（1）计算这组数据的平均值、中位值、极差、平均偏差、标准偏差、变异系数和平均值的标准偏差。

（2）若此样品是标准样品，含氮量为20.45%，计算以上测定的绝对误差和相对误差。

2. 测定试样中CaO含量，得到如下结果：35.65%，35.69%，35.72%，35.60%。问：

（1）统计处理后的分析结果应该如何表示？

（2）比较95%和90%置信度下总体平均值和置信区间。

3. 根据以往的经验，用某一种方法测定矿样中锰的含量的标准偏差（即δ）

是0.12％。现测得含锰量为9.56％，如果分析结果是根据1次、4次、9次测定得到的，计算各次结果平均值的置信区间（95％置信度）

4. 某人测定一溶液的摩尔浓度，获得以下结果：0.2038，0.2042，0.2052，0.2039。第三个结果应否弃掉？结果应该如何表示？测了第五次，结果为0.2041，这时第三个结果可以弃掉吗？

试　题　库

理论知识鉴定要素细目表（部分）

职业：化学检验工　　　　等级：高级　　　　鉴定方式：理论知识

鉴定项目	代码	鉴定范围	代码	鉴定内容	代码	鉴定比重	代码	鉴定点	重要程度
基本要求	A	职业道德	A	职业道德相关知识	A	1	01	职业道德修养的必要性	X
				职业守则	B	2	01	遵纪守法	X
							02	团结互助	X
		基础知识	B	酸碱滴定分析基础知识	A	3	01	影响酸的强弱因素	X
							02	影响碱的强弱因素	X
							03	多元弱酸溶液 pH 值的计算	X
				氧化还原滴定分析基础知识	B	3	01	氧化还原反应的方向判断	X
							02	对称性氧性还原平衡常数的计算	Z
							03	影响氧化还原反应方向的因素	X
				配位滴定分析基础知识	C	2	01	影响配位平衡的主要因素	X
							02	EDTA 的酸效应系数的计算	X
				溶度积的应用知识	D	2	01	沉淀反应顺序的判断	X
							02	影响沉淀反应方向的因素	X
				相平衡基础知识	E	1	01	相和相数的概念	Y
				溶液知识的应用	F	2	01	稀溶液引起的蒸汽压下降	X
							02	稀溶液引起的沸点上升	X
				表面现象和分散体系知识	G	2	01	分散度与比表面的概念	Y
							02	表面张力与表面功的概念	Y
				化学反应动力学基础知识	I	1	01	基元反应的概念	Y

续表

鉴定项目	代码	鉴定范围	代码	鉴定内容	代码	鉴定比重	代码	鉴定点	重要程度
相关知识	B	样品交接	A	样品的流转	A	1	01	保留样品是否变质的初步判断	Y
				样品交接的疑难问题	B	1	01	常见样品交接的疑难问题	X
		检验准备	B	准备实验室用水	A	1	01	实验室用二级水的检验指标	X
				准备实验溶液	B	3	01	仪器分析用常用试剂溶液的制备	X
							02	仪器分析用标准溶液的制备	X
							03	标准滴定溶液的贮存	X
				准备仪器设备	C	5	01	气相色谱的工作流程	X
							02	气相色谱载气的种类	X
							03	气相色谱分析中常用的固定液	X
							04	原子吸收分光光度计的工作原理	X
							05	原子吸收分光光度计的结构	Y
				校正值计算	D	1	01	滴定管体积校正值的计算	X
		检测与测定	C	酸碱滴定法	A	3	01	混酸滴定的应用	X
							02	酸碱质子理论	Y
							03	非水酸碱滴定法的应用	X
				配位滴定法	B	2	01	干扰离子的判断	X
							02	消除配位干扰离子的方法	X
				氧化还原滴定法	C	2	01	用高锰酸钾法测定氧化性化合物	X
							02	共存物的氧化还原连续滴定	Y
				原子吸收分光光度法	D	3	01	原子吸收分析线的选择	X
							02	火焰原子化条件的选择	X
							03	干扰因素种类	X
				电位滴定法	E	3	01	离子选择性电极的选择	X
							02	干扰离子引起的误差	X
							03	库仑分析的原理	X

续表

鉴定项目	代码	鉴定范围	代码	鉴定内容	代码	鉴定比重	代码	鉴定点	重要程度
相关知识	B	检测与测定	C	气相色谱法	F	4	01	检测器的种类	Y
							02	检测器温度的选择	X
							03	影响热导池检测器灵敏度的影响因素	Y
							04	影响氢火焰检测器灵敏度的影响因素	Y
				液相色谱法	G	2	01	液相色谱分离原理及分类	Y
							02	液相色谱仪的基本流程	Y
		测后工作	D	滴定分析	A	1	01	减少标准滴定溶液制备过程中的误差	X
				仪器分析	B	2	01	减少分光光度分析过程中产生的误差	X
							02	减少气相色谱测定过程中产生的误差	X
				物理检验	C	1	01	减少物理常数检验过程中产生的误差	X
				填写报告单	D	1	01	复核原始记录的内容	X
		修验仪器设备	E	安装调试验收仪器设备	A	5	01	电子天平的安装调试程序	X
							02	可见分光光度计的安装调试程序	X
							03	紫外分光光度计的安装调试程序	X
							04	原子吸收光谱仪的安装调试程序	X
							05	气相色谱仪的主要技术参数	X
				排除仪器设备故障	B	3	01	电光天平常出现的故障	Y
							02	可见分光光度计常出现的故障	X
							03	酸度计(离子计)常出现的故障	X

续表

鉴定项目	代码	鉴定范围	代码	鉴定内容	代码	鉴定比重	代码	鉴定点	重要程度
相关知识	B	技术管理与创新	F	编写仪器操作规程	A	5	01	编写电子天平的使用操作规程	X
							02	编写电子天平日常维护保养要求	X
							03	编写烘箱日常维护保养要求	X
							04	编写马福炉的日常维护保养要求	X
							05	编写恒温水浴装置使用操作规程	X
				编写检验操作规程	B	6	01	编写样品酸碱滴定测定主含量操作规程	X
							02	编写样品配位滴定测定主含量操作规程	X
							03	编写样品氧还滴定测定主含量操作规程	X
							04	编写样品挥发分检验的操作规程	X
							05	编写样品干燥失重检验操作规程	Y
							06	编写样品中铁检验通用操作规程	X
				改进检验装置	C	1	01	检验装置改进的基本思路	Z
		培训与指导	G	传授技艺	A	2	01	初级分析工基础知识包括的内容	X
							02	初级分析工相关知识中检测与测定包括的内容	X
					B	3	01	初级分析工化学分析操作的基本要求	Y
							02	初级分析工仪器分析的操作基本要求	X
							03	培训初级化学检验工仪器分析时操作注意事项	X

续表

鉴定项目	代码	鉴定范围	代码	鉴定内容	代码	鉴定比重	代码	鉴定点	重要程度
相关知识	B	计算综合	G	化学分析计算综合	A	10	01	酸碱滴定分析计算综合	X
							02	氧化还原滴定分析计算综合	X
							03	配位滴定分析计算综合	X
							04	沉淀滴定分析计算综合	Y
							05	重量分析计算综合	Y
				仪器分析计算综合	B	10	01	可见分光光度分析计算综合	X
							02	原子吸收分光光度分析计算综合	Y
							03	电化学分析计算综合	X
							04	气相色谱分析计算综合	X
							05	液相色谱分析计算综合	Z

技能操作考核内容结构表

工作内容	考核时间/min	鉴定比重/%	考核形式	选考方式
溶液准备	150	40	实操	任选一项考
检验与检测-化学分析				
检验与检测-仪器分析	120～150	40	实操	选一项考,否定项
安全实验	10～30	10	实操或笔试	选一项考
测后工作	30	10	笔试	任选一项考
修验仪器设备				
技术管理与创新				
合计	310～360	100	实操、笔试	考四项

技能操作鉴定要素细目表（部分）

职业：化学检验工　　　　等级：三级（高级工）　　　　鉴定方式：实操、笔试

鉴定模块	代码	鉴定范围	代码	鉴定内容	代码	鉴定比重	代码	鉴定点	重要程度	鉴定方式
检验准备（40分）	A	准备实验用溶液	A	准备溶液	A	35	01	酸碱滴定用标准溶液的标定	X	实操
							02	配位滴定用标准溶液的标定	X	
							03	氧化还原滴定用标准溶液的标定	X	
							04	沉淀滴定用标准溶液的标定	X	
							05	非水标准滴定溶液的标定	Z	
		原始记录设计5分	B	化学分析	A	5	01	滴定分析用原始记录	X	笔试
							02	称量法用原始记录	Y	
				仪器分析	B		01	色谱分析用原始记录	X	
							02	电化学分析用原始记录	X	
检测与测定（40分）	B	滴定分析法	A	酸碱滴定	A	40	01	混碱、混酸的滴定分析法	X	实操
				配位滴定	B		01	两种离子的连续滴定	X	
		仪器分析法	B	可见-紫外分光光度法	A		01	两种物质的同时测定	X	
				气（液）相色谱法	B		01	进行物质的定性、定量测定	X	
				电位滴定法	C		01	两种离子的连续滴定	X	
				原子吸收分光光度法	D		01	利用火焰原子化器测定金属元素	X	
测后工作（7分）	C	分析产品不合格原因	A	分析产品不合格原因	A	7	01	测定结果偏高	Y	笔试
					B		01	测定结果偏低	Y	
修验仪器设备（7分）	D	常用仪器的故障判断与排除	A	故障判断	A	7	01	可见分光光度计常见故障判断、排除	X	
							02	紫外分光光度计常见故障判断、排除	X	
技术管理与创新（6分）	E	编写操作规程	A	检验室常用简单测试仪器	A	6	01	编写仪器操作规程	X	
				编写检验方法操作规程	B		01	编写化学分析方法的检验规程	X	
		安全管理	B	危险化学品管理	A		01	化学试剂管理		
							02	警示词编写		

技能操作考核试题名称（部分）

试题编号	试题名称	考核形式
AAA01-1	盐酸标准滴定溶液的配制与标定	实操
AAA01-2	氢氧化钠标准滴定溶液的配制与标定	
AAA02-1	乙二胺四乙酸二钠标准滴定溶液的配制与标定	
AAA03-1	碘标准滴定溶液的配制与标定	
AAA03-2	重铬酸钾标准滴定溶液的配制与标定	
AAA04-1	硝酸银标准滴定溶液的配制与标定	
AAA04-2	硫氰酸钠标准滴定溶液的配制与标定	
AAA05-1	高氯酸标准滴定溶液的配制与标定	
AAA05-2	氢氧化钾-乙醇标准滴定溶液的配制与标定	
ABA01-1	设计滴定分析用原始记录	笔试
ABA02-1	设计称量法分析用原始记录	
ABB01-1	设计色谱分析用原始记录	
ABB02-1	设计电化学分析用原始记录	
BAA01-1	烧碱中氢氧化钠和碳酸钠含量的测定	实操
BAA01-2	测定未知样中盐酸和磷酸的含量	
BAB01-1	未知样中铅、铋含量的连续测定	
BAB01-2	未知样中铁、锌含量的连续测定	
BBA01-1	用分光光度法测定混合液中 MnO_4^- 和 Cr^{6+} 的含量	
BBA01-2	分光光度法测定混合物中 Cr^{3+} 和 Co^{2+} 的含量	
BBB01-1	用气相色谱法热导检测器测定化学试剂三氯甲烷的主含量和二氯甲烷的含量	
BBB01-2	用气相色谱法热导检测器测定化学试剂二氯甲烷的主含量和三氯甲烷的含量	
BBC01-1	电位滴定法连续测定未知样中盐酸和磷酸的含量	
BBC01-2	电位滴定法连续测定未知样中硫酸和磷酸的含量	
BBD01-1	火焰原子吸收分光光度法测定化学试剂硫酸铁(Ⅲ)铵中钠含量	
BBD01-2	火焰原子吸收分光光度法测定化学试剂硫酸铁(Ⅲ)铵中钾含量	
CAA01-1	分析测定结果偏高,造成产品不合格原因	笔试
CAB01-1	分析测定结果偏低,造成产品不合格原因	
DAA01-1	可见分光光度计常见故障判断与排除	笔试
DAA02-1	紫外分光光度计常见故障判断与排除	
EAA01-1	编写气相色谱仪器操作规程	
EAA01-2	编写原子吸收分光光度计的操作规程	
EAB01-1	编写重量分析法检验规程	
EAB01-2	编写滴定分析法检验规程	
EBA01-1	化学试剂的分类摆放	实操
EBA02-1	危险化学品警示词编写(Ⅰ)—苯酚	笔试
EBA02-1	危险化学品警示词编写(Ⅱ)—盐酸	
EBA02-1	危险化学品警示词编写(Ⅲ)—氢气	

技能操作试题选编

一、氢氧化钠标准滴定溶液的配制与标定

操　作　题

1. 考核要求

（1）配制的标准滴定溶液的浓度为规定浓度值的±5%范围内。

（2）工作基准试剂称量≤0.5g 时，应精确至 0.01mg；当称量＞0.5g 时，应精确至 0.1mg。

（3）滴定速度应控制在 6～8mL/min。

（4）四次平行测定的极差相对值≤0.15%。

（5）玻璃仪器清洗干净，数据准确、精密度好，操作规范、较熟练，分析速度符合要求。

2. 测定步骤

（1）配制 $c(NaOH)=0.1mol/L$ 的氢氧化钠标准滴定溶液：吸取浓度为每 100mL 中含氢氧化钠 110g 的溶液的上层清液 2.70mL 于 500mL 容量瓶中，用无二氧化碳水稀释至刻度，摇匀。

（2）标定氢氧化钠标准滴定溶液浓度：用天平分别称取于 105～110℃烘箱中干燥至恒重的工作基准试剂邻苯二甲酸氢钾 0.75g，精确至 0.0001g。于四个 250mL 锥形瓶中，分别加 50mL 无二氧化碳水溶解，再加 2 滴酚酞指示液（10g/L），用配制好的氢氧化钠标准滴定溶液分别滴至溶液呈粉红色，并保持 30s。同时做空白试验。

3. 结果计算

（1）氢氧化钠标准滴定溶液的浓度以 $c(NaOH)$ 计，数值以摩尔每升（mol/L）表示，按下式计算

$$c(\mathrm{NaOH})=\frac{m\times 1000}{(V_1-V_0)M}$$

式中　m——邻苯二甲酸氢钾质量的准确数值，g；

V_1——滴定工作基准试剂消耗的氢氧化钠标准滴定溶液体积的准确数值，mL；

V_0——空白试验消耗的氢氧化钠标准滴定溶液体积的准确数值，mL；

M——邻苯二甲酸氢钾的摩尔质量的数值，g/mol，$M_{KHC_8H_4O_4}=204.22$。

以四次测定的平均值为标定的结果。

（2）计算极差的相对值。

4. 考核时间

120min，超过 25min 停考。

准　备　单

1. 仪器设备

名　　称	规格	数量	名　　称	规格	数量
天平	0.0001g	公用	碱式滴定管(附校正曲线)	50mL	1支/人
烘箱	105℃～110℃	公用	锥形瓶	250mL	4只/人
干燥器		公用	吸量管	5mL	2/人
称量瓶	高型	1只/人	吸球		1只/人
称量手套		1副/人	滴管		1支/人
量筒	50mL	1只/人	容量瓶	500mL	1只/人
烧杯	100mL	1只/人	洗瓶	500mL	1只/人
测定溶液温度装置及其溶液温度体积校正系数表		公用	玻璃仪器洗涤用具及其洗涤用试剂		公用

2. 试剂材料（未注明要求时，试剂均为AR，水为国家规定的实验室三级用水规格）。

名　　称	规格	浓度/数量	名　　称	规格	浓度/数量
$NaOH$		110g/100mL	邻苯二甲酸氢钾(已经105℃～110℃烘箱中干燥至恒重)	工作基准试剂	
酚酞指示液		10g/L			
无二氧化碳三级水(由考核站准备)					
定性滤纸					
现场考核记录		1份/人	原始记录		1份/人
工作基准试剂由考核站预先处理好后分装在称量瓶中放于干燥器内					

3. 考场准备

天平室；加热室；化学分析实验室。

4. 考生准备

记录用笔；计算器；工作服；准考证和身份证。

现场考核、评分记录表

考生姓名__________准考证号__________得分__________考评员__________

日　期__________

1. 总要求

数据准确、精密度好，操作规范、较熟练，分析速度符合要求。

满分为100分，得60分为合格。

2. 分数划分及评分标准

<table>
<tr><th>序号</th><th>项目及分配</th><th colspan="7">评 分 标 准</th><th>扣分情况记录</th><th>得分</th></tr>
<tr><td rowspan="2">1</td><td rowspan="2">配制标准滴定溶液浓度的范围(20分)</td><td colspan="2">允许差≤±(%)</td><td>5.0</td><td>5.5</td><td>6.0</td><td>6.5</td><td>>6.5</td><td rowspan="2"></td><td rowspan="2"></td></tr>
<tr><td colspan="2">扣分标准(分)</td><td>0</td><td>5</td><td>10</td><td>15</td><td>20</td></tr>
<tr><td rowspan="2">2</td><td rowspan="2">标定极差相对值(40分)</td><td>极差相对值≤(%)</td><td>0.15</td><td>0.20</td><td>0.25</td><td>0.30</td><td>0.35</td><td>>0.35</td><td rowspan="2"></td><td rowspan="2"></td></tr>
<tr><td>扣分标准</td><td>0</td><td>5</td><td>10</td><td>20</td><td>30</td><td>40</td></tr>
<tr><td rowspan="2">3</td><td rowspan="2">完成测定时限(10分)超过25min停考</td><td colspan="2">超过时间≤</td><td>0:00</td><td>0:05</td><td>0:10</td><td>0:15</td><td>>0:20</td><td rowspan="2"></td><td rowspan="2"></td></tr>
<tr><td colspan="2">扣分标准(分)</td><td>0</td><td>2</td><td>4</td><td>7</td><td>10</td></tr>
<tr><td>4</td><td>操作分数(20分)扣完为止,不进行倒扣</td><td colspan="7">1. 每个犯规动作扣0.5分
2. 称量最终数据,超出称量范围,每个扣2.5分
3. 工作基准试剂每重称一次扣5分
4. 重新配制标定溶液一次扣5分
5. 损坏仪器扣5分/件
6. 滴定终点控制不当,用扣体积来校正,扣2分/次
7. 若计算中未进行温度校正、滴定管体积校正,各扣2分/次
8. 计算中有错误每处扣5分(与其相关的计算错误不累计扣分)
9. 数据中有效位数不对、修约错误,每处(次)扣0.5分
10. 计算结果缺项扣5分/项</td><td></td><td></td></tr>
<tr><td>5</td><td>原始记录(5分)</td><td colspan="7">原始记录不及时记录扣2分;原始数据记在其他纸上扣5分;非正规改错扣每处1分;原始记录中空项,每空一处扣2分</td><td></td><td></td></tr>
<tr><td>6</td><td>实验结束工作(5分)</td><td colspan="7">1. 考核结束,仪器清洗不洁者扣5分
2. 考核结束,仪器堆放不整齐扣1~5分
3. 使用天平不登记扣1分</td><td></td><td></td></tr>
<tr><td>7</td><td>否决项</td><td colspan="7">滴定管读数、称量的原始数据未经监考老师同意不可更改,考核时不准讨论,不准作弊,否则本次考核做0分处理,并不予补考</td><td></td><td></td></tr>
</table>

二、设计滴定分析用原始记录

笔 试 题

1. 考核要求

(1) 设计原始记录项目内容完全，正确。

(2) 书写字迹端正、清楚。

(3) 在规定时间内完成。

2. 考核时间

30min，超过10min停考。

3. 笔试题目

请设计乙酸产品中乙酸含量测定的原始记录——用 NaOH 标准滴定溶液滴定 CH_3COOH 的含量。(附相关标准 1 份)

准 备 单

1. 试剂材料

名　称	规格	数量	名　称	规格	数量
笔试试卷		1 份/人	GB 676		1 份/人
现场考核、评分记录表		1 份/人			

2. 考场准备

教室。

3. 考生准备

记录用笔；直尺和橡皮；准考证和身份证；工作服。

现场考核、评分记录表

考生姓名______准考证号______得分______考评员______

日　期______

1. 总要求

设计原始记录项目内容完全，正确。在规定时间内完成。书写字迹端正、清楚。

满分为 100 分，得 60 分为合格。

2. 分数分配、评分标准及参考答案

(1) 原始记录中应有的内容

1) 原始记录名称；2) 唯一性编号；3) 产品批号（或生产日期及生产班组）；4) 批量；5) 采样（或来样）日期；6) 检验日期；7) 室温；8) 溶液温度；9) 滴定管编号；10) 天平编号；11) 试样称量数据；12) 称量初读数；13) 称量终读数；14) 试样量；15) NaOH 标准滴定溶液浓度；16) NaOH 标准滴定溶液消耗体积——初读数；17) NaOH 标准滴定溶液消耗体积——终读数；18) NaOH 标准滴定溶液表观消耗体积数；19) 滴定管体积校正读数值；20) 溶液温度体积校正值；21) NaOH 标准滴定溶液实际消耗体积数；22) 空白试验；23) 测定结果计算；24) 计算公式；25) 测定结果；26) 测定结果平均值；27) 测定值之间偏差；28) 检验者；29) 复核者；30) 其中 12)、13)、14)、16)、17)、18)、19)、20)、21)、23) 各项应有平行测定的 4～6 个空格。

(2) 评分标准

1) 设计原始记录项目内容完全、正确为 80 分。

① 每项为 2.2 分。缺一项或错一项均扣 2.2 分。

② 若每项答案中不完全，则酌情扣 1～2 分。

③ 第 30) 条内容为 8 分：每项只有一个空格扣 6 分；每项有二个空格扣 4 分；每项有三个空格扣 2 分。

2) 完成笔试时限为 10 分。

完成测定时限（10分）超过10min停考	超过时间 min≤	0:00	0:01	0:02	0:03	0:04	>0:04
	扣分标准（分）	0	2	4	6	8	10

3）字迹端正、清楚为10分。

① 规范改错每一处扣0.5分；非规范改错每一处扣1分。

② 字迹潦草，酌情扣1～3分。

4）否决项：考核时不准进行讨论，不准作弊，否则作0分处理。不得补考。

三、设计电化学分析用原始记录

笔 试 题

1. 考核要求

(1) 设计原始记录项目内容完全，正确。

(2) 书写字迹端正、清楚。

(3) 在规定时间内完成。

2. 考核时间

30min，超过10min停考。

3. 笔试题目

请设计复混肥料产品中水分含量的卡尔-休费法测定的原始记录。(附相关标准1份)。

准 备 单

1. 试剂材料

名　称	规格	数量	名　称	规格	数量
笔试试卷		1份/人	GB/T 8577		1分/人

2. 考场准备

教室。

3. 考生准备

记录用笔；直尺和橡皮；准考证和身份证；工作服。

现场考核、评分记录表

考生姓名＿＿＿＿＿＿＿准考证号＿＿＿＿＿＿＿得分＿＿＿＿＿＿＿考评员＿＿＿＿＿＿＿

日　期＿＿＿＿＿＿＿

1. 总要求

设计原始记录项目内容完全，正确。在规定时间内完成。书写字迹端正、清楚。

满分为100分，得60分为合格。

2. 分数分配、评分标准及参考答案

(1) 原始记录中应有的内容：

1) 原始记录名称；2) 唯一性编号；3) 产品批号（或生产日期及生产班组）；4) 批量；5) 采样（或来样）日期；6) 检验日期；7) 室温；8) 卡尔-费休水分仪编号；9) 天平编号；10) 称量试样的质量数——初读数；11) 称量试样的质量数——终读数；12) 试样的质量；13) 标定卡尔-费休试剂的滴定度；14) 标准样水的质量数——初读数；15) 标准样水的质量数——终读数；16) 标准样水的质量数；17) 卡尔-费休标准滴定溶液消耗体积——初读数；18) 卡尔-费休标准滴定溶液消耗体积——终读数；19) 卡尔-费休标准滴定溶液表观消耗体积数；20) 滴定管体积校正读数值；21) 溶液温度体积校正值；22) 卡尔-费休标准滴定溶液实际消耗体积数；23) 卡尔-费休标准滴定溶液滴定度计算；24) 计算公式；25) 测定结果；26) 测定结果平均值；27) 测定值之间偏差；28) 试样测定；29) 试样测定时卡尔-费休标准滴定溶液消耗体积——初读数；30) 试样测定时卡尔-费休标准滴定溶液消耗体积——终读数；31) 试样测定时卡尔-费休标准滴定溶液表观消耗体积数；32) 滴定管体积校正读数值；33) 溶液温度体积校正值；34) 卡尔-费休标准滴定溶液实际消耗体积数；35) 试样测定结果计算；36) 计算公式；37) 测定结果；38) 测定结果平均值；39) 测定值之间偏差；40) 检验者；41 复核者；42) 其中 10)、11)、12)、13)、14)、15)、16)、17)、18)、19)、20)、21)、22)、25)、27)、29)、30)、31)、32)、33)、34)、37)、39) 各项应有平行测定的 4～6 个空格。

(2) 评分标准

1) 设计原始记录项目内容完全、正确为 80 分。

① 第 1～41 项每项为 1.5 分。缺一项或错一项均扣 1.5 分。

② 若每项答案中不完全，则酌情扣 0.5～1 分。

③ 第 42 项中每项为 18 分。每项中无平行项则扣 0.5 分。

2) 完成笔试时限为 10 分。

完成测定时限 (10 分) 超过 10min 停考	超过时间 min≤	0:00	0:01	0:02	0:03	0:04	>0:04
	扣分标准(分)	0	2	4	6	8	10

3) 字迹端正、清楚为 10 分。

① 规范改错每一处扣 0.5 分；非规范改错每一处扣 1 分。

② 字迹潦草，酌情扣 1～3 分。

4) 否决项：考核时不准进行讨论，不准作弊，否则作 0 分处理。不得补考。

四、未知样中铁、锌含量的连续测定

操 作 题

1. 考核要求

玻璃仪器清洗干净、操作规范、较熟练、计算准确、分析速度符合要求。

2. 测定步骤

(1) 分别吸取未知样 25mL 于二只 250mL 容量瓶中，用水稀释至刻度，摇匀，作平行样测定用。

（2）吸取上述新配制的未知样溶液 20mL 于 250mL 锥形瓶中，用 1+1 的氨水溶液滴加至溶液呈棕色，并维持不褪色，若出现棕色沉淀，立即滴加 6mol/L 浓度的 HCl 溶液至沉淀溶解，并过量 2 滴使 pH 值为 2 左右。加入 10 滴磺基水杨酸，加热至 60～70℃，趁热用 EDTA 标准滴定溶液滴定，溶液由紫红色至淡红色后，放慢滴定速度，溶液温度不低于 60℃，直至滴定到溶液由红色恰变为微黄色，即为终点，记录 EDTA 标准滴定溶液消耗的体积数 V_1。

（3）再在已测定过 Fe^{3+} 离子的溶液冷却至室温，加入 2 滴二甲酚橙指示液，逐滴加入含量为 20%的六次甲基四胺溶液至溶液呈稳定的紫红色，再多加 5mL 20%的六次甲基四胺溶液，继续用 EDTA 标准滴定溶液滴定至溶液由紫红色恰变为亮黄色，即为终点。记录 EDTA 标准滴定溶液消耗的体积数 V_2。

同时进行平行测定和空白试验。

3. 结果计算

（1）计算试样中铁的含量，以 X_1 计，数值以毫克每升（mg/L）表示，按下式计算

$$X_1=\frac{C(V_1-V_{01})M_1}{\frac{25}{250}\times 20}\times 1000$$

（2）计算试样中锌的含量，以 X_1 计，数值以毫克每升（mg/L）表示，按下式计算

$$X_2=\frac{C(V_2-V_1-V_{02})M_2}{\frac{25}{250}\times 20}\times 1000$$

式中 C——EDTA 标准滴定溶液的摩尔浓度的准确数值，mol/L；

V_{01}——空白试验第 1 化学计量点时消耗的 EDTA 标准滴定溶液体积的准确数值，mL；

V_{02}——空白试验第 2 化学计量点时消耗的 EDTA 标准滴定溶液体积的准确数值，mL；

V_1——测定试样时的 Bi^{3+} 所消耗的 EDTA 标准滴定溶液体积的准确数值，mL；

V_2——测定试样时的 Bi^{3+} 和 Pb^{2+} 所消耗的 EDTA 标准滴定溶液体积的准确数值，mL；

M_1——Fe 的原子量，g/mol；

M_2——Zn 的原子量，g/mol；

取平行测定值的平均值为测定结果。

（3）计算一平行测定的相对平均偏差。

4. 考核时间

120min，超过 25min 停考。

准 备 单

1. 仪器设备

名　　称	规格	数量	名　　称	规格	数量
锥形瓶	250mL	2只/人	酸式滴定管(附校正曲线)	50mL	1支/人
容量瓶	250mL	2只/人	滴定管架	套	1套/人
单标线吸管	25mL	1支/人	洗耳球		1只/人
单标线吸管	20mL	1支/人	滴管		1支/人
烧杯	150mL	2只/人	洗瓶	500mL	1只/人
玻璃棒		2支/人	电炉	1000W	1只/人
玻璃仪器洗涤用具及洗涤用试剂			测定溶液温度装置及标准溶液温度体积校正系数表		

2. 试剂材料（未标明要求时，所用试剂均为分析纯，水为国家规定的实验室用水三级规格）。

名　称	规格	浓度/数量	名　称	规格	浓度/数量
EDTA标准滴定溶液	考核站标定好	0.1000mol/L	二甲酚橙指示液		0.2%
HCl溶液		6mol/L	磺基水杨酸指示液		10%
氨水		1+1	定性滤纸		
六次甲基四胺溶液		20%	原始记录		1份/人
			现场考核记录		1份/人
考核样:考核样应有标准值,准备三种不同浓度的考核样:[$c(Fe)=0.50mol/L$,$c(Zn)=0.50mol/L$]					

3. 考场准备

化学分析实验室。

4. 考生准备

记录用笔（钢笔或签字笔，黑色或蓝色）；计算器；准考证、身份证；工作服。

现场考核、评分记录表

考生姓名________准考证号________得分________考评员________

日　期________

1. 总要求

数据准确、精密度好、操作规范、较熟练、分析速度符合要求。

满分为100分，得60分为合格。

2. 分数划分及评分标准

序号	项目及分配	评分标准								扣分情况记录	得分
1	测定相对偏差(每个组分为10分,合计20分)	允许差≤±(%)	0.2	0.3	0.4	0.5	0.6	0.7	>0.7		
		扣分标准(分)	0	1	2	4	6	8	10		
2	测定未知样浓度的准确度(每个组分为20分,合计40分)	与准确值相对偏差≤(%)	0.3	0.4	0.5	0.6	0.7	0.8	>0.8		
		扣分标准(分)	0	1	3	6	10	15	20		
3	完成测定时限(10分)超过25min停考	超过时间≤	0:00	0:05	0:10	0:15	>0:20				
		扣分标准(分)	0	2	4	7	10				
4	操作分数(20分)扣完为止,不进行倒扣	1. 每个犯规动作扣0.5分,重复犯规,最多扣1分 2. 重新稀释一次未知样扣5分 3. 移液时吸空,试液进入吸球扣2分 4. 定容过头或不到每只扣2分 5. 损坏仪器扣5分/件 6. 滴定终点控制不当,用扣体积来校正,扣2分/次 7. 若计算中未进行温度校正、滴定管体积校正,各扣2分/次 8. 计算中有错误每处扣5分(与其相关的计算错误不累计扣分) 9. 数据中有效位数不对、修约错误,每处(次)扣0.5分 10. 计算结果缺项扣5分/项 11. 玻璃仪器不干净扣2分/件									
5	原始记录(5分)	原始记录不及时记录扣2分;原始数据记在其他纸上扣5分;非正规改错每处扣1分;原始记录中空项,每空一处扣2分									
6	实验结束工作(5分)	1. 考核结束,仪器清洗不洁者扣5分 2. 考核结束,仪器堆放不整齐扣1~5分									
7	否决项	滴定管读数、称量的原始数据未经监考老师同意不可更改,考核时不准讨论,不准作弊,否则本次考核做0分处理,并不予补考									

五、用气相色谱法热导检测器测定化学试剂三氯甲烷的主含量和二氯甲烷的含量

操 作 题

1. 考核要求

玻璃仪器清洗干净，操作规范、较熟练，计算准确，分析速度符合要求。

2. 测定条件

（1）检测器：热导检测器（TCD）。

（2）载气及流量：氢气，40mL/min。

（3）柱长（不锈钢柱）及柱内径：3m，3mm。

（4）固定相：20% β,β'-亚氨基二丙腈涂于6201红色硅藻土载体[0.18mm～0.25mm(60目～80目)]，于110℃老化4h以上。

（5）柱温度：90℃；气化室温度：150℃；检测室温度：150℃。

（6）进样量：2μL。

（7）难分离物质对的分离度：$R \geqslant 1.5$（乙醇和三氯甲烷）。

（8）组分相对主体的相对保留值；$\gamma_{四氯化碳/三氯甲烷}=0.43$；$\gamma_{二氯甲烷/三氯甲烷}=0.73$；$\gamma_{乙醇/三氯甲烷}=1.25$；$\gamma_{1、2-二氯乙烷/三氯甲烷}=2.08$。

（9）定量方法：归一化法。

（10）乙醇相对于三氯甲烷的质量校正因子：$f_{乙醇/三氯甲烷}=0.63$。同系物的相对质量校正因子为1.00。

3. 测定步骤

（1）按仪器操作说明书开启仪器。调试到所需要的操作条件，待仪器基线稳定后即可进样。(由考核站已开好，并已调节到所需操作条件。如何开、停仪器可用笔答或回答进行，在操作分数中扣分)。

（2）用考核样清洗10μL微量注射器三次后，再吸取考核样2μL进样，注意微量注射器中不能有气泡。

（3）测定考核样中各组分的保留时间和峰面积，进行定性和定量。

（4）同一样品可以连续进样4次，取相邻2次为测定数据，取其平均值进行计算。

4. 结果计算

（1）计算三氯甲烷或二氯甲烷的含量，以质量分数 W_i 计，数值以%表示，按下式计算

$$X_i\% = \frac{f_i A_i}{\sum_{i=1}^{n} f_i A_i} \times 100$$

式中 f_i——相对质量校正因子；

A_i——i 组分的峰面积的准确数值，mm^2（当半峰宽不变时，可以用峰高代替）；

i——表示某组分。

取测定的平均值为测定结果。

（2）计算测量三氯甲烷和二氯甲烷质量分数的相对平均偏差。

5. 考核时间

120min，超过25min停考。

准 备 单

1. 仪器设备

名 称	规格	数量	名 称	规格	数量
带热导检测器的气相色谱仪(附记录仪或工作站)	10min内基线漂移小于满量程1%Sr≥1000mV·mL/mg	1台/人	固定相：20%β,β′-亚氨基二丙腈涂于6201红色硅藻土载体[0.18mm～0.25mm(60目～80目)]	已装于柱内,并老化好	
氢气源(瓶装或发生器)	纯度≥99.95%	已接入仪器	柱长3m,内径3mm		已接入仪器
微量注射器	10μL	1支/人	秒表或色谱工作站		
检查氢气漏气的用具		公用	秒量瓶(接废液用)	高型	1/人

2. 试剂材料（未注明要求时，试剂均为AR，水为国家规定的实验室三级用水规格）。

名 称	规格	浓度/数量	名 称	规格	浓度/数量
定性滤纸			原始记录		1份/人
			现场考核记录		1份/人
化学试剂三氯甲烷考核样：1瓶/人(考核样应有标准值,装在具橡皮盖的青霉素小瓶内约25mL)					

3. 考场准备

气相色谱实验室。

4. 考生准备

记录用笔和直尺；计算器；准考证和身份证；工作服。

现场考核、评分记录表

考生姓名__________准考证号__________得分__________考评员__________

日 期__________

1. 总要求

数据准确、精密度好，操作规范、较熟练，分析速度符合要求。满分为100分，得60分者为合格。

2. 分数划分及评分标准

<table>
<tr><th>序号</th><th>项目及分配</th><th colspan="9">评　分　标　准</th><th>扣分情况记录</th><th>得分</th></tr>
<tr><td rowspan="2">1</td><td rowspan="2">未知样浓度的准确度（16×2分）</td><td>与准确浓度相对偏差≤(%)</td><td>1.0</td><td>2.0</td><td>3.0</td><td>4.0</td><td>5.0</td><td>6.0</td><td>7.0</td><td>>7.0</td><td rowspan="2"></td><td rowspan="2"></td></tr>
<tr><td>扣分标准(分)</td><td>0</td><td>1</td><td>2</td><td>3</td><td>5</td><td>8</td><td>12</td><td>16</td></tr>
<tr><td rowspan="2">2</td><td rowspan="2">未知样浓度平行样的允许差(5×2分)</td><td>相对平均偏差≤(%)</td><td>1.0</td><td>2.0</td><td>3.0</td><td>4.0</td><td>5.0</td><td>6.0</td><td>7.0</td><td>>7.0</td><td rowspan="2"></td><td rowspan="2"></td></tr>
<tr><td>扣分标准(分)</td><td>0</td><td>0.5</td><td>1</td><td>1.5</td><td>2</td><td>3</td><td>4</td><td>5</td></tr>
<tr><td>3</td><td>定性(8分)</td><td colspan="11">每定性错一个组分扣2分</td></tr>
<tr><td rowspan="2">3</td><td rowspan="2">完成测定时限（10分）超过25min停考</td><td>超过时间≤</td><td colspan="2">0:00</td><td colspan="2">0:10</td><td colspan="2">0:15</td><td colspan="2">>0:20</td><td rowspan="2"></td><td rowspan="2"></td></tr>
<tr><td>扣分标准(分)</td><td colspan="2">0</td><td colspan="2">3</td><td colspan="2">6</td><td colspan="2">10</td></tr>
<tr><td>4</td><td>操作分数(30分)操作分扣完为止，不进行倒扣</td><td colspan="9">1. 每个犯规动作扣0.5分
2. 针筒内气泡不赶走扣1分
3. 损坏注射器或其他玻璃仪器扣5分
4. 每多进一次扣2分
5. 未达到操作条件或分离不完全扣5分
6. 缺偏差扣5分
6. 不按照仪器操作步骤和规程进行操作，每错一步扣0.5分
7. 计算中有错误扣5分/处(出现第一次时扣，受其影响而错不扣)
8. 数据中有效位数不对或修约错误每处扣1分
9. 在使用TCD时，不先开载气，而先开TCD电源电流时，操作分30分全部扣完</td><td></td><td></td></tr>
<tr><td>6</td><td>原始记录(5分)</td><td colspan="9">原始记录不及时记录扣2分；原始数据记在其他纸上扣5分；非正规改错每处扣1分；原始记录中空项，每空一处扣2分</td><td></td><td></td></tr>
<tr><td>7</td><td>实验结束工作(5分)</td><td colspan="9">1. 考核结束，仪器清洗不洁者扣5分
2. 考核结束，仪器堆放不整齐扣1～5分
3. 仪器不关扣5分</td><td></td><td></td></tr>
<tr><td>8</td><td>否决项</td><td colspan="9">涂改原始数据未经监考老师同意不可更改，考核时不准讨论，不准作弊，否则作0分处理</td><td></td><td></td></tr>
</table>

六、分析测定结果偏高，造成产品不合格的原因

笔　试　题

1. 考核要求

(1) 分析原因正确、采取方法可行。书写清楚、不潦草。

(2) 在规定时间内完成。

2. 考核时间

30min，超过10min停考。

3. 笔试题目

用烘箱干燥法测定焦化副产硫酸铵的水分时，测得结果偏高，且超过标准规定指标值，用卡尔-费休法测定时，则卡尔-费休法测得值低于干燥法，且符合标准规定的指标值要求。请分析产生偏高的原因？

准 备 单

1. 试剂材料

名 称	规 格	数 量
笔试试卷		1份/人

2. 考场准备

教室。

3. 考生准备

记录用笔；准考证和身份证；工作服。

现场考核、评分记录表

考生姓名________准考证号________得分________考评员________

日 期________

1. 总要求

分析原因正确、采取方法可行。在规定时间内完成。字迹端正、清楚。

满分为100分，得60分为合格。

2. 分数分配、评分标准及参考答案

(1) 参考答案

① 可能是产品中有低于干燥温度下的易挥发物存在，在干燥时其亦挥发，增加了水分含量数值。验证方法可用挥发后水分用五氧化二磷吸收后的增重法。

② 干燥用的烘箱干燥温度偏高，使不该挥发的物质挥发了，增加了水分含量数值。检证方法是对烘箱温度及分布情况进行检测。

③ 称量时称试样时增加的砝码的表观值低于其真实值。验证方法是对砝码进行校正。

(2) 评分标准

① 分析产生故障原因完全，正确为80分。

每条答案为26.6分。其中验证方法为13。

若每条答案中回答不全，则酌情扣分。

若回答内容错误或未作回答，则本条为0分。

② 完成笔试时限为10分。

完成测定时限(10分)超过10min停考	超过时间 min≤	0:00	0:01	0:02	0:03	0:04	>0:04
	扣分标准(分)	0	2	4	6	8	10

③ 字迹端正、清楚为10分。

规范改错每一处扣0.5分；非规范改错每一处扣1分。

字迹潦草，酌情扣1～3分。

④ 否决项：考核时不准进行讨论，不准作弊，否则作0分处理。不得补考。

七、可见分光光度计常见故障判断与排除

（有条件可进行实操考核）

笔　试　题

1. 考核要求

（1）分析故障产生原因正确、排除方法正确。书写清楚、不潦草。

（2）在规定时间内完成。

2. 考核时间

30min，超过10min停考。

3. 笔试题目

722型数字显示可见分光光度计，在开启电源开关后，指示灯、光源灯均不亮，数字显示器无数显。请分析故障原因及采取排除方法？

操　作　题

1. 考核要求

（1）分析产生故障原因完全，正确。

（2）做好记录，应记录故障现象，排除措施正确。书写字迹端正、清楚。

（3）在规定时间内完成。

2. 考核时间

30min，超过15min停考。

3. 操作题目

722型数字显示可见分光光度计，在开启电源开关后，指示灯、光源灯均不亮，数字显示器无数显。请分析故障原因及采取排除方法？

准　备　单

1. 仪器设备

名　称	规格	数量	名　称	规格	数量
722型数字显示可见分光光度计		1台/人	电源线	好、坏	各1根/人
			保险丝	好、坏	各1只/人
万用表		1只/人	插头	好、坏	各1只/人
兆欧表		1只/人	电吹风		1只/人
电位器	多圈	各2只/人	遮光板		1块/人
变压器	好、坏	各1只/人	仪器专用工具		1套/人
旋钮	好、坏	各1只/人	指示灯	好、坏	各2只/人
光源灯	好、坏	各1只/人	数字显示管	好、坏	各1只/人
螺丝		若干	电烙铁		1把/人
接线片		若干	硅胶干燥剂	好	1瓶/人

2. 试剂材料

名 称	规格	浓度/数量	名 称	规格	浓度/数量
现场考核记录		1份/人	笔试试卷		1份/人
原始记录		1份/人			

3. 考场准备

(1) 仪器实验室或教室。

(2) 仪器故障设置：外电源无输入，插头松动，电源开关坏或接触不良，电源线从插头到仪器内部有断线或脱焊，保险丝（快速熔断器）断，指示灯、光源灯，数显管全坏等。

由考核站设置，要求设置3个故障/人。

4. 考生准备

记录用笔；准考证和身份证；工作服。

现场考核、评分记录表

考生姓名________准考证号________得分________考评员________

日 期________

1. 总要求

分析故障产生原因正确、排除方法正确。在规定时间内完成。字迹端正、清楚。

满分为100分，得60分为合格。

2. 分数分配、评分标准及参考答案

(1) 参考答案

序号	产 生 原 因	排 除 方 法
1	外电源无输入	检查外电源是否有输入
2	电源开关坏或接触不良	检查开关,如果坏或接触不良,更换开关
3	电源线从插头到仪器内部有断线或脱焊	检查电源线连接情况,如有脱落,则连接好
4	保险丝(快速熔断器)断	检查保险丝,若断则更换
5	电源变压器初级线圈已断或焊接处脱落	检查电源变压器初级线圈,如存在上述情况,则焊接好或调换电源变压器
6	指示灯,光源灯,数显管全坏(该情况极少出现)	检查指示灯,光源灯,数显管,坏则更换

(2) 评分标准

1) 可能产生原因与排除方法正确、完善，为 80 分。

① 每条为 13.3 分。若缺产生原因则扣 6 分，若缺排除方法则扣 7 分。

② 若原因分析错或排除方法错，则扣分同 1 条。

③ 若回答内容错误或未作回答，则本条为 0 分。

2) 完成笔试时限为 10 分

完成测定时限(10 分)超过 10min 停考	超过时间 min≤	0:00	0:01	0:02	0:03	0:04	>0:04
	扣分标准(分)	0	2	4	6	8	10

3) 字迹端正、清楚为 10 分。

① 规范改错每一处扣 0.5 分；非规范改错每一处扣 1 分。

② 字迹潦草，酌情扣 1～3 分。

4) 否决项：考核时不准进行讨论，不准作弊，否则作 0 分处理。不得补考。

八、紫外分光光度计常见故障判断与排除

(有条件可进行实操考核)

笔 试 题

1. 考核要求

(1) 分析故障产生原因正确、排除方法正确。书写清楚、不潦草。

(2) 在规定时间内完成。

2. 考核时间

30min，超过 10min 停考。

3. 笔试题目

WFZ800—D2 型紫外/可见分光光度计，在使用紫外检测器时，当开启仪器经预热后，T 不能调至 100%。请分析故障原因及采取排除方法？

操 作 题

1. 考核要求

(1) 分析产生故障原因完全，正确。

(2) 做好记录，应记录故障现象，排除措施正确。书写字迹端正、清楚。

(3) 在规定时间内完成。

2. 考核时间

30min，超过 15min 停考。

3. 操作题目

WFZ800—D2 型紫外/可见分光光度计，在使用紫外检测器时，在开启电源开关后，指示灯、氘灯均不亮，数字显示器无数显。请分析故障原因并排除。

准 备 单

1. 仪器设备

名 称	规格	数量	名 称	规格	数量
WFZ800—D2 型紫外/可见分光光度计		1 台/人	电源线	好、坏	各 1 根/人
			保险丝	好、坏	各 1 只/人
万用表		1 只/人	插头	好、坏	各 1 只/人
兆欧表		1 只/人	电吹风		1 只/人
电位器	多圈	各 2 只/人	遮光板		1 块/人
变压器	好、坏	各 1 只/人	仪器专用工具		1 套/人
旋钮	好、坏	各 1 只/人	指示灯	好、坏	各 2 只/人
氘灯	好、坏	各 1 只/人	数字显示管	好、坏	各 1 只/人
螺丝		若干	电烙铁		1 把/人
接线片		若干	硅胶干燥剂	好	1 瓶/人
名称	规格	数量	名称	规格	数量

2. 试剂材料

名 称	规格	浓度/数量	名 称	规格	浓度/数量
现场考核记录		1 份/人	笔试试卷		1 份/人
原始记录		1 份/人			

3. 考场准备

(1) 仪器实验室或教室

(2) 仪器故障设置：光量不够，氘灯损坏，吸收池架未落位，光门（闸门）不能完全打开，调开 T100%的旋钮松脱，调节 T100%的电位器坏等。

由考核站设置，要求设置 3 个故障/人。

4. 考生准备

记录用笔；准考证和身份证；工作服。

现场考核、评分记录表

笔 试 题

考生姓名＿＿＿＿＿＿ 准考证号＿＿＿＿＿＿ 得分＿＿＿＿＿＿ 考评员＿＿＿＿＿＿

日 期＿＿＿＿＿＿

1. 总要求

分析故障产生原因正确、排除方法正确。在规定时间内完成。字迹端正、清楚。

满分为 100 分，得 60 分为合格。

2. 分数分配、评分标准及参考答案

(1) 参考答案

序号	产生原因	排除方法
1	光能量不够	正确选择灵敏度档，再调节 T 到 100%
2	氘灯损坏	检查氘灯，若是氘灯损坏，则更换氘灯
3	吸收池架未落位	检查吸收池架位置，并调整好
4	光门(闸门)不能完全打开	检查光门位置，并调整好
5	调节 T100%的旋钮松脱	检查旋钮，并将螺丝旋紧
6	调节 T100%的电位器坏	检查电位器，若坏则更换电位器

(2) 评分标准

1) 可能产生原因与排除方法正确、完善，为 80 分

① 每条为 13.3 分。若缺产生原因则扣 6 分，若缺排除方法则扣 7 分。

② 若原因分析错或排除方法错，则扣分同 1 条。

③ 若回答内容错误或未作回答，则本条为 0 分。

2) 完成笔试时限为 10 分。

完成测定时限(10 分)超过 10min 停考	超过时间 min≤	0:00	0:01	0:02	0:03	0:04	>0:04
	扣分标准(分)	0	2	4	6	8	10

3) 字迹端正、清楚为 10 分。

① 规范改错每一处扣 0.5 分；非规范改错每一处扣 1 分。

② 字迹潦草，酌情扣 1～3 分。

4) 否决项：考核时不准进行讨论，不准作弊，否则作 0 分处理。不得补考。

操 作 题

考生姓名__________准考证号__________得分__________考评员__________

日 期__________

1. 总要求

判断正确，排除完善，记录详细，满分 100 分，60 分为及格。

2. 分数划分及评分标准

序号	项目及分配	评分标准							扣分情况记录	得分
1	判断故障(45 分)	判断故障正确为 15 分/个 判断故障不完善酌情扣 5～10 分/个								
2	排除故障(30 分)	排除故障正确为 10 分/个 排除故障不完善酌情扣 3～7 分/个								
3	原始记录(15 分)	1. 未记录或记录错故障现象，则每个故障扣 5 分 2. 规范改错扣 0.5 分/处，非规范改错扣 1 分/处 3. 字迹潦草，酌情扣 1～3 分								
4	完成测定时限(10 分)超过 15min 停考	超过时间 min≤	0:00	0:02	0:04	0:06	0:08	>0:10		
		扣分标准(分)	0	2	4	6	8	10		
5	否决项	如发现在操作中讨论或有作弊行为发生，则考核为 0 分								

九、编写气相色谱仪器操作规程

笔 试 题

1. 考核要求

（1）编写规程内容完全、格式符合要求。书写清楚、不潦草。

（2）在规定时间内完成。

2. 考核时间

30min，超过10min停考。

3. 笔试题目

请编写附有热导检测器的气相色谱仪的操作规程。

准 备 单

1. 试剂材料

名 称	规格	数量	名 称	规格	数量
笔试试卷		1份/人	气相色谱仪(具有TCD)使用说明书		1份/人

2. 考场准备

教室。

3. 考生准备

记录用笔；准考证和身份证；工作服。

现场考核、评分记录表

考生姓名__________准考证号__________得分__________考评员__________

日　期__________

1. 总要求

编写规程内容完全、格式符合要求。在规定时间内完成。字迹端正、清楚。

满分为100分，得60分为合格。

2. 分数分配、评分标准及参考答案

（1）参考答案

1）格式要求：制订的目的、适用范围、环境要求、操作步骤（可参照仪器使用说明书）、警示点（注意事项）、制订人、批准人、实验日期等。

2）内容：

① 目的——保证仪器的正常运行，确保测试数据的准确、可靠。

②适用范围——本规程适用于带热导检测器的气相色谱仪。

③ 环境要求——实验室内应清洁、安静，无腐蚀性气体存在，通风良好，安放仪器的台子应固坚不振动。在用氢为载气时，室内应无明火。

④ 操作步骤如下。

a. 通载气，同时对载气进行检漏（尤其是停用一段时间，重新开启时），将热导检测器的放空载气应排放到室外。

b. 开启气化室、柱室、检测室的加热开关，将各室温度调至所需要的控制值。

c. 约通载气 30min 后可开启热导检测器的桥电流，调至所需要的控制值。

d. 待各项操作条件达到要求，且仪器基线稳定后，才可进样品进行分析测定工作。

e. 待分析工作完毕，应先关热导检测器桥电流，及关闭各加热设备的开关，待热导检测室温度降至室温时，再关载气。

⑤ 警示点（注意点）如下。

a. 本仪器必须先开载气一定时间后，再开热导检测器桥电流；在关仪器时应先关热导检测器桥电流，待检测室温度降至室温后才能关载气，防止热敏元件损坏。

b. 检测器的放空尾气必须排到室外。

c. 不能进氧化性、腐蚀性强的试样。

d. 柱温不能超过固定相最高允许使用温度。检测室温度不能低于柱温。

e. 当停用一段时期后，重新开启仪器或调换气源后，必须要检漏。

⑥ 制订人（部门）：×××。

⑦ 批准人（单位）：×××。

⑧ 起始执行日期：××××年××月××日。

（2）评分标准

1）格式符合要求，正确为 16 分。

每条为 2 分，每缺 1 条或错扣 2 分。

2）内容完整、正确为 64 分。

第①条为 2 分；第②条为 1 分；第③条为 10 分（每小点 2 分）；第④、⑤条各为 25 分（每小点为 5 分）；第⑥、⑦、⑧条各为 1 分。

若每条答案中回答不全，则酌情扣分。

若回答内容错误或未作回答，则本条或本点为 0 分。

3）完成笔试时限为 10 分。

完成测定时限（10 分）超过 10min 停考	超过时间 min≤	0:00	0:01	0:02	0:03	0:04	>0:04
	扣分标准(分)	0	2	4	6	8	10

4）字迹端正、清楚为 10 分。

① 规范改错每一处扣 0.5 分；非规范改错每一处扣 1 分。

② 字迹潦草，酌情扣 1～3 分。

5）否决项：考核时不准进行讨论，不准作弊，否则作 0 分处理。不得补考。

十、编写重量分析法检验规程

笔　试　题

1. 考核要求

（1）编写规程内容完全、格式符合要求。书写清楚、不潦草。

（2）在规定时间内完成。

2. 考核时间

30min，超过10min停考。

3. 笔试题目

请编写重量法测定硫酸铵中水分的检验规程。

准　备　单

1. 试剂材料

名称	规格	数量	名称	规格	数量
笔试试卷		1份/人	GB/T 535		1份/人

2. 考场准备

教室。

3. 考生准备

记录用笔；准考证和身份证；工作服。

现场考核、评分记录表

考生姓名＿＿＿＿＿＿准考证号＿＿＿＿＿＿得分＿＿＿＿＿＿考评员＿＿＿＿＿＿

日　期＿＿＿＿＿＿

1. 总要求

编写规程内容完全、格式符合要求。在规定时间内完成。字迹端正、清楚。

满分为100分，得60分为合格。

2. 分数分配、评分标准及参考答案

（1）参考答案

1）格式要求：制订的目的、适用范围、仪器设备、试剂材料、操作步骤（可参照仪器使用说明书）、警示点（注意事项）、参考文献、制订人、批准人、实施日期等。

2）内容：

① 目的——使检验人员正确实施重量法测定硫酸铵中水分的检验操作，达到统一规范，确保测定数据的准确、可靠。

② 适用范围——本检验规程适用于重量法测定硫酸铵中水分。

③ 仪器设备——实验室一般玻璃仪器设备和

a. 电热干燥箱，能控制105℃±2℃；

b. 天平，分度为0.0001g；

c. 带盖磨口称量瓶，直径50mm、高30mm。

④ 操作步骤如下。

a. 清洗带盖磨口称量瓶2只。

b. 将清洗干净的带盖磨口称量瓶2只，将盖子稍微打开，置于105℃±2℃的电热干燥箱内干燥30min。

c. 取出带盖磨口称量瓶2只置于干燥器内，在天平室内冷却至室温，称量带盖磨口称量瓶质量，称准至0.0001g。

d. 重复（4)b、c步骤，直至恒重（即前后两次称量差<0.0003g)，为m_0。

e. 称取5g试样二份，称准至0.0001g，分别置于2只已恒重的带盖磨口称量瓶中，为m_1。

f. 重复（4)b、c、d步骤，直至恒重（即前后两次称量差<0.0003g)，为m_2。

⑤ 测定结果计算如下。

a. 硫酸铵中水分含量。硫酸铵中水分质量分数以W计，数值以%表示，按下计算

$$w(\%)=\frac{m_1-m_2}{m_1-m_0}\times 100$$

式中 m_0——带盖磨口称量瓶质量的准确数值，g；

m_1——带盖磨口称量瓶和硫酸铵试样干燥前质量的准确数值，g；

m_2——带盖磨口称量瓶和硫酸铵试样干燥后质量的准确数值，g。

取平行测定结果的算术平均值为测定结果。

b. 平行测定的允许差。平行测定结果的绝对差值不大于0.05%。否则重新称取试样重做。

⑥ 警示点（注意点）如下。

a. 干燥时的称量瓶盖打开角度前后要一致，称量瓶放在电热干燥箱内的位置也要一致，应放在温度计水银球下面。

b. 干燥时间必须从电热干燥箱的温度达到了105℃±2℃时开始计算干燥时间。

c. 恒重时前后二次干燥时间、冷却时间应一致。

d. 每次用天平称量时，必须要（即使是同一台天平）每次称量前后应校天平零点。

⑦ 制订人（部门)：×××。

⑧ 批准人（单位)：×××。

⑨ 起始执行日期：××××年××月××日。

(2）评分标准

1）格式符合要求，准确为16分。

每条为2分，每缺1条或错扣2分。

2）内容完整、正确为64分。

第①条为2分；第②条为1分；第③条为4分（每小点2分)；第④条为24分（每条为4分)；第⑤条为10（每条为5分)；第⑥条为20分（每条为5分)；第⑦、⑧、⑨条各为1分。

若每条答案中回答不全，则酌情扣分。

若回答内容错误或未作回答，则本条或本点为0分。

3）完成笔试时限为10分。

完成测定时限（10分）超过10min停考	超过时间min≤	0:00	0:01	0:02	0:03	0:04	>0:04
	扣分标准(分)	0	2	4	6	8	10

4）字迹端正、清楚为10分。

① 规范改错每一处扣0.5分；非规范改错每一处扣1分。

② 字迹潦草，酌情扣1～3分。

5）否决项：考核时不准进行讨论，不准作弊，否则作0分处理。不得补考。

十一、化学试剂的分类摆放

操 作 题

1. 考核要求

分类摆放正确，标志编写清楚、正确，操作规范、较熟练，在规定时间内完成。

2. 考核时间

30min，超过 15min 停考。

3. 考核试题

将 10 种化学试剂（不少于 4 种类别）进行分类摆放，并用标签标明其类别。（按试剂规格和危险化学品分类名称）。

10 种化学试剂为：标准物质碳酸钠、0.5mol/L 的盐酸溶液、氨水、氢氧化钠、氯化钡、高氯酸镁、无水一甲胺、氯化亚锡、甲醇、甲苯等各一瓶。

准 备 单

1. 仪器设备

名称	规格	数量
空药品橱	4～6 格	4 只/人

2. 试剂材料（未标明要求时，所用试剂均为分析纯，水为国家规定的实验室用水三级规格。）

名 称	规格	浓度/数量	名 称	规格	浓度/数量
碳酸钠	标准物质	一瓶/人	甲醇		一瓶/人
氨水		一瓶/人	无水一甲胺		一瓶/人
氯化钡		一瓶/人	氯化亚锡		一瓶/人
高氯酸镁		一瓶/人			
甲苯		一瓶/人	标签		10 张/人
氢氧化钠		一瓶/人	原始记录		1 份/人
盐酸溶液		0.5mol/L 一瓶	现场核考记录评分表		1 份/人

3. 考场准备

药品储藏室；化学实验室。

（各种试剂可以调换，也可以将试剂空瓶粘上标签后用作模拟试剂进行考核。）

4. 考生准备

记录用笔（钢笔或签字笔，黑色或蓝色）；准考证、身份证；工作服。

现场考核、评分记录表

考生姓名＿＿＿＿＿＿准考证号＿＿＿＿＿＿得分＿＿＿＿＿＿考评员＿＿＿＿＿＿

日　期＿＿＿＿＿＿

1. 总要求

分类摆放正确，标志编写清楚、正确，操作规范、较熟练，在规定时间内完成。

满分为 100 分，得 60 分为合格。

2. 分数划分和评分标准

<table>
<tr><th>序号</th><th>项 目 及 分 配</th><th colspan="7">评　分　标　准</th><th>扣分情况记录</th><th>得分</th></tr>
<tr><td rowspan="2">1</td><td rowspan="2">分类摆放正确(70 分)</td><td colspan="7">1. 每错一个分类扣 5 分</td><td rowspan="2"></td><td rowspan="2"></td></tr>
<tr><td colspan="7">2. 每摆错一个试剂扣 5 分</td></tr>
<tr><td rowspan="2">2</td><td rowspan="2">标志编写清楚、正确(15 分)</td><td colspan="7">1. 每错(或少)一个标志内容扣 3 分</td><td rowspan="2"></td><td rowspan="2"></td></tr>
<tr><td colspan="7">2. 标签字迹潦草,酌情扣 1～3 分</td></tr>
<tr><td rowspan="2">3</td><td rowspan="2">实验结束工作(5 分)</td><td colspan="7">1. 考核结束,试剂瓶未复位扣 2 分</td><td rowspan="2"></td><td rowspan="2"></td></tr>
<tr><td colspan="7">2. 考核结束,试剂材料堆放不整齐扣 3 分</td></tr>
<tr><td rowspan="2">4</td><td rowspan="2">完成测定时限(10 分)超过 15min 停考</td><td>超过时间 min≤</td><td>0:00</td><td>0:02</td><td>0:04</td><td>0:06</td><td>0:08</td><td>>0:10</td><td rowspan="2"></td><td rowspan="2"></td></tr>
<tr><td>扣分标准/(分)</td><td>0</td><td>2</td><td>4</td><td>6</td><td>8</td><td>10</td></tr>
<tr><td>5</td><td>否决项</td><td colspan="7">摆放位置原始记录及文字未经监考老师同意不可更改,不准进行讨论,不准作弊,否则作 0 分处理。不得补考</td><td></td><td></td></tr>
</table>

评分时参考：

填写标签内容：按试剂规格和危险化学品分类名称编写分类名称、摆放日期、摆放人。

分类摆放：

1) 标准物质—碳酸钠；
2) 腐蚀品酸类—0.5mol/L 的盐酸溶液；
3) 腐蚀品碱类—氨水、氢氧化钠；
4) 氧化剂类—高氯酸镁；
5) 还原剂类—氯化亚锡
6) 易燃气体—无水一甲胺
7) 易燃液体—甲醇、甲苯；
8) 毒害品—氯化钡。

十二、危险化学品警示词的编写

笔　试　题

1. 考核要求

警示词编写规范、正确、清楚，在规定时间内完成。

2. 考核时间

30min，超过 15min 停考。

3. 考核试题

请编写化学品——苯酚的警示词、危险性、安全措施及灭火方法。

准　备　单

1. 试剂材料

名　称	规　格	数　量
笔试试卷		1份/人

2. 考场准备

教室

（各种危险化学品可以调换，可根据考生经常接触或生产的品种来考核。）

3. 考生准备

记录用笔（钢笔或签字笔，黑色或蓝色）；准考证、身份证；工作服。

现场考核、评分记录表

考生姓名＿＿＿＿＿＿准考证号＿＿＿＿＿＿得分＿＿＿＿＿＿考评员＿＿＿＿＿＿

日　期＿＿＿＿＿＿

1. 总要求

分类摆放正确，标志编写清楚、正确，操作规范、较熟练，在规定时间内完成。

满分为 100 分，得 60 分为合格。

2. 分数划分和评分标准

<table>
<tr><th>序号</th><th>项 目 及 分 配</th><th colspan="7">评　分　标　准</th><th>扣分情况记录</th><th>得分</th></tr>
<tr><td>1</td><td>化学品名称(5 分)</td><td colspan="7">1. 每错一个分类扣 5 分
2. 每摆错一个试剂扣 5 分</td><td></td><td></td></tr>
<tr><td>2</td><td>化学品分子式(5 分)</td><td colspan="7">未写或写错扣 5 分</td><td></td><td></td></tr>
<tr><td>3</td><td>警示词(10 分)</td><td colspan="7">未写或写错扣 5 分</td><td></td><td></td></tr>
<tr><td>4</td><td>危险性(15 分)</td><td colspan="7">每少写或写错一个扣 5 分</td><td></td><td></td></tr>
<tr><td>5</td><td>安全措施(25 分)</td><td colspan="7">每少写或写错一个扣 2 分</td><td></td><td></td></tr>
<tr><td>6</td><td>灭火方法(20 分)</td><td colspan="7">每少写或写错一个扣 5 分</td><td></td><td></td></tr>
<tr><td>7</td><td>编写清楚、字迹端正(10 分)</td><td colspan="7">1. 每错一个字扣 3 分
2. 标签字迹潦草，酌情扣 1～3 分</td><td></td><td></td></tr>
<tr><td rowspan="2">8</td><td rowspan="2">完成测定时限(10 分)超过 15min 停考</td><td>超过时间 min≤</td><td>0:00</td><td>0:02</td><td>0:04</td><td>0:06</td><td>0:08</td><td>>0:10</td><td rowspan="2"></td><td rowspan="2"></td></tr>
<tr><td>扣分标准(分)</td><td>0</td><td>2</td><td>4</td><td>6</td><td>8</td><td>10</td></tr>
<tr><td>9</td><td>否决项</td><td colspan="7">摆放位置原始记录及文字未经监考老师同意不可更改，不准进行讨论，不准作弊，否则作 0 分处理。不得补考</td><td></td><td></td></tr>
</table>

评分时参考：

化学名称：苯酚；

分子式：C_6H_5OH 或 C_6H_6O；

警示词：危险；

危险性：高毒，腐蚀皮肤，黏膜；

安全措施：远离火种、热源，贮于阴凉通风处；应与氧化剂、食用化学品分储分运；避光保存，切勿受潮，防止破损；用水彻底冲洗身体接触部位，误食者迅速就医；

灭火方法：雾状水、泡沫、二氧化碳、沙土。

亦可增加以下内容：请向生产销售企业索取安全技术说明书。

参 考 文 献

[1] 刘珍主编．化验员读本．第4版．北京：化学工业出版社，2004.
[2] 武汉大学主编．分析化学．第4版．北京：高等教育出版社，2002.
[3] 袁骎主编．化工分析．北京：化学工业出版社，2004.
[4] 骆巨新主编．分析实验室装备手册．北京：化学工业出版社，2003.
[5] 夏玉宇主编．化验员实用手册．北京：化学工业出版社，1998.
[6] 陈六平、邹世春主编．现代化学实验与技术．北京：科学出版社，2007.
[7] GB/T 6682—2008.
[8] GB/T 9725—2007.
[9] JJG 98—2006.
[10] JJG 1036—2008.
[11] 刑文卫编．分析化学．北京：化学工业出版社，1997.
[12] 凌昌都主编．化学检验工（中级）．北京：机械工业出版社，2006.
[13] 薛华、李隆弟、郁鉴源、陈德朴编著．分析化学．北京：清华大学出版社，2002.
[14] 周先婉、胡晓倩主编．生物化学仪器分析与实验技术．北京：化学工业出版社，2003.
[15] 国家职业标准．化学检验工．北京：中国劳动社会保障出版社，2002.
[16] 朱明华编．仪器分析．第3版．北京：高等教育出版社，2003.
[17] 黄一石主编．仪器分析．北京：化学工业出版社，2002.
[18] 邓勃，何华焜编著．原子吸收光谱分析．北京：化学工业出版社，2004.
[19] 傅若农编著．色谱分析概论．第2版．北京：化学工业出版社，2005.
[20] 刘虎威编著．气相色谱方法及应用．第2版．北京：化学工业出版社，2007.
[21] 吴烈钧编著．气相色谱检测方法．第2版．北京：化学工业出版社，2005.
[22] 于世林编著．高效液相色谱方法及应用．第2版．北京：化学工业出版社，2005.
[23] 云自厚，欧阳津，张晓彤编著．液相色谱检测方法．第2版．北京：化学工业出版社，2005.
[24] 李浩春编．分析化学手册（5）气相色谱分析．第2版．北京：化学工业出版社，2007.
[25] 张玉奎等主编．分析化学手册（6）气相色谱分析．第2版．北京：化学工业出版社，2003.
[26] 刘世纯主编．实用分析化验工读本．北京：化学工业出版社，1999.
[27] 刘世纯主编．分析化验工．北京：化学工业出版社，1993.
[28] 朱永泰主编．化学实验技术基础（Ⅰ）．北京：化学工业出版社，1998.
[29] 刘秀儒编著．实验室技术与安全．北京：机械工业出版社，1994.
[30] 杨新星主编．工业分析技术．北京：化学工业出版社，2000.
[31] 盛晓东主编．工业分析技术．北京：化学工业出版社，2002.
[32] GB 4650—1998.
[33] GB 6678—2003.
[34] GB 6681—2003.
[35] GB 3723—1999.
[36] 漆德瑶等编著．理化分析数据处理手册．北京：中国计量出版社，1991.